GENERA

DES

COLÉOPTÈRES D'EUROPE.

Typographie et Lithographie FÉLIX MALTESTE et Cie, rue des Deux-Portes-St-Sauveur, 22

MANUEL ENTOMOLOGIQUE.

GENERA

DES

COLÉOPTÈRES D'EUROPE,

COMPRENANT :

LEUR CLASSIFICATION EN FAMILLES NATURELLES,

LA DESCRIPTION DE TOUS LES GENRES,

Des Tableaux dichotomiques destinés à faciliter l'étude, le Catalogue de toutes les espèces,

DE NOMBREUX DESSINS AU TRAIT DE CARACTÈRES,

PAR M. **JACQUELIN DU VAL** (CAMILLE),

Membre de la Société entomologique de France, auteur de la Monographie du genre *Bembidium*,
Collaborateur pour la partie entomologique de l'Histoire de l'Ile de Cuba, etc.

ET PRÈS DE TREIZE CENTS INSECTES

représentant un ou plusieurs types de chaque genre,

DESSINÉS ET PEINTS D'APRÈS NATURE AVEC LE PLUS GRAND SOIN,

PAR M. **JULES MIGNEAUX**,

Peintre d'histoire naturelle, Membre de la Société entomologique de France, Collaborateur pour les dessins de la partie entomologique de l'Histoire de l'Ile de Cuba, etc.

> Qu'ils cessent de traiter d'amusement futile,
> Une étude agréable autant qu'elle est utile.
>
> LE ROUX. L'*Art entomologique*, poème didactique.

> Souvenons-nous que notre entomologie........ ouvre aux passions une voie salutaire de dérivation; qu'elle grandit l'homme en élevant son esprit, et qu'elle l'améliore en polissant ses mœurs. Pensons aux blessures de cœur qu'elle a guéries, aux illusions prêtes à s'envoler qu'elle a retenues, aux mécomptes dont elle a consolé,........ aux joies tranquilles dont elle sème la vie........ et disons-nous que toute source d'où coulent de pareils bienfaits, n'eût-elle pas d'autres titres à la reconnaissance des hommes, mérite dans tous les temps d'être respectée et bénie.
>
> (Disc. pron. par M. Guénée à la Soc. ent. de Fr. Annal. 1849.)

PARIS,

CHEZ LES AUTEURS.

1854.

FAMILLE DES CURCULIONIDES. (1)

Latr. Gen. Cr et Ins. II. 241. — Schh. Gen. et Sp. Curc. I. 31. — Rhyncophores Latr. Fam. du R. anim. 385. — Porte-bec. Latr. R. anim. v. 69. — Rhinocères. Duméril. Consid. sur les Ins. 189.

Caractères. — Corps généralement dur et convexe. — Tête plus ou moins distinctement prolongée en forme de bec antérieurement ; bouche située au sommet de ce dernier ; palpes et autres parties de la bouche le plus souvent très petits et cachés (2). — Mandibules généralement petites, mais robustes. — Antennes tantôt droites, plus souvent coudées, ordinairement en massue, parfois cependant filiformes, épaissies en dehors, dentées en scie ou même pectinées, variant beaucoup quant au nombre de leurs articles. — Abdomen de cinq segments. — Tarses de quatre articles, (fort rarement de cinq), pénultième article le plus souvent bilobé.

Les insectes de cette famille, vulgairement appelés Charançons, ont des rapports intimes avec les Bostrichides qu'Erichson voulait leur réunir. Je conserverai cependant les deux familles universellement admises, comme facilitant l'étude déjà si difficile des trop nombreux Curculionides ; l'on peut, du reste, à l'imitation de M. Redtenbacher, assez bien les distinguer entr'elles, en donnant pour caractère aux Bostrichides, d'avoir la tête non ou parfois légèrement prolongée en forme de bec, auquel cas les jambes sont dentelées au côté externe.

Les Curculionides vivent aux dépens des végétaux, à l'état de larve, dévorant l'intérieur de leurs graines ou de leurs fruits, attaquant l'intérieur de leurs tiges, rongeant le parenchyme de leur feuillage, ou fléaux redoutables, sillonnant de leurs funestes galeries les couches corticales ou ligneuses superficielles des arbres de nos forêts. Les insectes parfaits se trouvent sur les fleurs, le feuillage ou les plantes, quelques-uns sous les écorces, d'autres dans les endroits sablonneux et plusieurs enfin sous les pierres.

Cette famille comprend deux grandes divisions (3).

PREMIÈRE DIVISION. ORTHOCÈRES.

Schh. Gen. et Sp. Curcul. I. 31. — Recticornes. Latr. R. anim. v. 70. (1829.)

Antennes non coudées au deuxième article ; premier article ou scape peu allongé ; bec n'offrant point généralement de scrobe ou sillon latéral pour loger le premier article des antennes.

(1) *Schœnherr, Genera et Species Curculionidum Parisiis.* 1833-45. 8 *vol. in-8°.*

(2) Les caractères tirés des parties de la bouche ne sont nullement employés dans l'étude de cette famille et du reste ne peuvent s'étudier facilement que dans les premiers genres ; aussi (et de l'avis de MM. Aubé, Fairmaire, etc.), je les ai comme d'habitude tout à fait laissés de côté et je donnerai comme types ceux de quelques genres seulement (Voir Bruchus, Brachytarsus, Platyrhinus).

(3) Mon intention première était de donner en tête des familles le tableau de leurs genres, et j'avais longuement préparé pour le placer ici celui des Curculionides, mais réfléchissant que pendant le cours de la publication, je pourrais avoir pour les grandes familles des changements dans le nombre des genres et par suite des modifications à faire aux tableaux, je crois bien préférable de les donner séparément avec les catalogues à la fin de chacune de ces familles. Nos souscripteurs y trouveront un double avantage, car, d'un côté ces tableaux seront ainsi plus sûrs et plus exacts, et de l'autre pourront généralement se réunir ensemble et former un tableau total extrêmement commode pour l'étude.

Nota. Plusieurs espèces ont leurs antennes insérées dans une forte fossette arrondie, parfois allongée ou même infléchie et transverse, mais ce ne sont point là de véritables scrobes destinés à loger le premier article des antennes.

Les Orthocères se partagent en plusieurs groupes pas toujours très tranchés, mais facilitant cependant l'étude.

Groupe 1. BRUCHITES.

Bruchides. Latr. Gen. Cr. et Ins. II. 236.

Bruchelae. Latr. H. Nat. des Cr. et Ins. XI. 32.

Bec défléchi, large, plan et très court. — Antennes de onze articles, graduellement épaissies en dehors, souvent dentées en scie ou même pectinées, rarement en massue. — Elytres laissant à découvert le dernier segment abdominal ou pygidium. — Tarses de quatre articles bien distincts, le pénultième bilobé.

G. 1. BRUCHUS, Lin. (Pl. 1. Fig. 1. *B. nubilus*, Schh).

Lin. S. N. éd. 12. 1767. — Fabr. S. El. II. 396. 153. — Schh. Gen. et Sp. Curc. I. 31. 1.

Tête postérieurement rétrécie en forme de cou (Pl. 1. Fig. 1 bis. *B. rufimanus*, Schh.). Yeux saillants, plus ou moins échancrés en avant. Antennes assez longues, graduellement épaissies en dehors, le plus souvent dentées et parfois pectinées, insérées devant les yeux dans la sinuosité que forme leur échancrure. Prothorax plus ou moins fortement rétréci en avant, bisinué à la base, angles postérieurs généralement aigus et saillants. Ecusson le plus souvent échancré au sommet. Elytres presque carrées, généralement guère plus longues que larges. Pattes inégales; cuisses postérieures le plus souvent épaissies et souvent dentées; jambes postérieures n'offrant au sommet qu'une petite épine fine, leurs tarses à premier article au moins aussi long que la moitié de la jambe, troisième plus court que le second, ongles dentés à leur base (1). — *βροῦχος*, ancien nom d'insecte.

Ce genre nombreux a été divisé par Schœnherr en trois groupes : *B. genuini; Pachymeri* (*G. Pachymerus*, Latr. R. anim. 381), toutes espèces exotiques; et *Caryobori*, dont une seule espèce d'Europe, *B. acaciæ*, Schh. Ce dernier groupe, depuis adopté comme genre dans le catalogue de Stettin (1853), offre les cuisses postérieures fortement renflées, très épaissies et dentelées en scie inférieurement, les jambes postérieures courbes, le corps en ovale allongé, etc., caractères qui ne me paraissent point suffisants ici pour motiver un genre. Du reste, d'après MM Chevrolat et Jeckel, le *B. acaciæ*, Schh. ou *C. germari*, Küst., indiqué par Schœnherr d'Arabie, ne serait point européen, mais probablement accidentellement importé.

Les *Bruchus*, à l'état de larve, vivent aux dépens des graines de végétaux divers et principalement de nos plantes légumineuses, attaquant dans nos climats les fèves, les lentilles et surtout les pois. On les trouve à l'état parfait sur les fleurs (*varicgatus*, Ger. aubépine; *biguttatus*, Ol., cistes, etc.), et l'hiver dans la mousse et sous les écorces.

G. 2. SPERMOPHAGUS, Steven. (Pl. 1. Fig. 2. *S. Cardui*, Schh).

Schh. Gen. et Sp. Curcul. I. 102. et V. 133.

Corps généralement courtement ovale. Tête très faiblement prolongée en forme de

(1) Mandibules simples, aiguës, munies d'une membrane intérieurement. Mâchoires à deux lobes longs, étroits, subégaux. Palpes maxillaires de quatre articles, filiformes, dépassant les mâchoires. Menton transverse et fortement échancré. Languette semi-membraneuse, divisée en deux lobes arrondis. Palpes labiaux filiformes, de trois articles. (*B. pisi*, Lin.)

bec et sans cou distinct. Yeux sub-déprimés, échancrés antérieurement. Antennes longues, légèrement épaissies extérieurement, subatténuées au sommet, un peu dentées en scie, insérées devant les yeux dans la sinuosité que forme leur échancrure. Prothorax transverse, rétréci antérieurement, bisinué à la base, angles postérieurs aigus et assez saillants. Elytres presque carrées, plus rarement oblongues. Pattes postérieures très fortes, leurs cuisses légèrement épaissies dans leur milieu, comprimées, inférieurement canaliculées, mutiques; leurs jambes offrant au sommet deux fortes épines mobiles; tarses à premier article un peu plus long que la moitié de la jambe, troisième plus court que le second; ongles dentés à leur base.— σπέρμα, semence; φάγω, je mange.

Les *Spermophagus* vivent à l'état parfait sur les fleurs.

G. 3. Urodon, Schh. (Pl. 1. Fig. 3. *U. rufipes*, F).

Schh. Curc. Disp. Meth. 31. 3. — Schh. G. et Sp. Curc. I. 133. et V. 141.

Corps subovalaire. Yeux subarrondis, presque entiers. Antennes assez courtes, insérées au devant des yeux sur les côtés du bec, en massue de trois ou indistinctement de quatre article grands et un peu perfoliés (Pl. 1. Fig. 3. a. *U. rufipes*, F.), Prothorax généralement aussi long que large, rétréci antérieurement, le plus ordinairement arrondi et légèrement prolongé dans son milieu à la base et au sommet. Elytres presque carrées. Pattes à peu près égales; cuisses mutiques; jambes sans épines; tarses à premier article guère plus long que les suivants, troisième de la longueur du second, ongles légèrement bifides. — οὐρά, queue; ὀδοὺς, dent; à cause du pygidium de beaucoup de mâles. — *Nota*. Tous les auteurs donnent à ce genre des yeux arrondis et entiers, ils offrent cependant une petite échancrure étroite devant la base des antennes.

Schœnherr divise ce genre en deux petits groupes, dans le premier, le cinquième segment abdominal est fortement impressionné au milieu et relevé latéralement en un lobe saillant de chaque côté du pygidium chez les mâles; dans le second, composé d'espèces exotiques, l'abdomen est mutique dans les deux sexes.

Les *Urodon* se trouvent sur les fleurs et particulièrement sur celles de diverses espèces de résédas.

Groupe 2. ANTHRIBITES.

Casteln. Col. II. 281. — Antribides. Latr. R. anim. 386.— Macrocéphales. Oliv. Ent. IV. 80.

Bec large, plan, défléchi et court, parfois cependant un peu allongé. Antennes de onze articles, le plus souvent en massue. Elytres laissant à découvert le dernier segment abdominal ou pygidium. Tarses à troisième article petit et embrassé par le second qui se trouve profondément échancré. (Pl. 2. Fig. 8. c. *Platyrhinus latirostris*, F.)

G. 4. Brachytarsus, Schh. (Pl. 1. F. 4. *B. scabrosus*, F).

Schh. Gen. et Sp. Curc. I. 170, et V. 166.

Bec court, offrant latéralement une fossette transverse infléchie en dessous, bien distincte, pour l'insertion des antennes. (Pl. 1. Fig. 4 *a*. *B. scabrosus*, F.) Celles-ci assez courtes, insérées sous les bords latéraux vers le milieu du bec, leurs trois derniers articles larges, peu écartés, formant la massue, celle-ci comprimée, ovalaire.

Prothorax plus ou moins rétréci antérieurement, finement mais distinctement rebordé à la base. Elytres presque carrées, plus longues que larges. Pattes robustes; tarses larges, assez courts, ongles intérieurement bifides avant leur sommet (1).— *βραχὺς*, court; *ταρσὸς*, tarse.

Ce genre ne renferme que quelques espèces groupées d'après les angles postérieurs du prothorax aigus et saillants chez les unes (*B scabrosus et varius*), et à peu près droits chez les autres (*B. tessellatus*.)

Les mœurs des *Brachytarsus* sont dignes de remarque; leurs larves en effet vivent, à ce qu'il paraît, aux dépens des *Coccus*, et se rencontrent dans leurs coques, ce sont par conséquent des parasites de ces petits Hémiptères. Les insectes parfaits vivent sur les fleurs et sous les écorces, le *varius* se trouve communément sur les pins.

G. 5. Tropideres, Schh. (Pl. 1. Fig. 5. *T. undulatus*, Panz).

Schh. Gen. et Sp. Curc. I. 146. — Amblycerus. Thunb. Act. Ups. VII. 122.

Corps oblong. Bec large et court, non ou à peine dilaté au sommet, ou suballongé, légèrement rétréci à la base et plus ou moins élargi au sommet, extrémité tronquée ou légèrement échancrée. Yeux latéraux ou plus ou moins rapprochés entre eux. Antennes assez allongées et grêles, insérées vers le milieu des côtés du bec dans une petite fossette arrondie, leurs trois derniers articles assez rapprochés formant la massue, celle-ci comprimée, oblongue (Pl. 1. Fig. 5 *a*. *T. undulatus*, Panz.). Prothorax généralement un peu moins long que large, fortement rétréci antérieurement, offrant avant la base une ligne élevée transverse bien distincte. Élytres allongées, oblongues. Ongles des tarses unidentés à leur base, dent parfois très peu marquée et obtuse. — *τρόπις*, carène, *δέρη*, cou.

Les *Tropideres* se divisent en deux sections d'après la forme de leur bec.

On les trouve sous les écorces ou dans les vieux troncs d'arbre et parfois aussi sur les fleurs. D'après M. Redtenbacher, le *sepicola* vivrait sous les écorces de chêne, et suivant M. Rosenhauer *l'albirostris*; *le nivcirostris et le cinctus* se trouveraient sur l'aulne, et le *bisignatus*, Germ. sur le hêtre.

G. 6. Enedreutes, Schh. (Pl. 2. Fig. 6. *E. hilaris*, Schh).

Enedreytes. Schh. G. et Sp. Curc. V. 215. 27.

Corps allongé, subcylindrique. Bec presque carré, légèrement échancré au sommet. Antennes longues et grêles, de la longueur au moins de la moitié du corps, insérées vers le milieu des côtés du bec dans une fossette arrondie, à articles allongés et minces, leurs trois derniers un peu écartés entr'eux, formant la massue, celle-ci allongée, plus ou moins comprimée (Pl. 2. Fig. 6 *a*.). Prothorax légèrement plus long que large, un peu plus étroit en avant, légèrement arrondi sur les côtés, offrant devant la base une ligne élevée transverse bien distincte. Elytres subcylindriques. Ongles des tarses distinctement fendus vers leur milieu.— *ἐνεδρευτής*, trompeur.

Ce genre ne comprend qu'une seule espèce dont les mœurs nous sont inconnues.

La coloration en grande partie ferrugineuse du type de Schœnherr, obligeamment communiqué par M. Chevrolat, est due probablement à l'immaturité.

(1) Mandibules fortes, recourbées, simples. Mâchoires à deux lobes allongés, étroits, l'externe plus long que l'interne. Palpes maxillaires de quatre articles, les deuxième et troisième larges transverses, le quatrième grand, ovale-oblong, aussi long que les autres ensemble (Pl. 1. Fig. 4 *b*.) Menton fortement échancré. Languette semi-membraneuse, légèrement arrondie antérieurement et entière. Palpes labiaux graduellement épaissis en dehors, de trois articles (*B. scabrosus*, F.).

G. 7. CRATOPARIS, Schh. (Pl. 2. Fig. 7. *C. centromaculatus*, Schh).

Schh. G. et Sp. Curc. v. 217. — Euparius. Schh. G. et Sp. Curc. I. 135.

Corps oblong. Bec court, large, un peu échancré au sommet. Antennes assez allongées et grêles, insérées vers le milieu des côtés du bec dans une fossette arrondie, leurs articles un peu allongés, les trois derniers écartés entr'eux formant la massue, celle-ci comprimée, oblongue. Prothorax conique, fortement rétréci antérieurement, offrant devant la base une ligne élevée transverse bien distincte qui contourne les angles postérieurs et remonte notablement en avant. Elytres allongées, convexes. Ongles des tarses distinctement fendus dans leur milieu intérieurement. — κράτος, force; παρειά, joue, mâchoire.

Ce genre ne renferme qu'une seule espèce d'Europe dont les mœurs nous sont inconnues.

Schœnherr donne aux *Cratoparis* des mandibules bifides au sommet, je les ai vues simples toutefois chez le *centromaculatus* dont M. Chevrolat a bien voulu me confier le type.

G. 8. PLATYRHINUS, Clairv. (Pl. 2. Fig. 8. *P. latirostris*, F).

Clairv. Ent. Helv. I. 112. — Schh. G. et Sp. Curc. I. 166. et v. 230.

Corps allongé ou oblong, déprimé en dessus. Bec court, tronqué au sommet, presque carré. Front impressionné. Yeux très saillants. Antennes assez courtes, insérées sous les bords latéraux du bec dans une fossette profonde, leurs trois derniers articles légèrement écartés entr'eux et brusquement en massue peu comprimée, oblongue. Prothorax un peu moins long que large, rétréci en avant et en arrière, élargi et subangulé sur les côtés, offrant avant la base une ligne élevée transverse bien distincte. Elytres allongées, linéaires, dans le *latirostris* seule espèce d'Europe. Ongles des tarses fendus en forme de dent à leur base (*P. latirostris*) (1). — πλατυς, large; ῥίν, nez.

La seule espèce européenne de ce genre se rencontre ordinairement dans le bois mort et sous les vieilles écorces; M. Rosenhauer l'indique sur l'aulne et le hêtre.

G. 9. ANTHRIBUS, Geof. (Pl. 2. Fig. 9. *A. albinus*, F).

Geof. Hist. des Ins. 1764. — Schh. Gen. et Sp. Curc. I. 129 et v. 240. — Phloeobius. Schh. Curc. Disp. meth. 36. — Platystomus. Hellw. Schneid. Mag. IV, 393.

Corps oblong. Bec court, profondément échancré au sommet. Yeux distinctement échancrés antérieurement. Antennes insérées sous les bords latéraux du bec dans une forte fossette arrondie, plus longues ou au moins aussi longues que le corps le plus souvent chez les mâles et à peine légèrement épaissies en une massue allongée, étroite, plus courtes chez la femelle et plus ou moins en massue. Prothorax moins long que large, rétréci en avant, offrant une petite ligne élevée transverse immédiatement au devant de la base. Elytres oblongues, subcylindriques, convexes. Ongles des tarses distinctement fendus vers leur base. — ἄνθος, fleur; τρίβω, je détruis.

(1) Mandibules distinctement dentées à leur côté interne. Mâchoires à deux lobes étroits et très allongés, l'externe plus long que l'interne (Pl. 2. Fig. 8 *a*.). Palpes maxillaires filiformes, de quatre articles. Menton largement échancré. Languette semi-membraneuse, profondément divisée en deux lobes divergents (Pl. 2. Fig. 8 *b*.). Palpes labiaux de trois articles. — Tous ces organes en partie couverts par une pièce cornée fortement cordiforme. — *P. latirostris*, F.

Les *Anthribus* vivent sous les écorces, dans le bois mort et les troncs pourris des vieux arbres; l'*albinus*, seule espèce d'Europe, se trouve ordinairement sur le châtaignier, l'aulne, les saules et le bouleau.

G. 10. CHORAGUS, Kirby. (Pl. 2. Fig. 10. *C. Sheppardi*, Kirby).

Kirby. Transact. of the Lin. Soc. XII. 447. tab. 22. f. 14. — Alticopus. Villa, Col. Eur. Dupleta. 35. — Schh. G. et sp, Curc. v. 275.

Corps oblong. Bec plus court que la tête, légèrement élargi au sommet et presque tronqué. Antennes assez grêles, insérées sur les côtés du front au bord antérieur des yeux (Pl. 2. Fig. 10 *a*, *C. Sheppardi*, K.), leurs deux premiers articles épais, obconiques, les trois derniers un peu écartés entr'eux, en massue subdéprimée, ovale-oblongue. Prothorax plus large que long, fortement rétréci en avant, offrant devant la base une petite ligne élevée transverse, très rapprochée de celle-ci dans le *Sheppardi*. Elytres subcylindriques, de la largeur du prothorax à la base, couvrant presque en entier l'abdomen postérieurement. Cuisses très épaissies, en massue; ongles des tarses fendus vers leur milieu. — χοραγὸς, comédien.

Ce genre renferme deux petites espèces : le *Sheppardi*, Kirby et le *piceus* Schaum placé par Schœnherr dans les *Brachytarsus* sous le nom de *bostrichoides*. — Le premier, dont les larves, suivant M. L. Dufour, rongent les tiges mortes de l'aubépine, se tient sur les branches de la même plante et saute vivement pour fuir la main qui veut le prendre; on le trouve aussi sur l'aulne et sous les écorces d'arbres fruitiers.

Groupe 3. ATTELABITES.

Casteln. Col. t. 2. 288. — Attelabides. Schh. G. et Sp. Curc. I. 187.

Bec plus ou moins allongé, subcylindrique, souvent filiforme et souvent aussi un peu dilaté au sommet. Tête prolongée derrière les yeux. Antennes de onze à douze articles, toujours en massue. Elytres plus larges que le prothorax, presque carrées, arrondies chacune au sommet, un peu déhiscentes et laissant plus ou moins à découvert le dernier segment abdominal.

G. 11. APODERUS, Oliv. (Pl. 3. Fig. 11. *A. coryli*, Lin).

Oliv. Ent. v. 81. 12. — Schh. G. et Sp. Curc. I. 187. et v. 278.

Tête allongée, fortement rétrécie en arrière, étranglée en forme de cou étroit. Yeux très saillants. Bec épais, plus court que la tête, à peine dilaté vers son extrémité. Antennes de douze articles, insérées vers le milieu du bec dans une grande fossette irrégulière, graduellement épaissies en dehors en une massue serrée et oblongue formée surtout par les quatre derniers articles (Pl. 3. Fig. 11 *a*. *A. coryli*, L.). Prothorax conique, fortement rétréci en avant, resserré au sommet, largement échancré antérieurement. Elytres plus longues que larges. Jambes offrant une forte épine courbe au sommet chez les mâles et deux plus petites chez les femelles. Ongles des tarses simples, dilatés à leur base. — ἀπὸ, avec; δέρη, cou.

Les *Apoderus* ont des mœurs fort curieuses; leurs femelles en effet roulent les feuilles de divers arbres en forme de cylindres allongés destinés à nourrir et protéger leurs larves, entaillant les feuilles avec leurs mandibules afin de les rendre plus flexibles. Le *coryli* se trouve ordinairement sur le coudrier.

G. 12. ATTELABUS, Lin. (Pl. 3. Fig. 12. *A. curculionoides*, L).

Lin. S. N. II. 619, — Schh. G. et Sp. Curc. I. 197. et V. 299. — Chyphus. Thunb. Act. Ups. VII. 110.

Tête allongée, non rétrécie postérieurement et sans cou distinct. Yeux médiocrement saillants. Bec épais, un peu plus court que la tête, dilaté vers son extrémité. Antennes de onze articles, insérées derrière le milieu du bec dans une fossette profonde, leurs trois derniers articles plus grands, un peu perfoliés, en massue oblongue (Pl. 3. Fig. 12 *a.*). Prothorax convexe, presque carré, légèrement rétréci en avant, tronqué à la base et au sommet. Elytres guère plus longues que larges. Jambes offrant une épine courbe au sommet chez les mâles et deux plus fortes chez les femelles. Ongles des tarses simples, dilatés à leur base.— *ἀττέλαβος*, nom employé par les anciens pour désigner un petit insecte.

Les mœurs des *Attelabus* sont tout à fait semblables à celles des Apodères; le *curculionoides* seule espèce d'Europe se trouve sur les feuilles de chêne.

Nota. M. Redtenbacher est dans l'erreur en donnant une épine aux jambes des *Apoderus* et deux à celles des Attelabes, car l'on retrouve les deux caractères dans l'un et l'autre genre et je me suis assuré par la dissection qu'il sont purement sexuels.

G. 13. RHYNCHITES, Herbst. (Pl. 3. Fig. 13. *R. auratus*, Scop).

Herbst. Col. VII. 123. — Schh. G. et Sp. Curc. I. 210. — Mechoris. Bilb. Enum. Ins. 39. — Deporaus Steph. Ill. IV. 197.

Tête un peu allongée, non rétrécie en arrière. Bec tantôt très allongé, filiforme, tantôt un peu épaissi et plus court, et souvent légèrement dilaté vers l'extrémité. Antennes de onze articles, insérées généralement vers le milieu du bec dans une petite fossette allongée, linéaire, leurs trois derniers articles plus épais, un peu écartés entr'eux, en massue ovale-oblongue. Prothorax guère plus long que large, arrondi sur les côtés, un peu resserré au sommet. Elytres un peu plus longues ou guère plus longues que larges. Jambes n'offrant point d'épine au sommet, ongles des tarses fortement fendus intérieurement (Pl. 3. Fig. 13. *a. R. auratus*, Scop).— *ῥύγχος*, bec.

Les *Rhynchites* ont des mœurs variées; les uns roulent en cornet les feuilles des arbres (*R. betulae*, aulne, charme et bouleau; *R. betuleti*, bouleaux et surtout la vigne; *R. populi*, divers peupliers), les autres déposent leurs œufs soit dans les fruits (*R. cupreus*, jeunes pruniers; R. *bacchus*, vigne et cerisiers; *R. auratus*, prunelier épineux), soit dans les bourgeons des jeunes arbres fruitiers (*R. alliariæ*, Panz.). L'on trouve enfin l'*æquatus* et l'*obscurus* sur l'aubépine, le *splendidulus*, Ksw. sur l'*Erica arborea* en Catalogne, etc.

Nota. Plusieurs espèces de ce genre se font remarquer par l'épine aiguë qu'offrent les côtés du prothorax chez le mâle, et le *R. betulæ*, L. sur lequel Stephens a formé son genre *Deporaus*, se distingue surtout par ses cuisses postérieures très renflées dans le même sexe.

Groupe 4. RHINOMACÉRITES.

Rhinomacérides, Latr. Dict. Clas. d'H. nat. XIV. 591.

Bec allongé, le plus souvent un peu dilaté au sommet, parfois cylindrique. Tête ordinairement courte et transverse; yeux très saillants. Antennes de onze à douze articles, ordinairement en massue, parfois graduellement épaissies en dehors. Elytres allongées ou oblongues, couvrant entièrement l'abdomen.

G. 14. AULETES, Schh. (Pl. 3. Fig. 14. *A. maculipennis*, Jacq. du Val.) (1)

Schh. G. et Sp. Curcul. I. 243. et v. 345. — Tubicenus. Latr. Dict. d'H. nat. XIV. 591.

Tête plus ou moins courte et transverse, légèrement prolongée ordinairement derrière les yeux. Bec plus long que la tête, subcylindrique ou légèrement dilaté vers le sommet. Antennes de onze articles, insérées plus ou moins proche de la base du bec ou parfois même vers son milieu dans une petite fossette allongée, leurs trois derniers articles épaissis, faiblement écartés entr'eux, en massue ovale-oblongue (Pl. 3. Fig. 14 *a*. *A. maculipennis*.). Prothorax plus ou moins arrondi sur les côtés, environ aussi long que large. Elytres oblongues, convexes, plus larges que le prothorax à la base, un peu élargies en arrière et subarrondies chacune au sommet. Ongles des tarses plus ou moins fortement fendus (*A. politus et maculipennis*) ou simples (*A. meridionalis*) (2). — αὐλητὴς, joueur de flûte.

Les insectes de ce genre se rapprochent beaucoup des *Rhynchites*; ils offrent une particularité remarquable, savoir : les segments ventraux antérieurs plus ou moins soudés entr'eux et à sutures plus ou moins effacées, suivant les espèces; leurs mœurs sont encore inconnues.

G. 15. RHINOMACER, Fabr. (Pl. 3. Fig. 15. *R. lepturoides*, F.)

Fabr. S. El. II. 428. — Schh. Gen. et sp. Curcul. I. 242. 30 et v. 344. — Nemonyx. Redt. Faun. Austr. 467.

Corps allongé, presque linéaire. Tête courte, transverse. Yeux grands et très saillants. Bec un peu plus long que la tête, légèrement rétréci à la base, dilaté arrondi au sommet. Antennes allongées, grêles, de onze articles, insérées vers le milieu des côtés du bec dans une très forte fossette, leurs trois derniers articles un peu écartés entr'eux, plus épais, formant la massue. Prothorax plus long que large, très faiblement et également arrondi sur les côtes. Elytres presque linéaires, médiocrement convexes, arrondies chacune au sommet. Ongles des tarses fortement bifides (Pl. 3. Fig. 15 *a*.) (3). ῥὶν, nez; μακρὸς, long.

Ce genre ne renferme qu'une seule espèce que l'on trouve, dit-on, sur les fleurs.

(1) A. MACULIPENNIS. Chevrol. inéd. Jacquelin du Val. — Oblong, d'un vert bronzé obscur, légèrement luisant, finement pubescent, densément ponctué, ponctuation plus forte et moins dense sur les élytres ; celles-ci d'un rouge testacé; offrant deux grandes taches noires communes, la première arrondie autour de l'écusson, la deuxième plus grande derrière le milieu, légèrement transverse ; abdomen testacé ; pattes d'un bronzé obscur. — Longueur 3 mill. (y compris le bec). — Sardaigne. — Obligeamment communiqué par M. Chevrolat.

(2) A. MERIDIONALIS. Jacq. du Val. — Oblong, d'un bronzé obscur, entièrement revêtu de petits poils cendrés : antennes d'un roux testacé, insérées tout à fait à la base du bec, premier article et massue obscurs; prothorax fortement et densément ponctué ; élytres densément ponctuées-ruguleuses; hanches et pattes d'un rouge testacé, jambes intermédiaires, genoux et jambes postérieurs ainsi que tous les tarses brunâtres. Long. 2 1/2 mill. — Sicile. Communiqué par M. Javet.

(3) Mandibules longuement saillantes et simples. Mâchoires à deux lobes, l'externe mince et filiforme, l'interne large, corné à la base et coriacé au sommet ; palpes maxillaires filiformes, de quatre articles, les trois premiers très courts, le quatrième aussi long que les autres ensemble. Languette triangulairement échancrée. Palpes labiaux de trois articles, filiformes, ne dépassant point la languette. (ex Redt. F. Aust. 467).

G. 16. DIODYRHYNCHUS. Megerle. (Pl. 4. Fig. 16. *D. attelaboides*. F. ♂).

Schh. Gen. II. Sp. Curc. I. 240 et V. 345. ♀. — Redt. F. Austr. 467. 468. ♀. — Rhinomacer. Redt. F. Aust. 467. ♂.

Corps allongé. Tête très courte et transverse chez le mâle, un peu moins courte chez la femelle. Yeux grands et très saillants chez le premier, plus petits chez cette dernière. Bec avancé, plus long que la tête et dilaté arrondi au sommet chez celui-là, subinfléchi, mince, légèrement courbe, de la longueur de la moitié du corps et un peu élargi au sommet chez celle-ci (Pl. 4. Fig. 16. *a*.). Antennes allongées, grêles, insérées devant le milieu sur les côtés du bec dans une fossette arrondie et de onze articles apparents chez le ♂, le douzième étant indistinct et soudé avec le précédent, en massue allongée, formée par les trois derniers articles un peu plus épais et un peu écartés entre eux, insérées plus proche de la base avant le milieu dans une fossette droite et allongée, et de douze articles chez la ♀, en massue ovale oblongue formée par les trois pénultièmes articles, le douzième petit et acuminé. Prothorax environ aussi long que large chez le ♂, plus court et antérieurement échancré chez la ♀, un peu arrondi sur les côtés. Elytres allongées et médiocrement convexes chez le premier, oblongues et un peu plus convexes chez la seconde. Ongles des tarses simples (1). — διοδεύω, je parcours, j'examine ; ῥύγχος, bec.

Schœnherr et M. Redtenbacher ont placé dans deux genres différents les deux insectes qui constituent ce genre, et qui d'après les Allemands, doivent appartenir à la même espèce ; ayant, autant que je l'ai pu du moins par trois dissections, confirmé cette dernière opinion, j'ai cru devoir aussi l'adopter. Ces insectes se trouvent à l'état parfait sur les pins.

Groupe 5. APIONITES.

Apionides. Schh. Gen. et Sp. Curc. I. 247. VII.

Bec avancé, plus ou moins long, cylindrique ou filiforme. Tête plus ou moins allongée derrière les yeux, non transverse. Antennes de onze articles, toujours en massue. Elytres ovalaires ou ovales-oblongues, convexes, recouvrant entièrement l'abdomen. Corps ordinairement petit, plus ou moins pyriforme.

G. 17. APION. Herbst. (2) (Pl. 4. Fig. 17. *A. vorax*. Herbst.)

Herbst. Col. VII. 100. tab. Q. fig. 6. 7. 8. — Schh. G. et Sp. Curc. I. 249 et V. 369. — Oxystoma. Duméril. Zool. Analyt. 226. — Steph. Ill. IV. 195. 345.

(1) Mandibules avec une grosse dent au bord interne. Mâchoires à deux lobes, l'interne un peu saillant seulement à la base de l'externe en deux fortes soies crochues. Palpes maxillaires filiformes, de quatre articles, premier très court, deuxième et troisième égaux, plus courts que le dernier. Languette bilobée. Palpes labiaux de trois articles, filiformes, dépassant la languette. (Redt. F. Aust. 467.)

(2) Voir pour l'étude des espèces outre le grand ouvrage de Schœnherr, les travaux spéciaux de Germar. Magaz. für die Entom. t. II et III. et Kirby in Trans. of the Lin. Soc. of London. t. IX. et X.

APION SQUAMIGERUM, Jacq. du Val. — Bec cylindrique ; antennes insérées vers sa base. Corps ovale-oblong, noir, entièrement et densément revêtu de squamules cendrées opaques, antennes et pattes d'un rouge testacé pâle, tarses un peu brunâtres ; prothorax un peu moins long que large, resserré en avant, arrondi sur ses côtés en arrière, un peu conique ; écusson noir, distinctement élevé. Elytres ponctuées-striées, ovalaires. — Mâle. Bec d'un rouge testacé pâle, noir à la base. Long. 1 2/3 mill. — Femelle. Bec brunâtre, noir à la base, un peu plus allongé. Long. 2 mill. — France méridionale. (Collection de M. Aubé et la mienne).

Bec souvent mince, arqué, filiforme, d'autres fois plus épais, cylindrique, dans quelques-uns seulement épaissi vers la base et subulé vers l'extrémité (Pl. 4. Fig. 17 *bis*. *A. pomonæ*, F.), variant généralement de longueur suivant les sexes, un peu plus court chez les mâles. Antennes insérées tantôt vers la base et tantôt vers le milieu du bec, leur premier article plus ou moins allongé, les trois derniers formant une massue serrée, acuminée, ovalaire. Prothorax conique, subcylindrique ou oblong. Elytres ovalaires ou ovales oblongues, convexes. Ongles des tarses dilatés en forme de dent à leur base. — *ἄπιον*, poire.

Nombreux et difficiles, les Apions ont été subdivisés par Schœnherr, d'après la forme du bec tantôt subulé au sommet, plus souvent filiforme ou cylindrique, d'après le mode d'insertion des antennes, la couleur des pattes, des élytres, la forme de ces dernières, etc. — Le genre *Oxystoma*, de Duméril est basé sur les espèces à bec subulé (*A. pomonae*), tandis que le genre *Oxystoma* de Stephens, est établi sur quelques espèces (*A. ulicis*, *fuscirostre*, *genistae*), squammeuses ou pubescentes, à bec mince grêle et légèrement épaissi tout à fait à sa base, de forme et de mœurs analogues, mais ne pouvant certainement pas être séparées des autres Apions.

Ces insectes se trouvent à l'état de larve, les uns dans les graines de divers végétaux, les autres dans la moëlle de leurs rameaux et de leurs tiges, le *scutellare*, Kirby (*ulicicola*, Perris) attaque les galles de l'*Ulex nanus*. Ils vivent à l'état parfait sur les plantes et dans le feuillage; l'on trouve plus particulièrement: *malvæ*, *radiolus*, *æneum* et *rufirostre* sur les malvacées, *ulicis* sur l'*Ulex europæus*; *apricans et flavipes*, sur les trèfles; *craccæ*, *viciæ et Spencii* sur la *Vicia cracca*; *onopordi* sur les carduacées; *tamarisci* sur le *Tamaryx gallica*; *genistæ*, *difficile* et *striatum*, Marsh. sur les genêts et *tubiferum* sur les cistes; l'on indique encore: *vernale* sur les orties; *subulatum et ervi* sur le *Lathyrus pratensis*; *marchicum* sur le *Rumex acetosella*; *loti* sur le *Lotus corniculatus*; *ononidis*, *viciæ*, *nigritarse* et *pavidum* sur les Ononis; etc.

Groupe 6. RHAMPHITES.

Rhamphides, Schh. Gen. et Sp. Curc. I. 309.

Bec infléchi, allongé, linéaire. Tête un peu allongée. Yeux connivents ou très rapprochés sur le front. Antennes de onze articles (ou 12, Tachygonus. Schh. G. exot.), toujours en massue. Elytres recouvrant entièrement l'abdomen. Corps petit. Pattes postérieures propres au saut.

G. 18. RHAMPHUS. Clairv. (Pl. 4. f. 18. *R. flavicornis*. Clairv.).

Clairville. Ent. Helv. I. 104. — Schh. G. et Sp. Curc. I, 309. 37. et V. 454.

Corps très petit, ovale-oblong. Tête étroite; yeux connivents sur le front. Bec long, fortement infléchi et s'appliquant contre la poitrine entre les hanches antérieures (Pl. 4. f. 18. *a*. *R. flavicornis*). Antennes minces, courtes, de onze articles, insérées au-devant des yeux tout à fait à la naissance du bec dans une toute petite fossette arrondie, leurs deux premiers articles grands, épaissis, égaux entre eux, leur massue serrée, acuminée, ovalaire, formée par les quatre derniers articles. Prothorax court, arrondi sur les côtés, rétréci antérieurement. Elytres oblongues, ovalaires, un peu convexes. Cuisses postérieures très renflées, ongles des tarses simples. — *ῥάμφος*, bec d'oiseau.

Ces petits insectes ressemblent beaucoup aux Orchestes et sautent vivement comme eux; on les trouve sur divers végétaux, tels que l'aubépine, les jeunes peupliers, les petits bouleaux, etc.

Groupe 7. BRENTHITES.

Casteln. H. nat. Col. 2. 293. — Brenthides. Latr. R. anim. 389. — Schh, G. et Sp. Curc. I. 313.

Bec avancé, plus ou moins long et diversement conformé. Tête offrant ordinairement un cou plus ou moins distinct. Antennes de onze articles, jamais en massue. Ecusson invisible. Premier et deuxième segments de l'abdomen en dessous très longs et soudés ensemble, troisième et quatrième très courts, dernier semi-circulaire. Corps allongé, subcylindrique. (1)

G. 19. AMORPHOCEPHALUS. Schh. (Pl. 4. f. 19. *A. coronatus*. Germ. ♂.)

Schh. G. et Sp. Curc. v. 485 — Arrhenodes. Stirps. 2. Schh. l. c. I. 330 — Brentus. Germ. It. in Dalm. 247. 300.

Corps linéaire. Tête offrant sur le vertex une grande fossette radiée très profonde, et sur le front, à la base du bec, une grande plaque élevée, cordiforme; cou très court et peu marqué. Bec court, robuste, inégal en dessus chez le mâle, à mandibules fortes, arquées, très saillantes; allongé, étroit, cylindrique chez la femelle (Pl. 4. f. 19. *a.*) Antennes peu allongées, assez fortes, insérées vers la base du bec sous la plaque frontale, moniliformes; premier article en massue, dernier très acuminé, pyriforme. Prothorax allongé, oblong. Elytres légèrement déprimées sur le dos, linéaires. Cuisses en massue; jambes sinuées, postérieures intérieurement ciliées chez le mâle; tarses non spongieux en dessous, cylindriques, pénultième article nullement bilobé; ongles simples. — ἄμορφος, difforme; κεφαλή, tête.

L'*A. coronatus*, qui seul forme ce genre, se trouve en Italie, Illyrie, Toscane, etc., sous les écorces d'arbres et, d'après Latreille, y vivrait en compagnie de certaines fourmis.

DEUXIÈME DIVISION. GONATOCÈRES.

Schh. Gen. et Sp. Curc. I 385. — Fracticornes. Latr. R. anim. v. 70. (1829).

Antennes ordinairement coudées au deuxième article; scape généralement allongé, bec offrant un sillon rostral ou scrobe; (scape parfois très court, antennes non ou peu distinctement coudées, mais bec alors toujours pourvu d'un scrobe bien distinct et recevant le scape). (2).

Les Gonatocères se partagent en deux sections.

(1) La plupart des Brenthites ont cinq articles distincts à tous les tarses, le quatrième étant inclus dans une forte échancrure du troisième et caché dans celui-ci non visible quand le troisième n'est pas échancré comme chez l'*Amorphocephalus coronatus*. Schœnherr n'admet point cet article comme véritable, mais certainement bien à tort, car je l'ai parfaitement isolé et désarticulé, et les Curculionides quoique tétramères en apparence ont en réalité cinq articles à tous les tarses; ainsi j'ai pu, dans des *Cleonus* et des *Larinus* par exemple, bien voir, par une dissection minutieuse, ce quatrième article caché, très petit, rudimentaire, mais distinct.

(2) M. Redtenbacher, dans sa Faune d'Autriche, n'adopte point dans son texte la division des Gonatocères et la modifie dans ses tableaux, elle m'a toujours paru cependant facile et commode pour l'étude, et je crois préférable en cela de suivre l'exemple de Schœnherr en ayant égard en même temps à la forme des antennes et à la présence du scrobe.

Première section. BRACHYRHYNQUES.

Schh. Gen. et Sp. Curc I. 385. — Brevirostres. Latr. R. an. v. 76. (1829). — Curculiones. Cast. H. nat. Col. 2. 297.

Bec généralement plus ou moins épais, assez court et peu arqué (parfois cependant allongé, cylindrique). Antennes insérées plus ou moins proche du sommet du bec et souvent au coin de la bouche.

Schœnherr établit de nombreuses divisions dans les Brachyrhynques, mais plusieurs de ses coupes loin de faciliter l'étude, m'ont paru jeter plutôt dans la confusion et le découragement, aussi n'adopterai-je que les cinq groupes suivants généralement tranchés et faciles.

Groupe 1. BRACHYCÉRITES.

Casteln. H. Nat. Col. 2. 296. — Brachycérides Schh. G. et Sp. Curc. I. 385.

Antennes courtes, non distinctement coudées, à premier article court et obconique, ordinairement de huit à neuf articles, dernier solide, tronqué au sommet, formant la massue et renfermant quelques articles rudimentaires et indistincts (rarement de douze articles et à massue quadriarticulée, *Microcerus*, Schh. G. exot.). Tarses étroits, hérissés mais non spongieux en dessous. Corps très dur et aptère.

G. 20. BRACHYCERUS, Fabr. (Pl. 4. Fig. 20. *B. undatus*, F.)

Fabr. S. el. II. 412. 155. — Schh. G. et Sp. Curc. I. 385 et V. 605.

Corps épais, gibbeux, ovalaire. Yeux déprimés et le plus souvent entourés d'un petit rebord plus ou moins saillant supérieurement. Bec court, très épais, défléchi, séparé du front par un sillon transverse ; scrobe profond, courbé, fortement infléchi en dessous. Antennes de neuf articles, très courtes, robustes, un peu arquées, articles du funicule serrés et transverses (Pl. 4. Fig. 20 *a*. *B. undatus*.). Prothorax court, antérieurement avancé dans son milieu, son bord antérieur fortement échancré en dessous. Elytres grandes, soudées, très convexes, postérieurement déclives. Pattes robustes, pointe apicale interne des jambes bifide; quatrième article des tarses de la longueur des trois précédents réunis. — βραχὺς, court; κέρας, corne.

Ce genre se partage en trois groupes d'après les côtés du prothorax épineux ou aigument angulés comme dans toutes les espèces européennes, obtusément angulés comme dans toutes les espèces européennes, obtusément angulés ou enfin arrondis.

L'on trouve les *Brachycères* dans les lieux sablonneux; marchant lentement sur la terre.

Groupe 2 BRACHYDÉRITES.

Brachydérides. Schh. G. et Sp. Curc. I. 515. — Pachyrhynchides. Schh. l. c. I. 499.

Antennes distinctement coudées, de douze articles, massue quadriarticulée. Bec généralement court, épais, presque de la largeur de la tête, le plus souvent subangulé, plane en dessus, presque horizontal ou légèrement incliné; scrobe sous-oculaire courbé ou oblique.

G. 21. PSALIDIUM, Illig. (Pl. 5. Fig. 21. *P. maxillosum*, F.)

Illig. Mag. VI. 336. — Schh. G. et Sp. Curc. I. 513 et V. 827

Corps aptère, ovale-oblong. Bec court, un peu défléchi, fortement séparé du front par une profonde incision transverse; scrobe large, courbé, infléchi; mandibules fortes et saillantes surtout chez les mâles, un peu coupées obliquement en pointe au sommet. Antennes à scape un peu courbé, dépassant légèrement le bord postérieur des yeux; premier article du funicule légèrement allongé, obconique, deuxième court, obconique, suivants très courts et comme tronqués, massue ovalaire (Pl. 5. Fig. 21 *a. P. maxillosum.*). Prothorax subovalaire, tronqué à la base et au sommet. Métathorax grand, découvert, très distinct. Ecusson petit, triangulaire. Elytres ovalaires, à épaules arrondies. Jambes dilatées au sommet, extérieurement élargies en un petit lobe arrondi. — ψαλίδιον, petites cisailles.

Ce genre ne renferme que quelques espèces de mœurs encore peu connues; on les trouve, dit-on, dans les chemins.

Nota. *L'Homalorhinus tristis*, Schh. habite le Caucase et non la Russie méridionale comme l'indique M. Gaubil, il ne doit donc pas m'occuper.

G. 21 bis. BARYPEITHES, Jacq. du Val. (Pl. 10 (1). Fig. 21 bis. *B. rufipes* Jacq. du Val (2).)

Corps aptère, ovale-oblong. Bec extrêmement court et fortement échancré au sommet, fortement sillonné longitudinalement, sillon prolongé entre les yeux sur le front; scrobe très élargi et peu profond en arrière, presque triangulaire, son bord supérieur à peine courbé et montant vers le milieu de l'œil, l'inférieur oblique, infléchi, mieux marqué. Yeux légèrement saillants. Antennes assez grêles, scape dépassant les yeux; premier article du funicule obconique ainsi que le second mais plus long que lui, les suivants courts, un peu arrondis, massue ovale-oblongue. (Pl. 10. Fig. 21 bis *a.*). Prothorax très court, tronqué à la base et au sommet, un peu dilaté, arrondi sur les côtés. Ecusson triangulaire, bien distinct. Elytres ovalaires, à épaules arrondies. Jambes antérieures sinuées intérieurement vers l'extrémité. — βαρύπειθής, tardif à paraître.

Ce genre est remarquable par la forme du scrobe qui le rapproche des *Psalidium*; il doit se placer près des *Thylacites* et ne renferme qu'une seule espèce de mœurs encore inconnues, dont je dois la communication à M. Chevrolat. Elle a quelque peu le faciès d'un *Omias*.

G. 22. THYLACITES, Germ. (Pl. 5. Fig. 22. *T. fritillum*, Panz.)

Germ. Ins. Sp. I. 410. — Schh. Gen. et Sp. Curc. I. 515 et V 853.

Corps aptère, oblong ou ovale-oblong, généralement hérissé de poils ou pubescent Bec très court, légèrement ou à peine échancré au sommet; scrobe profond, infléchi et un peu courbé. Yeux plus ou moins saillants. Antennes revêtues de poils raides, scape atteignant au moins le milieu des yeux, premier article du funicule obconique ainsi que le second mais plus long que lui, suivants courts, un peu arrondis, septième

(1) Les planches étant déjà gravées lorsque nous avons eu la connaissance de ce genre, nous avons été forcés d'en renvoyer la figure plus loin.

(2) *Barypeithes rufipes.* Chevr. inéd. Jacq. du Val. — Corps noir, luisant, revêtu d'une fine pubescence blanchâtre, peu serrée, éparse; bouche, antennes et pattes entièrement ferrugineuses. Tête densément ponctuée; prothorax à ponctuation un peu plus forte principalement sur les côtés dont la surface est légèrement inégale, un peu moins serrée sur le disque; élytres régulièrement ponctuées-striées, intervalles planes. — Long. 3 2/3 mill. — Brest. (Collection de M. Chevrolat.)

un peu plus épaissi, massue accuminée, ovale-oblongue (Pl. 5. Fig. 22 *a*. *T. fritillum*, Panz.). Prothorax court, le plus souvent transverse, tronqué à la base et au sommet, dilaté arrondi sur les côtés. Ecusson invisible. Elytres ovales oblongues, à épaules arrondies, non saillantes. Jambes ciliées au sommet d'une rangée de petites épines.— *θυλακίτης*, qui ressemble à un sac.

Les *Thylacites* se trouvent généralement dans les lieux sablonneux sous les pierres et parfois aussi dans la terre.

G. 23. CNEORHINUS, Schh. (1). (Pl. 5. Fig. 23. *C. geminatus*, F.)

Schh. G. et Sp. Curc. I. 524 et V. 860. — Philopedon. Steph. Ill. Brit. Ent. IV. 123. .— Brachyrhinus. Latr. H. Cr. et Ins. XI. 161.

Corps aptère, ovalaire ou ovale-oblong. Bec très court, fortement échancré au sommet, généralement séparé du front par une ligne imprimée transverse ; scrobe large, infléchi et un peu courbé. Yeux modérément saillants. Antennes assez courtes, scape atteignant le milieu des yeux ; premier article du funicule obconique ainsi que le second mais plus long que lui, suivants courts et noueux, parfois subobconiques ; massue ovalaire (Pl. 5 Fig. 23 *a*. *C. geminatus*.). Prothorax très court, transverse, tronqué à la base et au sommet, arrondi sur les côtés, un peu plus étroit antérieurement. Ecusson très petit. Elytres ovales-oblongues ou courtement ovales, épaules arrondies. Jambes antérieures dilatées au sommet extérieurement. — *κνέω*, je déchire ; *ῥὶν*, nez.

Schœnherr, t. V, partage ce genre en trois petits groupes, savoir : 1° articles 3-7 du funicule arrondis, front offrant une ligne enfoncée longitunale ; 2° articles 3-7 du funicule arrondis, front sans ligne enfoncée longitudinale ; 3° articles 3-7 du funicule subobconiques, front ordinairement canaliculé.

Les *Cneorhinus* se plaisent généralement dans les lieux sablonneux ; l'on y trouve communément le *geminatus* sous les pierres, les mottes de terre et au pied des plantes.

G. 24. FOUCARTIA, Jacq. du Val. (Pl. 6. Fig. 24. *F. cremieri*, Jacq. du Val.)

Corps petit, aptère, ovalaire, convexe, finement hérissé de petites soies courtes. Bec très court, angulé, plane supérieurement, profondément échancré au sommet ; scrobe large, profond, infléchi, légèrement courbé. Yeux modérément saillants. Antennes assez allongées et grêles, scape dépassant le bord postérieur des yeux, premier article du funicule obconique ainsi que le second, mais plus long que lui, les suivants subarrondis, massue acuminée, ovalaire (Pl. 6. Fig. 24 *a*.). Prothorax court, tronqué au sommet, légèrement échancré dans son milieu à la base, faiblement et également arrondi sur ses côtés. Ecusson très petit, triangulaire. Elytres ovalaires, épaules arrondies, non saillantes. Jambes antérieures fortement sinuées intérieurement vers l'extrémité. — *Foucartia*, genre dédié à M. le docteur Foucart.

Ce genre voisin des *Cneorhinus* s'en distingue essentiellement par la forme des antennes et du prothorax, le corps tout petit, la tête sans ligne imprimée transverse à la base

(1) *Cneorhinus meridionalis* : Chev. inéd. Jacq. du Val.—Corps ovalaire, ferrugineuse, densément recouvert de squamules d'un cendré jaunâtre, blanchâtres sur les côtés des élytres, revêtu d'une courte pubescence hérissée très fine ; bec légèrement plus long et plus étroit que la tête, finement canaliculé, offrant à peine un vestige d'impression transverse à la base ; prothorax petit, transverse, densément et finement ponctué-rugueux ; élytres très convexes, ovalaires, finement ponctuées-striées, intervalles très finement pointillés et planes. — Long. 8 mill. — France méridionale. Béziers (collection de M. Chevrolat.)

du bec, etc. La forme de la tête, du scrobe, des deux articles basilaires du funicule, etc, l'éloignent des *Strophosomus*; on le distinguera facilement des Thylacites et des Sciaphiles. Il ne renferme qu'une seule espèce dont les mœurs nous sont inconnues (1).

J'ai dédié ce genre nouveau à M. le docteur Foucart dont je m'honore d'être l'ami, comme une faible marque de ma haute considération, de mon affection sincère et de ma profonde reconnaissance pour toutes ses bontés, et ses soins éclairés auxquels j'ai dû une santé aussi précieuse qu'inespérée.

G. 25. STROPHOSOMUS, Bilb. (Pl. 5. Fig. 25. *S. limbatus*, F.)

Schh .Curc. Disp 97. — Schh. G. et Sp. C. I. 533 et V. 868. — Strophosoma. Bilb. Enum. Ins. — Brachyrhinus. Latr. H. Cr. et Ins. XI. 164.

Corps aptère, ovalaire ou ovale-oblong, ordinairement hérissé de poils. Bec très court, profondément échancré au sommet, généralement séparé du front par une légère ligne imprimée transverse; scrobe étroit, profond, non ou à peine courbé, très oblique. Front le plus souvent longitudinalement sillonné, coupé en arrière et séparé de la partie postérieure de la tête. Yeux très saillants. Antennes assez allongées et grêles; scape atteignant au moins le bord postérieur des yeux et parfois même le dépassant; premier et deuxième articles du funicule un peu allongés, obconiques, à peu près d'égale longueur; les suivants un peu arrondis ou subobconiques, massue ovale-oblongue (Pl. 5. Fig. 25 bis. *S. obesus*, Marsh.). Prothorax très court, transverse, un peu arrondi sur les côtés. Ecusson très petit. Elytres ovales-oblongues ou courtement ovales, épaules arrondies. — *στροφὴ*, courbe; *σῶμα*, corps.

Quatre petits groupes partagent ce genre, nous renvoyons à Schœnherr pour leur étude et celle des espèces.

Les *Strophosomus* se trouvent les uns dans les lieux sablonneux sous les pierres (*S. faber et hispidus*) et les autres sur les végétaux; l'*obesus*, Marsh. est commun sur les chênes et les coudriers, le *limbatus* se prend sur les bruyères.

G. 26. SCIAPHILUS Schh. (Pl. 5. Fig. 26. *S. muricatus*, F.)

Schh. Gen. et Sp. Curc. I. 546. et V. 912. — Eusomus. Germ. Ins. Sp. I. 457.

Corps aptère, ovale-oblong, généralement hérissé de poils ou pubescent. Bec court, un peu plus étroit que la tête, presque plane en desssus, échancré au sommet; scrobe étroit, infléchi, distinctement courbé. Yeux peu saillants. Antennes assez allongées et grêles; scape dépassant le plus souvent les yeux, premier et deuxième articles du funicule légèrement allongés, subégaux, obconiques, les suivants arrondis ou courtement subobconiques, massue ovale-oblongue (Pl. 5. Fig. 26. *a. S. muricatus*.). Prothorax variant, tantôt court, tantôt légèrement allongé. Ecusson petit. Elytres ovales-oblongues, épaules arrondies. Cuisses dentées ou mutiques. —*σκιά*, ombre; *φίλος* ami.

Nota. Les mâles sont d'ordinaire plus petits et plus étroits que les femelles.

(1) FOUCARTIA CREMIERI. Jacq. du Val. — Corps noir, entièrement et densément revêtu de petites squamules vertes, abdomen nu, brunâtre vers le sommet, antennes et pattes en entier d'un rouge testacé pâle, dessus finement revêtu de petites soies blanchâtres, très courtes sur la tête et le prothorax, serrées, moins courtes et plus distinctes sur les élytres; prothorax densément ponctué-rugueux; élytres fortement ponctuées-striées. — Long. 2 1 3 mill. — France. — C'est le *Ptochus Cremieri*, Chevrol. inéd., mais il s'écarte considérablement de ce dernier genre.

Les Sciaphiles se trouvent généralement sur l'herbe, dans les lieux secs et élevés et sur la lisière des bois.

G. 27. BRACHYDERES. Schh. (Pl. 6, Fig. 27. *B. lusitanicus.* F.)

Schh. Curc. Disp. Meth. 102. — Schh. G. et Sp. Curc. I. 556 et V. 931.

Corps allongé, aptère. Bec court, presque plane en dessus, tantôt fortement et tantôt seulement un peu échancré au sommet; scrobe peu profond, assez large, non ou très peu courbé, nullement infléchi mais obliquement dirigé vers le dessous de l'œil. Yeux légèrement saillants. Antennes très allongées et grêles, dépassant la base du thorax; scape dépassant notablement les yeux; deuxième article du funicule le plus souvent plus long que le premier, troisième un peu allongé, quatre à sept plus courts, obconiques, massue étroite et oblongue (Pl. 6. Fig. 27. *a. B. lusitanicus.*) Prothorax court, tronqué à la base et au sommet, arrondi sur les côtés. Ecusson petit, triangulaire. Elytres allongées, oblongues, épaules nullement saillantes. Jambes antérieures fortement sinuées intérieurement vers l'extrémité. Ongles des tarses petits, étroits, rapprochés et soudés entre eux à leur base, — βραχὺς, court; δέρη, cou.

L'on trouve généralement les *Brachyderes* sur les arbres ; l'*incanus* et le *pubescens* habitent les pins ; le *lepidopterus*, les bouleaux et le *lusitanicus* les bois de pins et de chênes.

G. 28. EUSOMUS. Germ. (Pl. 6. Fig. 28. *E. ovulum.* Illig.)

Germ. Ins. Sp. I. 457. tab. 2. f. 11. — Schh. G. et Sp. C. I. 564 et V. 938.

Corps oblong, aptère. Bec assez court, incliné, subarrondi, un peu plus étroit que la tête, profondément échancré au sommet ; scrobe un peu courbé, infléchi, court et obscurément terminé en arrière. Yeux plus ou moins saillants. Antennes allongées, grêles ; scape dépassant le bord postérieur des yeux ; premier et deuxième articles du funicule allongés, à peu près d'égale longueur, les suivants plus courts, obconiques ; massue étroite, ovale-oblongue (Pl. 6. Fig. 28. *a. E. ovulum*). Prothorax généralement moins long que large, rarement un peu plus long, arrondi sur les côtés. Ecusson petit, parfois à peine distinct. Elytres ovales-oblongues, épaules arrondies. Cuisses le plus souvent dentées, tarses offrant leurs deux premiers articles un peu allongés, assez étroits ; ongles petits, rapprochés, soudés entre eux à leur base. — εὖ, bien ; σῶμα, corps.

Ce genre ne renferme que quelques espèces de mœurs encore peu connues que l'on trouve généralement sur les plantes.

G. 29. PHAENOGNATHUS. Schh. (Pl. 6. Fig. 29. *P. thalassinus.* Schh.)

Schh. Mantissa secunda fam. Curc. (1847). p. 28. 144-145.

Corps aptère, ovale-oblong. Bec un peu plus long et un peu plus étroit que la tête, subangulé, un peu défléchi, trisillonné en dessus, sillons latéraux obsolètes, séparé du front par une faible impression transverse, profondément échancré au sommet ; mandibules fortes, tronquées au sommet, un peu saillantes ; scrobe linéaire, oblique, légèrement arqué. Yeux peu saillants. Antennes médiocres, scape atteignant au tiers antérieur des yeux, articles du funicule obconiques, premier un peu allongé, deuxième à peine plus long que le troisième, quatre à sept plus courts et graduellement épaissis, massue ovalaire (Pl. 6. Fig. 29. *a.*) Prothorax un peu moins long que large, un peu lobé derrière les yeux, largement échancré en dessous antérieurement. Ecusson très petit. Elytres ovalaires, épaules non saillantes, marge basilaire un peu élevée. — φαίνω, je montre; γνάθος, mâchoire, mandibule.

Ce genre ne comprend qu'une seule espèce dont les mœurs nous sont inconnues.

G. 30. AMOMPHUS. Dohrn. (1). (Pl. 6. Fig. 30. *A. Westringii*. Schh.)

Dohrn. Kust. Kaf. Europ. 18. 75-77. — Aspidiotes. Schh. Mantis. secund. fam. Curc. 26. 142-143.

Corps aptère, ovale-oblong. Bec un peu plus long et un peu plus étroit que la tête, subangulé, défléchi, longitudinalement sillonné, séparé du front par une légère impression transverse, profondément échancré au sommet; mandibules fortes, tronquées au sommet, un peu saillantes; scrobe linéaire, oblique, légèrement arqué. Yeux peu saillants. Antennes assez grêles, scape atteignant au tiers antérieur des yeux, premier et deuxième articles du funicule légèrement allongés, obconiques, premier toutefois plus long que le deuxième, suivants courts, un peu turbinés, égaux, massue ovale-oblongue (Pl. 6. Fig. 30. *a*. *A. Westringii.*). Prothorax environ aussi long que large, faiblement lobé derrière les yeux. Ecusson petit, légèrement élevé, arrondi au sommet, bien distinct. Elytres ovalaires, épaules subangulées nullement saillantes, marge basilaire un peu élevée. — ἄμομφος, irréprochable.

Les *Amomphus* sont très voisins du genre précédent, ils s'en distinguent surtout par la forme des antennes, du prothorax et de l'écusson; leurs mœurs nous sont encore inconnues.

G. 31. TANYMECUS. Germ. (Pl. 7. Fig. 31. *T. palliatus*. F.)

Germ. Mag. II. 1817.—Schh. Gen. et Sp. Curc. II. 75 et VI. 221.

Corps oblong. Bec court, tantôt légèrement impressionné longitudinalement (*palliatus*), tantôt presque plane (*variegatus*) et parfois légèrement caréné en dessus (*vittiger*); scrobe courbé, élargi en arrière, assez court. Antennes généralement assez grêles, scape dépassant le bord postérieur des yeux; premier et deuxième articles du funicule légèrement allongés, obconiques, premier toutefois plus long que le second, les suivants plus courts, subégaux, légèrement obconiques, massue oblongue (Pl. 7. Fig. 31. *a*.). Prothorax oblong, tronqué à la base et au sommet, médiocrement élargi sur les côtés. Elytres allongées, atténuées postérieurement, épaules obtusément angulées et saillantes. — τανύω, je m'étends; μῆκος, longueur.

Le *T. palliatus*, seule espèce de France, se trouve sur les orties et quelques autres plantes.

G. 32. SITONES. Schh. (Pl. 7. Fig. 32. *F. griseus*. F.)

Schh. Gen. et Sp. C. VI. 253. — Sitona. Germ. Ins. Sp. I. 414. Pl. 2. f. 12. — Schh. l. c. II. 96.

Corps oblong. Bec court, échancré au sommet, longitudinalement canaliculé ou sillonné en dessus; scrobe arqué, linéaire, finissant postérieurement au dessous et plus ou moins près du bord inférieur des yeux. Antennes assez courtes, scape attei-

(1) Le nom d'*Amomphus* étant adopté dans le catalogue de Stettin 1852 et dans les Kafer de M. Kuster, j'ai cru, quoique ignorant encore la date et le lieu de sa publication, devoir le préférer aussi à celui d'*Aspidiotes*, sur la foi des ouvrages cités.

gnant les yeux, les deux premiers articles du funicule très légèrement allongés, subobconiques, premier un peu plus long que le second, suivants le plus souvent noueux, parfois turbinés, huitième appliqué contre la massue, celle-ci ovalaire (Pl. 7. Fig. 32 *a.*). Prothorax tronqué à la base et au sommet, également arrondi sur les côtés, un peu resserré au sommet. Elytres oblongues, épaules obtusément angulées et saillantes. — *σιτώνης*, qui accapare le froment, ou *σιτών*, champ de blé.

Le corps est tantôt glabre et tantôt finement hérissé en dessus de petites soies courtes; les yeux tantôt très convexes, tantôt moins saillants et tantôt enfin subdéprimés, ce qui, pour Schœnherr, constitue trois groupes.

Les *Sitones* se trouvent sur les végétaux, au pied des plantes et parfois sous les pierres; ils aiment généralement les lieux secs; le *griseus* se trouve dans les sables en Provence au pied de l'*Ononis arenaria*; le *regensteinensis* sur les bruyères et les genêts, etc.

G. 33. MESAGROICUS. Schh. Gen. et Sp. Curc. IV. 281. 172.

Corps parcimonieusement revêtu de petites soies en dessus. Bec court, canaliculé, profondément et triangulairement échancré au sommet, marge élevée; scrobe profond, courbé, se terminant auprès du bord inférieur des yeux. Antennes médiocres, scape atteignant au bord postérieur des yeux, les deux premiers articles du funicule légèrement allongés, obconiques, premier le double plus long que le second, les suivants courts, subarrondis, huitième non appliqué contre la massue, celle-ci ovalaire. Prothorax subtransversal, tronqué à la base et au sommet, médiocrement arrondi sur les côtés. Ecusson à peine visible. Elytres ovales-oblongues, épaules obtusément angulées. Jambes antérieures finement crénelées.—*μεσάγροικος*, à demi rustique.

N'ayant encore pu voir ce genre, nous avons été forcés d'en renvoyer la figure au supplément final et d'en exposer les caractères d'après Schœnherr.

G. 34. CHÆRODRYS. Jacq. du Val. (Pl. 7. Fig. 33. *C. setifrons*. Jacq. du Val.)

Corps oblong, entièrement hérissé de petites soies courtes. Bec court, plane en dessus, un peu plus étroit que la tête; scrobe étroit, profond, arqué ou plutôt coudé, fortement infléchi en dessous. Antennes assez grêles, scape atteignant au bord postérieur des yeux, premier article du funicule plus épais et notablement plus long que le second, tous les deux obconiques, les suivants graduellement plus courts, subturbinés, massue ovalaire (Pl. 7. Fig. 33. *a.*). Prothorax tronqué à la base et au sommet, médiocrement et également arrondi sur les côtés. Ecusson bien distinct. Elytres ovales-oblongues, épaules obtusément angulées et saillantes. Pattes robustes. — *χαίρω*, je me plais; *δρῦς*, chêne.

Cet insecte, que j'avais provisoirement placé dans les *Polydrosus* (Ann. Soc. Ent. de Fr. 1852. p. 710), dont le rapproche son scrobe, s'en écarte notablement par ses antennes, etc., aussi bien que des *Scythropus*, parmi lesquels l'avait d'abord rangé M. Chevrolat. Je l'ai pris communément en battant les chênes verts dans les garrigues des environs de Montpellier.

G. 35. SCYTHROPUS. Schh. (Pl. 7. Fig. 34. *S. mustela* Herbst.)

Schh. Gen. et Sp. Curc. VI. 301.—Scytropus. Schh. Curc. Disp. Meth. 140. et Gen. et Sp. C. II. 153.

Corps oblong. Bec très court, épais, un peu plus étroit que la tête, offrant entre les antennes une ligne courbe enfoncée transverse qui circonscrit un espace antérieur lisse, presque semicirculaire et légèrement échancré en avant; scrobe court, petit et arqué. Front large, convexe, tête fortement prolongée derrière les yeux, très épaisse. Antennes assez longues et grêles, scape flexueux, dépassant les yeux, les deux premiers articles du funicule allongés, les suivants plus courts, obconiques et diminuant graduellement de longueur, massue oblongue (Pl. 7. Fig. 34. *a*.). Prothorax transverse, médiocrement arrondi sur les côtés, resserré au sommet. Elytres allongées, oblongues, épaules obtusément angulées. — σκυθρωπὸς, de triste figure.

Ce genre ne renferme que deux espèces, on les trouve toutes deux sur les pins.

G. 36. POLYDROSUS. Germ. (Pl. 8. Fig. 36. *P. sericeus*. Schall.).

Schh. Curc. Disp. Meth. 138.—Schh. Gen. et Sp. C. II. 134. et VI. 442. — Polydrosus. Germ. Ins. Sp. I. 451.

Corps oblong. Bec un peu plus étroit que la tête, fortement échancré au sommet; scrobe linéaire, courbé, fortement infléchi en dessous et souvent presque réuni avec l'opposé. Antennes plus ou moins allongées et grêles, scape tantôt dépassant et tantôt atteignant seulement les yeux, les deux premiers articles du funicule allongés, obconiques, d'égale longueur, les suivants plus courts, obconiques ou un peu noueux, massue oblongue (Pl. 8. Fig. 36. *a*.). Prothorax petit, tronqué à la base et au sommet, médiocrement arrondi sur les côtés, très légèrement impressionné transversalement derrière le sommet. Elytres oblongues, épaules obtusément angulées. Cuisses dentées ou mutiques. — πολύδροσος, couvert de rosée.

Ce genre se divise en quatre petits groupes d'après la longueur du scape et la forme des articles du funicule.

Les *Polydrosus* se trouvent sur les plantes et dans le feuillage; ils aiment surtout les bois et leurs lisières et vivent assez indifféremment sur diverses espèces d'arbres.

G. 37. METALLITES. Schh. (Pl. 8. Fig. 37. *M. marginatus*. Steph.).

Schh. Curc. Disp. Meth. 140.—Schh. Gen. et Sp. C. II. 154 et VI. 457.

Corps oblong. Bec un peu plus étroit que la tête, plane en dessus, légèrement échancré au sommet; scrobe assez large en avant, arqué, infléchi en dessous. Antennes assez courtes et assez épaisses, scape atteignant ou dépassant à peine le bord postérieur des yeux, les deux premiers articles du funicule légèrement allongés, obconiques, premier un peu plus long que le second, suivants courts et noueux, massue ovale-oblongue (Pl. 8. Fig. 37. *a*.). Prothorax tronqué à la base et au sommet, médiocrement arrondi sur les côtés, un peu plus étroit antérieurement. Elytres oblongues, épaules plus ou moins obtusément angulées. Cuisses dentées ou mutiques. — μεταλλίτης, métallique.

On trouve les *Metallites* sur les plantes et dans le feuillage, le *mollis* affectionne les pins, l'*atomarius*, dit-on, les mélèzes, et le *marginatus* les noisetiers et divers autres arbres.

G. 38. CHLOROPHANUS. (Germ. (Pl. 7. Fig. 35. *C. pollinosus*. F.)

Germ. Ins. Sp. I. 440. — Schh. Gen. et Sp. C. II. 60 et VI. 426. — Chlorima. Germ. Mag. 1817.

Corps ovale-oblong. Bec déprimé en dessus, longitudinalement caréné au milieu, profondément échancré au sommet; scrobe très faiblement courbé, un peu oblique, se terminant postérieurement au devant de l'œil vers la partie inférieure. Antennes médiocres, assez courtes (1), scape atteignant à peine aux yeux, tous les articles du funicule obconiques, graduellement plus courts à partir du second, celui-ci plus long que le premier, massue ovalaire (Pl. 7. Fig. 35. *a*.). Prothorax subconique, tronqué au sommet, bisinué à la base, angles postérieurs aigus. Elytres ovales-oblongues, plus ou moins distinctement mucronées à l'extrémité, épaules obtusément angulées. Jambes antérieures courbes, armées d'un crochet au sommet (2). — χλωρὸς, vert; φανὸς, brillant.

Les *Chlorophanus*, ordinairement de couleur verte, se trouvent généralement sur les arbres; ils affectionnent notamment les saules. Certains individus ont le corps plus large, le crochet apical des jambes antérieures plus grand, le dernier segment ventral caréné : Schœnherr les regarde comme des femelles, opinion dont mes dissections m'ont démontré la justesse.

Groupe 3. CLÉONITES.

Casteln. H. nat. Col. 2. p. 313. — Cléonides. Schh. G. et Sp. C. II. 171. — Molytides. Schh. l. c. II. 329.

Antennes distinctement coudées, de douze articles. Bec tantôt plus ou moins épaissi et tantôt cylindrique, généralement assez allongé, plus ou moins arrondi, rarement subangulé, défléchi ou penché, plus étroit que la tête; scrobe sous-oculaire, courbé ou oblique.

G. 39. CLEONUS. Schh. (Pl. 8. Fig. 38. *C. obliquus*. F.)

Schh. Curc. D. Meth. 145.—Schh. G. et Sp. C. II. 171 et VI. pars 2. 1.—Cleonis. Latr. Dict. Clas. d'H. nat. 598.—Epimeces. Bilb. Enum. Ins. 45

Corps oblong, quelquefois aptère. Yeux déprimés, oblongs, perpendiculaires. Bec médiocrement allongé, épaissi, le plus souvent caréné ou canaliculé en dessus; scrobe profond, linéaire, un peu courbé, fortement infléchi en dessous. Antennes peu allongées, assez fortes, insérées vers le sommet du bec, mais toutefois assez loin du coin de la bouche; scape n'atteignant point tout à fait aux yeux, premier et deuxième articles du funicule obconiques, le second ordinairement un peu plus court, trois à sept serrés, transverses ou subturbinés, septième le plus souvent un peu plus grand, appliqué contre la massue (Pl. 8. Fig. 38. *a*.). Prothorax subconique, plus ou moins distinctement lobé derrière les yeux et bisinué à la base. Ecusson triangulaire, assez souvent petit ou indistinct. Elytres allongées ou ovales-oblongues, épaules obtusément subangulées ou légèrement saillantes antérieurement. Jambes antérieures armées d'un crochet au sommet; ongles des tarses rapprochés et soudés à leur base. — κλέος, κλεους, illustration.

Ce genre peut se diviser en quatre groupes ou sous-genres, savoir :

1° CLEONUS. Schh. l. c. Nous venons d'en voir les caractères.

2° BOTHYNODERES. Schh. G. et Sp. II. 226 (Pl. 8. Fig. 38 bis. *C. albidus*. F.)

Les espèces de ce groupe se distinguent des *Cleonus* par la forme de leurs antennes

(1) Schœnherr donne les antennes des *Chlorophanus* comme étant presque droites; le plus souvent elles ont en effet cet aspect, mais je les ai vues parfois se couder parfaitement aussi.

(2) Ce genre me paraît bien mieux placé entre les Polydroses et les Cléones, dont il se rapproche par ses jambes antérieures armées d'un crochet, qu'entre les *Scythropus* et les *Polydrosus*, genres évidemment très voisins.

dont le deuxième article du funicule est allongé et notablement plus long que le premier (Pl. 8. Fig. 38 bis *a*.).—βόθυνος, trou; δέρη, cou.

3° PACHYCERUS. Schh. l. c. II. 245 et VI. 118 (Pl. 8. Fig. 38 ter. *C. albarius*. Schh.). Voici les caractères différentiels de ce groupe : Bec distinctement angulé, inégal en dessus; antennes courtes et plus épaisses; scape épaissi et plus court, premier article du funicule très courtement obconique, les suivants transverses (Pl. 8. Fig. 38 ter. *a*.). Angles postérieurs du prothorax prolongés en arrière. Elytres subarrondies non angulées aux épaules. — παχὺς, épais; κέρας, corne.

4° DIASTOCHELUS. Jacquelin du Val.

Antennes un peu plus allongées, un peu moins fortes, insérées au sommet du bec tout proche du coin de la bouche, articles du funicule hérissés de poils, trois à sept peu serrés et noueux. Prothorax plus petit, presque carré, un peu plus étroit au sommet, point conique, couvert de nombreux plis élevés longitudinalement, nullement bisinué à la base. Elytres une fois et demie aussi larges que le prothorax, épaules obtusément angulées, arrondies mais saillantes, intervalles alternes élevés. Ongles des tarses très écartés dès la base et nullement soudés. — διαστὰς, distant; χηλὴ, ongle.

Cette coupe est formée sur le *Cl. plicatus*. Ol. J'ai cru devoir lui donner un nom de crainte que l'attrait d'un *mihi* ne poussât quelqu'un à en faire un genre.

Les Cleonus se trouvent pour la plupart le long des chemins, dans la terre, sous les pierres ou au pied des plantes; ils aiment les lieux secs et arides; l'on prend l'*obliquus* sous les touffes de thym ou les pierres voisines dans le midi de la France, l'*albidus* dans les sables au pied des plantes, les *conicirostris* et *brevirostris* sous les soudes, le *sulcirostris* sur la bardane et les carduacées, etc

G. 40. ALOPHUS (1). Schh. (Pl. 9. Fig. 40. *A. singularis* (2). Jacq. du Val.)

Schh. Curc. D. Meth 166.—Schh. Gen. et Sp. C. II. 285 et VI. 203.

Corps ovale-oblong, aptère. Yeux déprimés, subovalaires. Bec assez allongé, faiblement arqué, légèrement épaissi vers l'extrémité, canaliculé en dessus; scrobe profond, linéaire, un peu courbé, oblique et fortement infléchi en dessous. Antennes médiocres, scape n'atteignant point tout à fait au bord antérieur des yeux, les deux premiers articles du funicule un peu allongés, obconiques, les suivants courts, lenticulaires ou subarrondis (Pl. 9. Fig. 40. *a*.). Prothorax tronqué à la base, distincte-

(1) Le genre *Gronops*, placé par les auteurs entre les Cleonus et les Alophes, rentre certainement, comme je l'exposerai plus loin, dans le groupe des Byrsopsides; nous avons toutefois donné par anticipation sa figure (Pl. 9. Fig. 39. *G. lunatus* F.).

(2) ALOPHUS SINGULARIS, Jacq. du Val. — Très voisin du *triguttatus*, mais bien distinct par plusieurs caractères remarquables. Noir, densément revêtu de squamules brunes ou d'un brun grisâtre; prothorax assez court, un peu moins long que large, arrondi sur le milieu des côtés, entièrement rugueux et de plus densément et finement ponctué, offrant un large sillon ou forte fossette au milieu antérieurement; élytres distinctement striées-ponctuées, offrant chacune en avant une tache assez vague et plus ou moins grande et postérieurement une tache cordiforme commune, blanchâtres ou jaunâtres; pubescence hérissée un peu moins serrée et un peu plus longue que dans le *triguttatus*; bec offrant en dessous vers la base une espèce de crête élevée, obtuse, ce qui le fait paraître fortement échancré entre celle-ci et la gorge; thorax offrant en dessous à sa base, derrière l'insertion des pattes anterieures, un tubercule élevé et bifide. — Long. 6 à 7 1/2 mill.—Montpellier.

Nota. Le tubercule de la base du thorax existe aussi dans le *triguttatus*, mais il est bien moins élevé et largement échancré; dans le *leucon*, espèce de Sibérie, un petit sillon le remplace.

ment lobé derrière les yeux. Ecusson distinct. Elytres ovales-oblongues, atténuées à l'extrémité, subarrondies aux épaules Jambes n'offrant point de crochets au sommet; ongles des tarses écartés dès leur base. — ἄλοφος, sans crête.

Les insectes de ce genre se trouvent sous les pierres et dans les chemins, et parfois aussi dans les prairies.

G. 41. LIOPHLOEUS. (Pl. 9. Fig. 42. *L. nubilus*. F.)

Germ. Ins. Sp. I. 341.—Schh. G. et Sp. C. II. 302 et VI. 237. — Leiophlœus. Steph. Ill. IV. 112. 320.—Gastrodes. Sturm. Ins. Cat. 1826.

Corps ovalaire ou ovale-oblong, aptère. Yeux légèrement saillants. Bec à peine plus long que la tête, légèrement épaissi vers l'extrémité; scrobe courbé, large, fortement infléchi, profond antérieurement, obsolète en arrière. Antennes (1) assez grêles, scape dépassant les yeux, les deux premiers articles du funicule assez allongés, obconiques, trois et quatre plus courts, mais encore toutefois plus ou moins obconiques, cinq à sept turbinés et courts (Pl. 9. Fig. 42. *a*.). Prothorax ordinairement transverse, arrondi sur les côtés, plus étroit antérieurement. Ecusson triangulaire. Elytres assez larges, assez courtement ovalaires, très convexes surtout en arrière, épaules obtusément angulées. Cuisses obtusément dentées, dent plus rarement aiguë; jambes antérieures n'offrant point ordinairement de crochet au sommet; ongles des tarses rapprochés et soudés à leur base. — λεῖος, lisse; φλοιὸς, enveloppe.

Les *Liophlœus* se trouvent les uns sur les végétaux et les autres sous les pierres.

G. 42. GEONEMUS. Schh. (Pl. 9. Fig. 41. *G, flabellipes*. Ol.)

Schh. G. et Sp. C. II. 289 et VI. 212.—Geophilus. Schh. Curc. D. Meth. 101.

Corps allongé, aptère. Yeux légèrement saillants. Bec peu allongé, légèrement épaissi vers l'extrémité, canaliculé en dessus dans les deux espèces d'Europe, offrant de plus un léger sillon obsolète de chaque côté; scrobe profond, courbé, très oblique, se terminant vers la partie inférieure des yeux. Antennes assez allongées, scape atteignant le bord postérieur des yeux, les deux premiers articles du funicule assez allongés, les suivants plus courts et tous obconiques (Pl. 9. Fig. 41. *a*.). Prothorax tronqué à la base et au sommet, faiblement arrondi sur les côtés. Ecusson petit. Elytres oblongues, convexes surtout en arrière, épaules à peine saillantes et subangulées dans les deux espèces d'Europe. Leurs jambes antérieures crénelées intérieurement et armées d'un crochet au sommet; ongles des tarses écartés et libres.—γέα, terre; νεμω, je me nourris.

Le *G. flabellipes* se trouve sur nos collines méridionales sur les cistes et quelques autres végétaux.

G. 43. BARYNOTUS. Germ. (Pl. 9. Fig. 43. *B. obscurus*. F.)

Germ. Ins. Sp. I. 337. Pl. 2. Fig. 10.—Schh. G. et Sp. C. II. 307 et VI. 248. — Merionus. Steph. Ill. Brit. Ent. IV. 110. 319.

Corps ovalaire, aptère. Yeux déprimés. Bec peu allongé, légèrement épaissi vers l'extrémité, canaliculé en dessus; scrobe courbé, profond, assez large, fortement infléchi vers le dessous de l'œil. Antennes médiocres, assez grêles, scape atteignant les

(1) Les espèces de ce genre sont d'une étude difficile dans les auteurs, et cependant leurs antennes offrent des caractères spécifiques qui, je crois, eussent pu servir utilement.

yeux; les deux premiers articles du funicule assez allongés, obconiques, les suivants courts et un peu arrondis (Pl. 9. Fig. 43. *a.*). Prothorax subtransversal, tronqué à la base et au sommet, un peu arrondi sur les côtés, plus étroit en avant, canaliculé en dessus (1). Ecusson petit. Elytres courtement ovalaires, épaules légèrement saillantes antérieurement. Jambes antérieures armées d'un petit crochet au sommet; ongles des tarses assez écartés et libres. — *βαρὺς*, lourd; *νῶτος*, dos.

Les insectes de ce genre se trouvent généralement sous les pierres. D'après MM. Hardy et Bold, le *B. obscurus* serait très nuisible en Angleterre aux fleuristes en sortant vers le soir et détruisant les feuilles des polyanthus, des auricules, des pensées, etc., il rongerait aussi les fèves, les trèfles et les ranuncules; le *mœrens* aurait des mœurs semblables.

G. 44. TROPIPHORUS. Schh. (Pl. 10. Fig. 44. *T. mercurialis.*)

Schh. G. et Sp. C. VI. 257.—Barynotus. Germ. Steph. et Schh. l. c. II 307.—Brius. Sturm. Ins. Cat. 1826.

Corps ovalaire, aptère. Yeux déprimés. Bec peu allongé, légèrement épaissi vers l'extrémité, caréné en dessus; scrobe courbé, oblique, assez court, se terminant visiblement avant d'atteindre aux yeux. Antennes médiocres, assez grêles, scape atteignant vers la partie postérieure des yeux, les deux premiers articles du funicule assez allongés, légèrement en massue, les suivants courts, un peu arrondis (Pl. 10, Fig. 44 *a.*). Prothorax tronqué à la base et au sommet, plus étroit en avant, à côtés presque droits à la base et un peu arrondis antérieurement, milieu du disque caréné. Ecusson extrêmement petit, presque nul. Elytres courtement ovalaires, épaules très légèrement saillantes antérieurement, suture un peu élevée en arrière. Jambes antérieures armées d'un petit crochet au sommet; ongles des tarses très rapprochés et soudés en partie. — *τρόπις*, carène; *φορὸς*, portant.

D'après MM. Bold et Hardy, le *T. mercurialis* serait, comme les *Barynotus*, nuisible aux jardiniers en rongeant plusieurs sortes de plantes, se tapissant le jour vers leurs racines; on le trouverait aussi sur le *Tussilago farfara* et l'*Antennaria dioica*.

G. 45. MYNIOPS. Schh. (Pl. 10. Fig. 45. *M. variolosus.* F.)

Schh. Curc. Disp. Meth. 163. — Schh. G. et Sp. C. II. 317 et VI. 287. — Meleus Sturm. Ins. Cat. 1826.—Microps. Stev. Mus. Mosq. II. 93.

Corps courtement ovale, inégal, aptère. Yeux petits, déprimés, ovalaires. Bec à peu près deux fois aussi long que la tête, un peu arqué, légèrement épaissi vers l'extrémité, scrobe profond, flexueux, élargi en arrière, son bord inférieur infléchi, le supérieur se dirigeant vers l'œil. Antennes courtes et assez épaisses, scape n'atteignant point les yeux, premier article du funicule légèrement allongé, obconique, les suivants courts, subperfoliés, devenant graduellement plus épais, massue courtement ovale (Pl. 10. Fig. 45. *a.*). Prothorax transverse, fortement arrondi sur les côtés en avant, resserré ensuite au sommet, lobé derrière les yeux, fortement échancré-arrondi en dessous, caréné en dessus. Ecusson nul. Elytres larges, très courtement ovales, épaules légèrement saillantes antérieurement. Jambes offrant toutes une assez forte épine au sommet; tarses étroits, nullement spongieux en dessous, à troisième article faiblement échancré. — *μινὺς*, petit; *ὤψ*, œil.

(1) *Nota.* Plusieurs espèces, sinon toutes dans ce genre et dans le suivant, offrent un tubercule mousse à la base du thorax en dessous derrière l'insertion des pattes antérieures.

Les Myniops se trouvent sous les pierres et dans les chemins dans les lieux secs et arides.

G. 46. LEPYRUS. Germ. (Pl. 10. Fig. 46. *L. binotatus*. F.)

Germ. Mag. II. 318. 28.—Schh. G. et Sp. C. II. 329 et VI. pars 2. 295.

Corps ovale-oblong. Yeux arrondis, peu convexes. Bec aussi long que la tête et le prothorax, cylindrique, assez mince, graduellement et légèrement épaissi vers l'extrémité, faiblement arqué; scrobe étroit, linéaire, légèrement sinué, très oblique, dirigé vers la partie inférieure des yeux. Antennes médiocres, scape n'atteignant point les yeux, premier et deuxième articles du funicule légèrement allongés, obconiques, second égal au premier ou à peine plus long, trois à six turbinés et courts, septième notablement plus épais et plus grand, appliqué contre la massue (Pl. 10. Fig. 46. *a*.). Prothorax courtement obconique, bien plus étroit en avant, tronqué à la base et au sommet (1). Ecusson petit, mais distinct. Elytres ovales-oblongues, épaules obtusément angulées ou légèrement saillantes antérieurement. Jambes armées d'un crochet au sommet, offrant tout à côté de lui un petit pinceau de poils convergeant. — λεπυρὸς, d'écorce.

Les insectes de ce genre se trouvent généralement sur les arbres; le *colon* affectionne beaucoup les saules.

G. 47. TANYSPHYRUS. Germ. (Pl. 10. Fig. 47. *T. lemnæ*. F.)

Germ. Mag. II. 1817.—Schh. Curc. Disp. Meth. 16*a*. 90.—Schh. G. et Sp. C. II. 331.

Corps très petit, ovalaire. Yeux subovalaires, déprimés. Bec aussi long que la tête et le prothorax, arqué, cylindrique, assez mince; scrobe étroit, linéaire, obliquement dirigé vers la partie inférieure de l'œil (Pl. 10. Fig. 47. *a*). Antennes médiocres, insérées vers le sommet du bec mais toutefois encore à une assez notable distance, scape n'atteignant point tout à fait aux yeux, funicule ne paraissant être que de six articles (2), le premier notablement épaissi et le second étroit, obconiques, les suivants courts, serrés, un peu arrondis, massue grande, ovalaire, à articles peu distincts. Prothorax arrondi sur les côtés, tronqué à la base et au sommet. Ecusson très petit, mais distinct. Elytres courtement ovalaires, très convexes postérieurement, épaules angulées et saillantes. Jambes armées d'un crochet au sommet; quatrième article des tarses très court et dépassant très peu l'échancrure du troisième. — τανυσφυρὸς, qui étend ses pieds, qui a de longues jambes, etc.

Les Tanysphytus vivent auprès des eaux, on les trouve au bord des marais parmi les détritus ou bien en fauchant dans les lieux humides.

G. 48. HYLOBIUS. Schh. (Pl. 11. Fig. 48. *H. fatuus*. Rossi.)

Schh. Curc. Disp. Meth. 170. — Schh. G. et Sp. C. II. 332 et VI. 297. — Liparus. Ol.

(1) *Nota*. Dans le *binotatus*, le prolongement médian du mésosternum entre les pattes intermédiaires est fortement élevé, globuleux, très convexe, il est oblong et faiblement élevé au contraire dans le *colon*.

(2) Le funicule paraît n'avoir que six articles, mais je crois qu'en réalité il doit en avoir sept comme dans les genres voisins, seulement le septième article est fortement appliqué ou même soudé contre la massue, laquelle en effet m'a paru offrir quatre articles, plus une espèce de division basilaire constituée par le septième article du funicule (Pl. 10. Fig. 47. *a*.).

Ent. v. p. 283. — Germ. Ins. Sp. I. 309. — Rhynchænus. Sahl. 4. Zetterst. Faun. Ins. Lap. I. 309.

Corps ovale oblong. Yeux oblongs, peu convexes. Bec allongé, faiblement arqué, cylindrique, très légèrement épaissi vers l'extrémité; scrobe profond, linéaire, très oblique, se dirigeant vers la partie inférieure de l'œil. Antennes médiocres, insérées vers le sommet du bec, mais à une certaine distance du coin de la bouche, scape n'atteignant point tout à fait au bord antérieur des yeux, les deux premiers articles du funicule, assez allongés, obconiques, les suivants courts, généralement un peu arrondis, septième un peu plus grand et plus ou moins appliqué contre la massue (pl. 11, fig. 48 *a*). Prothorax arrondi sur les côtés, plus étroit antérieurement, tronqué à la base et au sommet, fortement échancré au bord antérieur en dessous. Ecusson bien distinct. Elytres ovalaires, légèrement calleuses postérieurement, épaules obtusément angulées et saillantes. Cuisses dentées ou mutiques; jambes sinuées intérieurement, armées d'un fort crochet au sommet. — ὕλη, forêt; βιόω, je vis.

Deux petits groupes partagent ce genre, dans le premier le bec offre sur les côtés une strie obsolète qui commence au devant de l'œil et finit à peu près vers le milieu du bec, cette strie est nulle dans le deuxième.

Les *Hylobius* causent dans nos forêts de conifères des dommages parfois considérables. Leurs femelles déposent leurs œufs dans les crevasses des arbres verts, et leurs larves, s'enfonçant ensuite sous l'écorce qui recouvre le pied de l'arbre ou les premières racines, creusent dans les couches corticale et ligneuse superficielle, leurs vastes et funestes galeries. L'*abietis* se trouve sur les pins et les sapins, et le *pineti* principalement sur les mélèzes.

G. 49. MOLYTES. Schh. (Pl. 11. Fig. 49. *M. Germanus*. Linn.)

Schh. Curc. Disp. Meth. 172. — Schh. G. et Sp. Curc. II, 349 et VI. pars 2. 302. — Liparus. Ol. Ent. v. p. 283.

Corps aptère, ovalaire. Yeux déprimés, ovales-oblongs. Bec environ de la longueur du prothorax, robuste, faiblement arqué, cylindrique, légèrement épaissi vers l'extrémité, offrant une strie obsolète de chaque côté; scrobe profond, linéaire, très oblique, se dirigeant vers la partie inférieure de l'œil. Antennes assez fortes, insérées vers le tiers antérieur du bec, scape atteignant presque au bord antérieur des yeux, les deux premiers articles du funicule assez allongés, obconiques, les suivants courts, arrondis ou subturbinés, septième épaissi, plus ou moins appliqué contre la massue (pl. 11, fig. 49 *a*). Prothorax tronqué à la base, dilaté arrondi sur les côtés, plus étroit antérieurement, largement échancré en dessous et sinué de chaque côté au sommet. Ecusson parfois très petit, mais distinct. Elytres dilatées arrondies sur les côtés, ovalaires, épaules angulées, légèrement saillantes antérieurement. Cuisses dentées ou mutiques, jambes armées d'un long et fort crochet recourbé au sommet; tarses élargis, fortement spongieux en dessous. — μωλύτης, paresseux.

Les *Molytes* se trouvent sous les pierres, dans la terre, les chemins et parfois le gazon.

G. 50. TRYSIBIUS, Schh. (Pl. 11, fig. 50. *T. punctipennis*, Brul.)

Schh. Gen. II. Sp. C. VI. pars 2. 304. — Molytes Schh. l. c. II. 357. Stirps. 2.

Corps aptère, ovalaire. Yeux déprimés, ovales-oblongs. Bec plus court que le prothorax, mais plus long que la tête, épais, faiblement arqué, subcylindrique, légèrement épaissi vers l'extrémité, offrant une strie obsolète de chaque côté ; scrobe profond, linéaire, légèrement sinué, très oblique, se dirigeant vers la partie inférieure de l'œil. Antennes assez fortes, insérées devant le milieu du bec près de son tiers antérieur, scape atteignant presque au bord antérieur des yeux, premier article du funicule allongé, obconique, deuxième court, subcylindrique, suivants subperfoliés, plus larges que longs, septième grand, épaissi, fortement appliqué contre la massue, celle-ci courtement ovalaire (pl. 11, fig. 50 *a*). Prothorax presque tronqué à la base, arrondi sur les côtés avant le milieu, plus étroit antérieurement, faiblement échancré en dessous et légèrement sinué au sommet. Ecusson très petit. Elytres un peu arrondies sur les côtés, ovalaires, épaules angulées, légèrement saillantes antérieurement. Cuisses mutiques ; jambes armées d'un long et fort crochet recourbé au sommet ; tarses antérieurs assez élargis, spongieux en dessous, les postérieurs plus étroits, en grande partie glabres inférieurement. — *τρυσίβιος*, ennuyeux.

Ces insectes sont propres aux parties méridionales de l'Europe orientale, leurs mœurs doivent sans nul doute être analogues à celles des *Molytes*.

G. 51. ANISORHYNCHUS. Schh. (Pl. 11. Fig. 51. *A. bajulus*. Oliv.)

Schh. G. et Sp. Curc. VI. pars 2. 308. — Molytes, Schh. l. c. II. 357. Stirps. 2.

Corps aptère, ovalaire. Yeux déprimés, ovales. Bec assez allongé, un peu moins long que le prothorax, une fois et demie aussi long que la tête, robuste, faiblement arqué, presque plan supérieurement, caréné au milieu, légèrement épaissi vers l'extrémité ; scrobe profond, linéaire, sinué, oblique, se dirigeant vers l'œil et plus large en arrière. Antennes assez fortes, insérées environ vers le tiers antérieur du bec ; scape atteignant presque au bord antérieur des yeux, premier article du funicule, assez allongé, obconique, deuxième plus court, suivants subperfoliés, plus larges que longs, septième grand, épaissi, fortement appliqué contre la massue (pl. 11, fig. 51 *a*). Prothorax tronqué à la base, arrondi sur les côtés, plus étroit antérieurement, largement échancré en dessous et sinué de chaque côté au sommet, longitudinalement caréné sur le dos, offrant généralement de chaque côté un petit espace lisse. Ecusson très petit. Elytres légèrement arrondies sur les côtés, subovalaires, sculptées en dessus, épaules un peu angulées, légèrement saillantes antérieurement. Cuisses mutiques ; jambes armées au sommet d'une épine tantôt tronquée, tantôt fortement échancrée au sommet, variable suivant les espèces ; tarses antérieurs un peu élargis, spongieux en dessous, les postérieurs allongés, étroits, inférieurement presque entièrement glabres. — *ἄνισος*, inégal ; *ῥύγχος*, bec.

Les mœurs des *Anisorhynchus* sont semblables à celles des genres précédents.

G. 52. LEIOSOMUS. Kirby. (Pl. 11. Fig. 52. *L. ovatulus*. Clairv.)

Schh. G. et Sp. C. VI. pars 2. 315. — Molytes. Schh. loco citato, II. 349. — Leiosoma. Kirby. Steph. Ill. Brit. Ent. IV. 106.

Corps aptère, petit, généralement ovalaire. Yeux grands, subdéprimés, un peu arrondis. Bec presque de la longueur du prothorax, assez fort, cylindrique, défléchi, un peu arqué ; scrobe profond, étroit, linéaire, un peu infléchi en dessous, très oblique, se dirigeant vers la partie inférieure de l'œil. Antennes médiocres, insérées environ vers le tiers antérieur du bec, scape n'atteignant point tout à fait au bord antérieur des yeux, les deux premiers articles du funicule assez allongés, obconiques, le deuxième toutefois plus court que le premier, suivants courts, un peu serrés, graduellement et très légèrement plus larges extérieurement, massue ovalaire (pl. 11, fig. 52 *a*). Prothorax légèrement bisinué à la base, faiblement arrondi sur les côtés, plus étroit antérieurement, presque tronqué au sommet, fortement échancré en dessous. Ecusson extrêmement petit. Elytres arrondies sur les côtés, ovalaires, épaules un peu angulées, très légèrement saillantes antérieurement. Cuisses le plus souvent mutiques, plus rarement denticulées (*L. ovatulus*); jambes armées d'un très petit crochet au sommet; tarses assez larges, spongieux en dessous. — λεῖος, lisse; σῶμα, corps.

Les insectes de ce genre se trouvent dans l'herbe, les prairies humides, etc., et d'après MM. Bold et Hardy, sur la Renoncule rampante. (*Ranunculus repens*, Linn.)

G. 53. ADEXIUS. Schh. (Pl. 12. Fig. 53. *A. scrobipennis*. Schh.)

Schh. G. et Sp. Curc. II. 366 et VI. pars 2. 319.

Corps aptère, subarrondi, courtement ovalaire, hérissé de petites soies courtes. Yeux déprimés, ovalaires. Bec de la longueur du prothorax, robuste, modérément arqué, subcylindrique; scrobe profond, linéaire, un peu infléchi en dessous, très oblique, dirigé vers la partie inférieure de l'œil. Antennes médiocres, insérées vers le sommet du bec, scape atteignant aux yeux, premier article du funicule assez allongé, obconique, deuxième de même forme mais toutefois plus court, suivants subturbinés, courts et devenant insensiblement plus larges en dehors, massue grande, subarrondie (pl. 12, fig. 53 *a*). Prothorax un peu plus large que long, plus étroit antérieurement, tronqué au sommet et à la base. Ecusson nul. Elytres larges, arrondies, très convexes, épaules arrondies, non saillantes. Jambes armées au sommet d'un crochet aigu; tarses non spongieux en dessous, ongles petits et grêles. — α privatif; δεξιός, adroit, agile.

Ce genre ne renferme qu'une seule espèce que l'on trouve en Autriche, en Carniole et dans les Alpes de la Suisse et de la Carinthie.

G. 54. PLINTHUS. Germ. (Pl. 12. Fig. 54. *P. Megerlei*. Panz.)

Germ. Ins. Spec. I. 327. — Schh. Gen. et Sp. C. II, 360 et VI. pars 2. 319. — Meleus. Sturm. Ins. Cat. (1826). 169.

Corps aptère, ovale oblong ou allongé. Yeux ovalaires, peu convexes. Bec environ de la longueur du prothorax, assez fort, modérément arqué, cylindrique; scrobe assez étroit, linéaire, nullement infléchi mais oblique, se dirigeant vers le milieu de l'œil. Antennes médiocres, insérées vers le sommet du bec, scape n'atteignant point tout à fait aux yeux, les deux premiers articles du funicule, subégaux, obconiques, les autres courts subturbinés ou presque arrondis, massue ovalaire (pl. 12, fig. 54 *a*). Prothorax tronqué à la base, plus ou moins arrondi sur les côtés, plus étroit antérieurement, un peu sinué de chaque côté au bord antérieur, légèrement lobé derrière les yeux, profondément échancré en dessous, peu convexe et caréné au milieu en dessus. Ecusson non visible. Elytres échancrées ensemble en avant, à épaules le plus souvent antérieurement plus ou moins saillantes, calleuses généralement en arrière. Cuisses dentées ou mutiques; jambes armées au sommet d'un crochet aigu (1). — πλίνθος, brique.

(1) PLINTHUS NIVALIS. Lareynie, inédit. Jacq. du Val. Pl. 12. Fig. 55.). — Allongé, étroit, presque linéaire; d'un brun ferrugineux, à peine revêtu de quelques poils épars très courts; tête et bec d'un ferrugineux brunâtre, la première finement pointillée et fovéolée sur le front, le

Les *Plinthus* se trouvent généralement sous les pierres, ils se plaisent pour la plupart dans les lieux élevés. La larve du *caliginosus*, seule encore connue, a été découverte par MM. Chapuis et Candèze, creusant ses galeries sous l'écorce d'un pin abattu.

G. 55. PHYTONOMUS. Schh. (Pl. 12. Fig. 56. *P. fasciculatus*. Herbst.)

Schh. Curc. Disp. Meth. 175. — Schh. G. et Sp. C. II. 368 et VI. pars 2. 341. — Hypera. Germ. Mag. IV. 335. — Latr. R. anim. 391.

Corps ordinairement ailé, parfois aptère, ovale oblong ou ovalaire. Yeux oblongs, déprimés, sublatéraux. Bec environ de la longueur du prothorax, un peu arqué, cylindrique : scrobe allongé, assez étroit, plus ou moins élargi et moins profond en arrière, obliquement dirigé vers l'œil. Antennes insérées vers le sommet ou le tiers antérieur du bec, assez grêles, scape atteignant aux yeux, premier et deuxième articles du funicule assez allongés, obconiques, deuxième parfois assez court, troisième à septième courts, subarrondis ou légèrement turbinés, massue ovalaire (Pl. 12. Fig. 56 *a*.). Prothorax tronqué à la base et au sommet, arrondi sur les côtés ou subcylindrique, plus étroit antérieurement, parfois légèrement lobé derrière les yeux, échancré en dessous. Ecusson petit, triangulaire. Elytres ovales-oblongues ou courtement ovales, à épaules généralement subarrondies, mais saillantes. Sommet des jambes mutique ou n'offrant aux quatre antérieures qu'une courte épine rudimentaire. — φυτὸν, plante ; νομὸς, qui se nourrit.

Les larves des *Phytonomus* vivent à ciel ouvert sur les feuilles des végétaux qu'elles rongent, se recouvrent d'une couche de matière visqueuse et tissent une coque légère pour y subir leurs métamorphoses. On cite : celles de l'*Arundinis*, sur le *Sium latifolium* ; du *Rumicis*, sur les *Rumex* et le *Polygonum aviculare* ; du *Pollux*, sur le *Cucubalus behen* ; du *Viciæ*, sur l'*Helosciadium nodiflorum* ; du *Plantaginis*, sur les épis du plantain ; du *murinus*, sur la *Medicago sativa* ; et du *Polygoni*, sur la *Spergula arvensis*, la *Stellaria media* et le *Lychnis flos cuculi*.

Les insectes parfaits se trouvent également sur les plantes et parfois aussi sous les pierres ou dans les chemins ; d'après M. Redtenbacher, le *maculatus* vit sur les *Verbascum*, le *comatus* sur la *Salvia glutinosa*, et d'après MM. Hardy et Bold, le *Polygoni* ferait en Angleterre beaucoup de mal au *Dianthus barbatus*.

G. 56. LIMOBIUS. Schh. (Pl. 12. Fig. 57. *L. mixtus*. Schh.)

Schh. Mantis. Secund. Fam. Curc. G. 262-263. — Phytonomus. Schh. Gen. et Sp. C. II. 368. — Hypera. Germ. Mag. IV. 335.

Corps ailé, ovalaire. Yeux ovalaires, subdéprimés. Bec de la longueur du prothorax ou même plus long, un peu arqué, cylindrique ; scrobe linéaire, flexueux, légèrement plus large en arrière, obliquement dirigé vers la partie inférieure de l'œil. Antennes assez grêles, insérées vers le sommet du bec assez loin du coin de la bouche, de onze articles, scape n'atteignant point tout à fait aux yeux, premier article du funicule allongé, obconique, deuxième de même forme mais moitié plus court, troisième à

second éparsement ponctué, striolé sur les côtés ; prothorax oblong, fortement ponctué, rugueux, légèrement caréné au milieu ; élytres fortement ponctuées-striées, suture et intervalles alternes élevés en forme de carènes ; cuisses aigument dentées ; antennes et pattes ferrugineuses. Longueur 7 millim. — Ce remarquable insecte m'a été envoyé par mon ami, M. Philippe Lareynie, qui l'a découvert dans les Pyrénées, près des neiges.

sixième courts, subarrondis, massue ovalaire (Pl. 12. Fig. 57 *a.*). Prothorax moitié moins long que large, tronqué à la base et au sommet, arrondi sur les côtés, légèrement plus étroit antérieurement. Ecusson très petit. Elytres subovalaires, à épaules subarrondies mais saillantes. Sommet des jambes comme chez les Phytonomus. — λειμων, prairie ; βιόω, je vis.

Ce genre, démembré du précédent, ne renferme que deux espèces que l'on trouve également sur les végétaux ; d'après MM. Bold et Hardy, le *dissimilis* se plairait sur le *Geranium sanguineum.*

G. 57. PROCAS. Steph. (*P. Steveni*. Schh. Pl. 13. Fig. 58.)

Steph. Brit. Ent. IV. 90. — Schh. G. et Sp. Curc. VI. pars 2. 386.

Corps ailé, ovale-oblong. Yeux oblongs, subdéprimés. Bec allongé, de la longueur de la tête et du prothorax, assez mince, cylindrique, modérément arqué, légèrement élargi au sommet ; scrobe linéaire, étroit, très légèrement flexueux, un peu oblique, montant vers le milieu de l'œil. Antennes assez grêles, insérées vers le sommet du bec, à une petite distance du coin de la bouche, scape n'atteignant point tout à fait aux yeux ; les trois premiers articles du funicule, obconiques, premier et deuxième légèrement allongés, troisième plus court, quatrième à septième égaux, subarrondis, massue oblongue (Pl. 13. Fig. 58 *a*). Prothorax arrondi sur les côtés, plus étroit antérieurement, distinctement lobé derrière les yeux, échancré en dessous. Elytres ovales-oblongues, à épaules obtusément angulées, saillantes. Jambes offrant une toute petite épine au sommet. — Procas, mot propre.

Ce genre ne renferme que quelques espèces dont les mœurs sont encore peu connues ; j'ai pris assez abondamment le *Steveni* à Montpellier, au commencement du printemps, le long d'un mur, sous de petites pierres et dans de petits trous. M. Javet l'a pris également aux environs de Nîmes, sur le bord de fossés.

G. 58. CONIATUS. Germ. (Pl. 13. Fig. 59. *C. chrysochlora*. Lucas.)

Germ. Mag. II. 340. — Schh. G. et Sp. Curc. II. 405.—Hypera. Germ. Mag. IV. 335.

Corps ailé, oblong. Yeux arrondis, convexes. Bec environ moitié plus long que la tête, assez fort, subcylindrique, peu arqué ; scrobe allongé, peu profond, plus large en arrière, s'effaçant au devant des yeux, un peu oblique, son bord inférieur légèrement infléchi, bien marqué (1). Antennes médiocres, insérées vers le tiers antérieur du bec, assez loin du coin de la bouche, parfois près du milieu (*C. chrysochlora*) (2), scape tantôt n'atteignant point et tantôt atteignant au bord antérieur des yeux, premier et deuxième articles du funicule légèrement allongés, subobconiques, troisième à septième courts, assez serrés, devenant insensiblement plus larges en dehors, massue oblongue (Pl. 13. Fig. 59 *a.*). Prothorax légèrement bisinué à la base, tronqué au sommet, très faiblement ou à peine lobé derrière les yeux, arrondi sur les côtés. Elytres ovales-oblongues, à épaules obtusément angulées, saillantes. Jambes offrant

(1) Dans le *chrysochlora*, cette portion est seule bien distincte et la postérieure est à peine indiquée, nous n'avons (pl. 13, fig. 59 *a*) représenté que la première.

(2) Plusieurs autres genres nous offrent de même des exceptions aux caractères de la section des Brachyrhynques, mais nous devons toutefois conserver cette grande coupe, car elle facilite beaucoup l'étude, et nous laisser guider, dans ces cas, par le facies, l'analogie et les autres caractères.

au sommet une toute petite épine aiguë, à peine marquée aux postérieures.—*κονιατὸς*, couvert de poussière.

Les *Coniatus* ont des mœurs analogues à celles des Phytonomes, les *Tamarisci*, *repandus* et *chrysochlora*, se trouvent sur les Tamaryx, dans le midi de la France.

Groupe 4. BYRSOPSITES.

Casteln. H. Nat. Col. t. II. p. 322. — Byrsopsides. Schh. G. et Sp. C. II. 408 et VI. pars 2. 389.

Antennes coudées, de douze articles. Bec épaissi, subcylindrique ou légèrement angulé, infléchi ; scrobe sous-oculaire, courbé ou oblique. Prothorax plus ou moins profondément canaliculé en dessous pour recevoir le bec. Tarses le plus souvent étroits non spongieux et garnis de soies en dessous.

G. 59. GRONOPS. Schh. (Pl. 9. Fig. 39. *G. lunatus*. F.)

Schh. Curc. Disp. Meth. 157. — Schh. G. et Sp. C. II. 252 et VI. 134.

Corps ailé, oblong ou ovale-oblong. Yeux déprimés, oblongs, perpendiculaires. Bec assez allongé, épaissi, faiblement arqué ; scrobe un peu courbe en avant, oblique, plus large en arrière, atteignant le bord antérieur de l'œil vers sa partie inférieure. Antennes courtes, assez fortes, insérées assez loin du coin de la bouche, scape arrivant à peine au bord antérieur des yeux, premier article du funicule un peu allongé, obconique, les suivants courts, serrés, transverses, septième un peu plus épais, étroitement appliqué contre la massue, celle-ci ovalaire (Pl. 9. Fig. 39 *a.*). Prothorax presque carré ou plus large antérieurement, inégal en dessus, légèrement bisinué à la base, fortement lobé derrière les yeux, profondément échancré inférieurement, distinctement, largement, mais peu profondément sillonné devant les pattes antérieures. Elytres oblongues ou ovalaires, le plus souvent ornées de côtes longitudinales et postérieurement déclives, à épaules obtusément angulées ou subarrondies. — *γρῶνος*, creusée ; *ὄψ*, figure.

Ce genre ne renferme que quelques espèces rares et de mœurs encore peu connues, le *lunatus* se trouve, dit-on, sous les pierres.

Nota. L'étude comparative des caractères de ce genre prouve suffisamment qu'il doit rentrer dans les Byrsopsites, et me dispense d'entrer dans de plus amples détails.

G. 60. RHYTIRHINUS. Schh. (Pl. 13. Fig. 60. *R. impressicollis*. Schh.).

Schh. Curc. Disp. M. 162. — Schh. G. et Sp. Curc. II. 415. et VI. part. 2. 421.

Corps oblong, aptère. Yeux déprimés, ovales-oblongs. Bec environ de la longueur du prothorax, épaissi, subangulé, légèrement arqué ; scrobe profond, linéaire, oblique, s'élargissant un peu en arrière, se dirigeant vers la partie inférieure de l'œil, son bord inférieur postérieurement terminé par un tubercule plus ou moins distinct. Antennes assez grêles, insérées vers le sommet du bec, mais toutefois à une certaine distance du coin de la bouche, scape n'atteignant pas tout à fait au bord antérieur des yeux, premier article du funicule allongé, légèrement en massue, deuxième de même forme, mais notablement plus court, trois à six courts, subarrondis, septième grand, subturbiné, appliqué contre la massue, celle-ci ovalaire (Pl. 13. Fig. 60. *a.*). Prothorax subarrondi, inégal en dessus, un peu avancé dans son milieu antérieurement, très fortement lobé derrière les yeux, profondément échancré inférieurement, largement mais très légèrement sillonné devant les pattes antérieures. Elytres ovales-oblongues, le plus souvent ornées de lignes élevées longitudinales, échancrées ensemble à la base, à épaules obliquement arrondies et parfois antérieurement saillantes. — ῥυτὶς, ride ; ῥίν, nez.

Les Rhytirhinus habitent les parties les plus méridionales de l'Europe, on les trouve dans la terre, sous les pierres, etc.

Groupe 5. OTIORHYNCHITES.

Casteln. H. Nat. Col. 2. p. 323. — Phyllobides Schh. G. et Sp. C. II. 424. — Cyclomides. Schh. l. c. II. 469. — Otiorhynchides. Schh. l. c. II. 551.

Antennes coudées, de douze articles. Bec plus ou moins épaissi, généralement assez court, plus ou moins arrondi ou légèrement subangulé, défléchi ou subhorizontal, libre, scrobe généralement presque droit et montant postérieurement vers le milieu de l'œil ; scape dépassant toujours plus ou moins les yeux.

* Corps oblong ou ovale-oblong, ailé; épaules obtusément angulées. Prothorax distinctement lobé derrière les yeux et fortement échancré en dessous (1).

G. 61. CHOEBIUS. Schh. (Pl. 17. Fig. 78. C. Steveni. Schh.).

Schh. Gen. et Sp. Curc. II. 644. et VII. pars. 1. 416.

Corps oblong. Yeux déprimés, ovalaires. Bec légèrement plus long que la tête et visiblement plus étroit, assez épaissi, un peu infléchi, presque droit, subcylindrique, canaliculé en dessus, à ailes apicales un peu divariquées ; scrobe apical, profond, extrêmement court, continué seulement par une légère impression en arrière. Antennes insérées vers le sommet du bec, allongées, assez grêles, scape dépassant le bord antérieur du prothorax, les deux premiers articles du funicule légèrement allongés, obconiques, les suivants plus courts, lenticulaires, subarrondis ou legèrement obconiques, massue ovale-oblongue (Pl. 17. Fig. 78. *a.*). Prothorax tronqué à la base, également arrondi sur les côtés, non rétréci antérieurement. Elytres ovales-oblongues. Sommet des jambes terminé par une forte épine aiguë ; ongles des tarses distants. — χλόη, herbe ; βιόω, je vis.

Ce genre ne renferme que quelques espèces originaires du Caucase et de la Russie médididionale ; leurs mœurs nous sont encore inconnues.

(1) *Nota.* Mon groupe cinquième comprend les Phyllobides, Cyclomides et Otiorhynchides de Schœnherr, dont les caractères sont loin d'être assez tranchés pour constituer des groupes ; leur étude m'a conduit à suivre un ordre tout différent. En effet : 1° la coupe des Otiorhynchides de Schœnherr, basée sur les ailes divariquées du sommet du bec, ne peut être adoptée, car ces ailes, dans les Elytrodon, par exemple, ne sont certes pas plus divariquées ou le sont même moins que dans les Péritèles ; 2° le genre Chlœbius s'éloigne beaucoup, à mon avis, des Otiorhynchides, avec lesquels il n'a guère d'affinités que par ses antennes et le sommet du bec, et me paraît devoir se placer en tête avant les Phyllobies, dont il se rapproche, en effet, beaucoup par son faciès, sa forme, sa couleur, ses ailes et ses épaules obtusément angulées ; faisant en outre la transition avec les genres précédents par ses yeux ovalaires et déprimés, son prothorax lobé, etc.

** Corps allongé, ailé, épaules obtusément angulées. Prothorax point lobé derrière les yeux, etc.

G. 62. PHYLLOBIUS. Schh. (Pl. 13. Fig. 61. *P. oblongus*. Lin.).

Schh. Curc. Disp. Méth. 180. — Schh. G. et Sp. Curc. II. 434. et VII. pars 1. 12.

Corps allongé ou oblong. Tête prolongée derrière les yeux. Ceux-ci saillants, arrondis, très convexes. Bec de la longueur de la tête, assez épaissi, légèrement arrondi, presque droit, subhorizontal ; scrobe court, apical, assez profond, très légèrement marqué et s'effaçant bientôt en arrière. Antennes insérées vers le sommet du bec, assez allongées, scape atteignant presque le bord antérieur du prothorax, les deux premiers articles du funicule allongés, obconiques, les suivants plus courts obconiques ou noueux, massue ovalaire ou oblongue. (Pl. 13, Fig. 61. *a*.). Prothorax subtransversal, tronqué à la base et au sommet, arrondi sur les côtés, un peu plus étroit antérieurement. Elytres oblongues, tronquées à la base, à épaules obtusément angulées et saillantes. Cuisses dentées ou mutiques, jambes n'offrant point d'épine au sommet ; ongles des tarses rapprochés, soudés dans leur moitié basilaire.— φυλλον, feuille ; βιόω, je vis.

Les *Phyllobius* vivent sur les plantes et dans le feuillage ; l'on trouve le *calcaratus* sur l'aune, le bouleau et le coudrier ; l'*alneti* et le *pomonæ* sur les orties ; les *sinuatus* et *maculicornis* sur les bouleaux ; le *pineti* sur les pins ; le *mus* sur l'aune et le saule ; l'*angustatus* sur divers arbres, entr'autres le marronnier d'Inde, l'*oblongus* sur l'aubépine, l'aune et le coudrier, les *vespertinus* et *uniformis*, enfin dans l'herbe ou le gazon, etc.

*** Corps ovalaire ou ovale-oblong, aptère ; épaules généralement arrondies ou obtuses. Prothorax point lobé derrière les yeux.

G. 63. PTOCHUS, Schh. (Pl. 13. Fig. 62. *P. bisignatus*. Schh.).

Schh. Curc. D. meth. 187. — Schh. G. et Sp. C. II. 481. et VII. pars 1. 104.

Corps ovale-oblong. Tête grande, un peu prolongée derrière les yeux, aussi large que le prothorax, front ample, le plus souvent convexe ; yeux latéraux, arrondis, légèrement saillants. Bec très court, épaissi, à peine aussi long que la tête, plan en dessus, profondément échancré au sommet ; scrobe apical, court, subtriangulaire, effacé en arrière. Antennes allongées, insérées vers le sommet du bec, scape atteignant le bord antérieur du prothorax, les deux premiers articles du funicule légèrement allongés, obconiques, trois à sept courts, tronqués au sommet, assez serrés, massue ovale-oblongue (Pl. 13. fig. 62. *a*.). Prothorax le plus souvent court, peu arrondi sur les côtés, tronqué à la base et au sommet. Elytres tronquées à la base, ovales-oblongues. Jambes n'offrant point d'épine au sommet. — πτωχὸς, pauvre.

Ce genre remarquable ne renferme que quelques espèces dont les mœurs nous sont inconnues.

G. 64. TRACHYPHLOEUS. Germ. (Pl. 14. Fig. 63. *T. scaber*. Lin.).

Schh. Curc. Disp. Meth. 189. — Schh. G. et Sp. Curc. II. 489. et VII. pars 1. 109. Platytarsus (1). Schh. V. pars 2. 919. — Redt. F. Austr. p. 454. 457.

(1) D'après le Catalogue de Stettin (1852), le genre Platytarsus, placé par Schœnherr, auprès des Sciaphiles, doit se rapporter aux Trachyphlœus, manière de voir que j'adopte, car les caractères donnés par Schœnherr sont, en effet, tous ceux des Trachyphlées, et cet auteur n'a été trompé que par la forme légèrement fléchie du scrobe.

Corps plus ou moins courtement ovalaire, éparsement revêtu en dessus de petites soies courtes. Yeux arrondis, peu convexes. Bec de la longueur de la tête, épaissi, un peu défléchi, presque plane en dessus, légèrement subangulé, triangulairement échancré au sommet ; scrobe profond, allongé, atteignant les yeux, très légèrement courbe. Antennes assez courtes, insérées vers le milieu du bec, un peu épaissies, scape graduellement épaissi en dehors, atteignant presque le prothorax, les deux premiers articles du funicule courtement obconiques, premier un peu épaissi, trois à sept assez serrés, très courts, transverses, subarrondis, massue petite, ovalaire (Pl. 14. Fig. 63. *a.*). Prothorax transversal, tronqué à la base et au sommet, le plus souvent fortement dilaté-arrondi sur les côtés, plus étroit antérieurement. Ecusson nul ou indistinct. Elytres larges, soudées, généralement courtement ovalaires. Jambes antérieures diversement épineuses au sommet suivant les espèces ; ongles des tarses distants. — *τραχύς*, rude ; *φλοιός*, enveloppe.

Les insectes de ce genre se trouvent généralement sous les pierres, dans la terre ou au pied des plantes, il aiment les lieux secs et arides.

G. 65. MITOMERMUS. Jacq. du Val (Pl. 14. Fig. 64. *M. hystrix* (1). J. du Val).

Corps ovalaire, assez éparsement revêtu en dessus de petites soies courtes. Yeux arrondis, peu convexes. Bec très court, à peine aussi long que la tête, épais, légèrement défléchi, presque plane en dessus, légèrement subangulé, triangulairement échancré au sommet ; scrobe profond, à peine courbé, montant presque au-dessus de l'œil, surtout son bord supérieur qui se continue en arrière de celui-ci par une impression légère. Antennes assez courtes, un peu épaissies, insérées vers le milieu du bec, scape atteignant au bord antérieur du prothorax, graduellement épaissi en dehors, courbe à la base. premier article du funicule légèrement épaissi, courtement obconique, deuxième à peine plus long que le troisième, 3 à 7 courts, serrés, tronqués au sommet, nullement arrondis, massue petite, ovalaire (Pl. 14. Fig. 64. *a.*). Prothorax subarrondi, un peu transversal, tronqué à la base et au sommet, dilaté arrondi sur les côtés. Ecusson indistinct. Elytres larges, ovalaires, notablement plus larges que le prothorax à sa base, à épaules très arrondies, mais saillantes. Jambes antérieures offrant au sommet de très courtes épines ; ongles des tarses distants. — *μίτος*, cordon ; *μέρμις*, funicule.

J'ai formé ce genre nouveau sur un insecte qui m'a été communiqué par M. Jekel, sous le nom de *Cathormiocerus horrens*, comme provenant de Cadix, et que j'ai vu aussi dans la collection de M. Chevrolat des environs de Carthagène, mais qui ne peut certainement rentrer dans ce dernier genre, car il s'en éloigne essentiellement par la forme du bec, du prothorax et surtout des antennes, qui l'écartent aussi notablement des *Trachyphlaeus* et autres genres voisins.

(1) MITOMERMUS HYSTRIX. Jacq. du Val. Corps brun, parcimonieusement revêtu en dessus de squamules cendrées et de petites soies grises, squamules serrées en dessous, assez denses sur la tête, le bec et les côtés du prothorax, variées de brunâtre sur les élytres ; antennes et pattes ferrugineuses. Bec canaliculé au milieu, sillon prolongé sur le front. Prothorax subarrondi, un peu moins long que large, densément et distinctement ponctué, offrant sur le disque trois légères impressions longitudinales à peine marquées. Elytres régulièrement striées, stries bien marquées et distinctement ponctuées. Jambes antérieures légèrement élargies au sommet, offrant six petites épines très courtes. — Long. 4 millim. — Espagne.

G. 66. CATHORMIOCERUS. Schh. (1). Gen. et Sp. Curc. VII. pars 1. 120.

Trachyphlœus. Schh. G. et Sp. C. II. 489.

Corps ovale-oblong, parcimonieusement revêtu de squamules et de soies en dessus. Yeux latéraux, arrondis, un peu convexes. Bec un peu plus long que la tête, assez épaissi, légèrement arrondi, un peu défléchi, plane en dessus, triangulairement mais non profondement échancré au sommet; scrobe linéaire, allongé, peu courbé, finissant avant l'œil. Antennes assez courtes, épaisses, insérées vers le milieu du bec; scape atteignant le thorax, mince à la base, graduellement épaissi en dehors, courbe; tous les articles du funicule courts, les deux basilaires turbinés, le premier guère plus long et plus épais, trois à sept subarrondis, égaux, moniliformes, massue petite, ovalaire. Prothorax à peine moins long que large, tronqué à la base et au sommet, également et faiblement dilaté, arrondi sur les côtés. Ecusson indistinct. Elytres ovales-oblongues, un peu plus larges que la base du prothorax antérieurement, déclives en arrière. Jambes armées d'un petit crochet au sommet. — καθόρμιον, collier; κέρας, corne.

Les mœurs des *Cathormiocerus* nous sont inconnues, elles doivent être probablement analogues à celles des *Trachyphlœus*.

G. 67. MEIRA. Jacq. du Val (Pl. 14. Fig. 65. *M. crassicornis*. J. du Val).

Jacq. du Val. Annal. de la Soc. Ent. de France. 1852. p. 711.

Corps ovale-oblong, parcimonieusement hérissé en dessus de petites soies courtes. Yeux petits, arrondis, légèrement convexes. Bec un peu plus long que la tête, épais, légèrement défléchi, plan en dessus, largement échancré au sommet (2); scrobe court, large, presque droit, caverneux, s'effaçant au devant des yeux en arrière. Antennes très épaisses, assez longues, entièrement revêtues de petites soies couchées légèrement épaissies, insérées vers le sommet du bec, mais toutefois encore à une certaine distance, scape très épais, atteignant au bord antérieur du prothorax, un peu plus épaissi vers le sommet, un peu courbe; premier article du funicule obconique, deuxième à peine un peu plus long que les suivants, 3 à 7 très courts, assez serrés, sublenticulaires, transverses; massue petite, ovalaire (Pl. 14. Fig. 65. *a*.). Prothorax au moins aussi long que large, plus étroit que les élytres, tronqué au sommet et à la base, faiblement arrondi sur les côtés, cylindrique. Ecusson indistinct. Elytres ovales-oblongues, à épaules arrondies, non saillantes. Jambes antérieures offrant un petit crochet au sommet; ongles des tarses rapprochés et soudés dans leur plus grande partie.—*Meira*, nom sans signification.

Les mœurs de ce genre nous sont inconnues. J'ai pris le seul individu que je possède au pied d'un arbre, dans les environs de Montpellier.

G. 68, OMIAS (3). Germ. (Pl. 14. Fig. 66. *O. brunnipes*. Oliv.).

Germ. Mag. II. 1817.—Schh. G. et Sp. Curc. II. 496 et VII. pars 1. 127.

Corps oblong, ovale-oblong ou subarrondi. Yeux arrondis, assez convexes. Bec généralement environ de la longueur de la tête et parfois plus court, plus étroit que

(1) N'ayant pu nous procurer à temps des types de ce genre, nous sommes forcés d'en renvoyer plus loin la figure et d'en donner les caractères d'après l'ouvrage de Schœnherr.

(2) C'est par erreur que je l'ai donné comme non échancré dans ma description première.

(3) L'*Omias sulcifrons* Schœnherr doit être rapporté à mon genre *Barypeithes* (pl. 13, figure 21 bis), que j'ai établi sur une espèce excessivement voisine. Ces insectes s'écartent en effet nota-

cette dernière, épaissi, subdéfléchi, un peu dilaté et légèrement impressionné en dessus au sommet; scrobe court, large, légèrement courbé, effacé en arrière. Antennes allongées, insérées vers le sommet du bec ou proche du milieu, tantôt minces et tantôt assez épaissies, scape atteignant au bord antérieur du prothorax, plus ou moins courbe, un peu épaissi vers l'extrémité, les deux premiers articles du funicule obconiques, 3 à 7 noueux, arrondis, massue ovalaire (Pl. 14. Fig. 66. *a.*). Prothorax tronqué à la base et au sommet, légèrement arrondi sur les côtés. Elytres ovales-oblongues ou courtement ovales. Jambes antérieures offrant un crochet au sommet ou mutiques; ongles des tarses plus ou moins rapprochés et soudés à leur base (1). — *ὦμίας*, qui a de larges épaules.

Deux groupes partagent ce genre d'après la forme du corps subarrondi et sans écusson, ou ovale-oblong et à écusson bien distinct.

On trouve les *Omias* sous les pierres, dans le gazon et au pied des arbres parmi les feuilles sèches ou les détritus végétaux.

G. 69. STOMODES. Schh. (Pl. 14. Fig. 67. *S. gyrosicollis*. Schh.).

Schh. Curc. D. M. 188. — Schh. G. et Sp. Curc. II. 510 et VII, pars 1-146.

Corps allongé-oblong, subelliptique. Yeux arrondis, légèrement convexes. Bec environ de la longueur de la tête et guère plus étroit, épaissi, subdéfléchi, largement échancré au sommet; scrobe court, large, caverneux, obsolète en arrière. Antennes assez allongées, assez fortes, insérées à une petite distance du sommet du bec, scape atteignant au bord antérieur du prothorax, un peu courbé, épaissi vers l'extrémité, les deux premiers articles du funicule courtement obconiques, surtout le deuxième, 3 à 7 courts, assez serrés, subturbinés, un peu arrondis, massue ovale-oblongue

blement des Omias par la forme du bec et surtout du scrobe, dont le bord inférieur est fortement oblique. Aussi, quoique mieux placés peut-être auprès des Omias dans une classification naturelle, me paraissent-ils devoir se ranger préférablement dans le groupe des Brachydérites, la classification des Curculionides étant essentiellement artificielle, et l'obliquité du bord inférieur du scrobe frappant tellement au premier abord que je n'eusse peut-être jamais songé à chercher mon insecte dans les Omias. — Le *Barypeithes rufipes*, quoique on ne peut plus voisin du *sulcifrons*, en est cependant bien distinct par la forme des antennes, qui, chez ce dernier, sont un peu plus grêles, à 1er et 2e articles du finicule un peu en massue et minces à la base, les 3e et 4e un peu ovalaires, les 5e à 7e arrondis et tous bien écartés les uns des autres, tandis que dans le *rufipes* les 1er et 2e articles du funicule sont moins étroits à la base et plus obconiques, les 3e à 6e arrondis, le 7e légèrement transverse et tous assez serrés. (Pl. 17, fig. 21 *a*, *B. rufipes*, et fig. 21 *b*, *B. sulcifrons*, Sch.). En outre, le 2e article du funicule est un peu plus court par rapport au 1er chez le *rufipes* que dans le *sulcifrons*. Enfin, l'écusson et la base de la suture sont un peu plus élevés dans le *sulcifrons*, et cette dernière, au contraire, distinctement quoique légèrement enfoncée et creuse en arrière, avec la 1re strie par contre nullement enfoncée, tandis que chez le *rufipes*, la suture est tout à fait plane en avant et en arrière, et la 1re strie légèrement mais visiblement enfoncée. Ayant examiné plusieurs individus des deux espèces et ayant trouvé les caractères ci-dessus constants, j'en conclus à leur validité.

(1) OMIAS CURVIMANUS. Jacq du Val. — Oblong, d'un brun ferrugineux, luisant, très parcimonieusement revêtu d'une fine et courte pubescence cendrée; antennes et pattes testacées; bec assez fortement ponctué, anguleux, offrant une impression longitudinale bien distincte; prothorax légèrement convexe, plus long que large, faiblement arrondi sur les côtés, subcylindrique, fortement mais peu densément ponctué en dessus, obscurément caréné au milieu; élytres oblongues, fortement ponctuées-striées, stries postérieurement plus légères; cuisses mutiques, jambes antérieures fortement courbées. — Long. 2 3/4 mill. — Montpellier. Rare.

(Pl. 14. Fig. 67. *a.*). Prothorax oblong, tronqué à la base et au sommet, un peu dilaté-arrondi sur les côtés, rebordé à la base. Ecusson non visible. Elytres oblongues, épaules arrondies, non saillantes. Jambes antérieures offrant au sommet une petite épine aiguë; ongles des tarses écartés, distants.—στομώδης, qui a une large bouche.

Ce genre ne renferme que quelques espèces que l'on trouve, dit-on, sous les pierres.

G. 70. PERITELUS. Germ. (Pl. 15. Fig. 68. *P. griseus.* Oliv.).

Germ. Ins. Sp. I. 407.—Schh. G. et Sp. Curc. II. 511 et VII. pars 1. 148. — *Centricnemus.* Steven. Mus. Mosq. II. 94.

Corps ovale-oblong ou subovalaire, revêtu de squamules. Yeux subarrondis, légèrement convexes. Bec un peu plus long et plus étroit que la tête, épaissi, légèrement défléchi, triangulairement échancré au sommet, à ailes apicales un peu divariquées; mandibules saillantes, épaisses, tronquées au sommet; scrobe empiétant notablement sur le dessus du bec, oblong, assez large, profond antérieurement, plus léger en arrière. Antennes allongées, assez fortes, insérées à une petite distance du sommet du bec, scape long, linéaire, légèrement épaissi vers le sommet, dépassant le bord antérieur du prothorax, les deux premiers articles du funicule assez allongés, obconiques, 3 à 7 assez courts, subturbinés ou lenticulaires, massue ovale-oblongue (Pl. 15. Fig. 68. *a.*). Prothorax court, tronqué à la base et au sommet, légèrement arrondi sur les côtés, un peu plus étroit antérieurement. Ecusson indistinct. Elytres ovalaires ou courtement ovales, à épaules arrondies, non saillantes. Jambes antérieures offrant au sommet une petite épine aiguë, ongles des tarses rapprochés, soudés dans leur moitié basilaire.—πέρι, beaucoup, très; τέλειος, τέλος, parfait.

Les *Peritelus* se trouvent généralement sous les pierres, dans les chemins, la terre au pied des plantes et parfois aussi sur les végétaux.

G. 71. LAPAROCERUS, Schh. (Pl. 15. Fig. 69. *L. morio*, Schh.)

Schh. G. et Sp. Curc. II. 530 et VII. pars 1. 228.

Corps ovale oblong. Yeux ovalaires ou subarrondis, plus ou moins saillants. Front plan, canaliculé au milieu. Bec un peu plus court et plus étroit que la tête, épais, subhorizontal, profondément et triangulairement échancré au sommet; scrobe droit, oblong, assez large, profond antérieurement, atteignant aux yeux. Antennes longues et grêles, insérées vers le sommet du bec, scape dépassant notablement le bord antérieur du prothorax, légèrement courbé à la base, grêle, légèrement renflé en massue au sommet, les deux premiers articles du funicule allongés et minces, trois à sept diminuant graduellement de longueur, obconiques, massue allongée-oblongue (Pl. 15. Fig. 69 *a.*). Prothorax subarrondi, tronqué à la base et au sommet, dilaté arrondi sur les côtés. Ecusson bien distinct. Elytres ovales-oblongues, un peu écartées du prothorax, un peu plus larges que lui à la base, épaules arrondies. Jambes antérieures offrant au sommet une courte épine aiguë; ongles des tarses rapprochés, soudés à la base. — λαπαρὸς, grêle; κέρας, corne.

Ce genre ne renferme que deux especes européennes originaires du Portugal; leurs mœurs nous sont inconnues.

G. 72. CHILONEUS (1), Schh. Gen. et Sp. Curc. VII. pars 1. 234.

Corps ovale oblong, revêtu de squamules. Yeux arrondis, légèrement convexes. Bec à peine plus long que la tête et un peu plus étroit, épaissi, déclive, plan en dessus, offrant vers l'extrémité une ligne élevée semi-circulaire, légèrement échancré au sommet; scrobe latéral, court, profond à la base. Antennes assez allongées, assez grêles, insérées vers le sommet du bec; scape atteignant le thorax, légèrement courbé, en massue, les deux premiers articles du funicule un peu allongés, obconiques, suivants turbinés, tronqués au sommet, massue ovale-oblongue. Prothorax environ aussi long que large, obliquement tronqué à la base et au sommet, légèrement dilaté, arrondi sur les côtés, légèrement resserré au sommet. Ecusson non visible. Elytres ovales-oblongues, guère plus larges que le prothorax à la base, à épaules arrondies. Ongles des tarses petits (ex Schön.) — χειλῶν, lippu.

Ce genre ne renferme qu'une seule espèce dont les mœurs nous sont inconnues. (2).

G. 73. OTIORHYNCHUS. Germ. (Pl. 15. Fig. 70. *Ot. auropunctatus*. Schh.).

Germ. Ins. Sp. I. 343. t. 2. f. 9. — Schh. G. et Sp, Curc. II. 551. et VII. pars 1. 257. — Brachyrhinus. Latr. Regn. A. 391. — Loborhynchus, Simo et Panaphilis. Sturm. Ins. Cat. 1826. — Pachygaster. Humm. Ess. ent. VI. 12. — Stev. Mus. Mosq. II. 96.

Corps ovale-oblong ou subovalaire. Yeux arrondis, en général légèrement convexes. Bec subhorizontal, ordinairement plus long que la tête et un peu plus étroit, épaissi vers l'extrémité, triangulairement échancré au sommet, à ailes apicales divariquées, très saillantes; scrobe droit, oblong, assez large, moins marqué postérieurement principalement au devant des yeux. Antennes longues, le plus souvent assez grêles, plus rarement robustes, insérées vers le sommet du bec, scape atteignant ou dépassant le bord antérieur du prothorax, tantôt graduellement épaissi en dehors et tantôt un peu en massue, les deux premiers articles du funicule assez allongés, obconiques, trois à sept plus courts, obconiques, turbinés ou lenticulaires (Pl. 15. Fig. 70 *a*. 71 *a*. 72 *a*.). Prothorax tronqué à la base et au sommet, dilaté-arrondi sur le milieu des côtés. Ecusson très petit ou peu distinct. Elytres ovalaires ou ovales-oblongues, plus rarement un peu allongées, à épaules arrondies, point saillantes. Jambes antérieures offrant au sommet une courte épine plus ou moins distincte; ongles des tarses écartés, libres. — ὠτίον, petite oreille, ῥύγχος, bec.

Ce beau genre renferme un grand nombre d'espèces, dont l'étude est facilitée par les trois petits groupes suivants, savoir: 1° articles 3 à 7 du funicule légèrement allongés, le plus souvent obconiques, massue étroite, allongée-oblongue (Pl. 15. Fig. 70 *a*.); 2° articles 3 à 7 du funicule assez courts, tronqués au sommet, massue ovale-oblongue (Pl. 15. Fig. 71 et 71 *a*. *Ot. gemmatus*. F.); 3° articles 3 à 7 du funicule courts, transverses et sublenticulaires ou subarrondis, noueux ou ovalaires, massue ovale ou ovale-oblongue (Pl. 15. Fig. 72 et 72 *a*. *Ot. picipes*. F.). Chacun de ces groupes est en outre subdivisé d'après les cuisses mutiques ou distinctement dentées.

(1) Nous sommes forcés de renvoyer la figure de ce genre, n'ayant pu nous en procurer encore de type.

(2) CHILONEUS SICULUS, Schh. — Oblongo-ovatus, ferrugineus, squamulis cinereis et læte cupris mixtis obsitus, antennis pedibusque dilutioribus; thorace crebre punctulato, intra apicem late constricto; elytris mediocriter punctato-striatis, interstitiis parum convexis. breviter pallido-setulosis. Polydroso cervino magnitudine æqualis. (ex Schh. l. c.) — Sicile.

Les insectes de ce genre se trouvent les uns sous les pierres ou dans les chemins, les autres sur les plantes ou même le feuillage des arbres ; l'on cite : les *niger, fuscipes, armadillo, multipunctatus, geniculatus, unicolor, perdix* et *zebra* sur les pins, les *planatus* et *septentrionis* sur les pins et les mélèzes ; le *picipes* sur les pins et plusieurs autres arbres, les *caudatus, prolixus* et *perdix* sur les frênes, les *inflatus* et *lepidopterus* sur les mélèzes ; le *pupillatus* sur le *Rhododendron hirsutum*, le *longicollis* sur le coudrier, l'*Atro-apterus* sur le *Cerastium tetrandrum* et surtout l'*Ammophila arundinacea*, le *pinastri* sur l'*Asclepias vincetoxicum*, l'*humilis* dans le sable, au pied de l'*ononis arenaria*, etc. Leurs larves vivent dans la terre, aux dépens des racines des végétaux.

G. 74. TYLODERES. Schh. (Pl. 16. Fig. 73. *T. chrysops*. Herbst.).

Schh. Curc. Disp. Meth. 206. — Schh. G. et Sp. C. II. 636 et VII. pars I. 388. — Brius. Sturm. Ins. Cat. 1826. 103.

Corps ovale-oblong, rugueux. Yeux arrondis, assez saillants, Bec presque deux fois aussi long que la tête, plus étroit, subhorizontal, épaissi vers l'extrémité, profondément et triangulairement échancré au sommet, à ailes apicales divariquées, saillantes ; scrobe droit, oblong, profond à la base, graduellement moins marqué en arrière. Antennes longues, assez grêles, insérées vers le sommet du bec, scape atteignant au bord antérieur du prothorax, un peu épaissi vers l'extrémité, les 2 premiers articles du funicule assez allongés, obconiques, 3 à 7 courts, ovalaires, massue ovale-oblongue (Pl. 16. Fig. 73 *a.*). Prothorax tronqué à la base et au sommet, dilaté-arrondi sur les côtés. Ecusson très petit. Elytres ovales-oblongues, guère plus larges que le prothorax à la base, à épaules légèrement saillantes antérieurement, un peu arrondies. Jambes antérieures offrant au sommet une petite épine courte, ongles des tarses écartés, libres. — *τύλος*, callosité, *δέρη*, cou.

Ce genre ne renferme que quelques espèces originaires de Styrie et d'Autriche ; d'après M. Redtenbacher le *chrysops* serait commun sur les pins.

G. 75. ELYTRODON. Schh. (Pl. 16. Fig. 74 *E. bidentatus*. Stev.).

Schh. Curc. D. Meth. 209. — Schh. G. et Sp. C. II. 638 et VII. pars 1. 404. — Elytrodes. Stev. Mus. Mosq. II. 96. — Gastrodus. Sturm. Ins. Cat. 1826. 143.

Corps ovale-oblong, densément revêtu d'une pubescence déprimée, soyeuse. Yeux arrondis, assez convexes. Bec généralement un peu plus long et plus étroit que la tête, épais, subdéfléchi, triangulairement échancré au sommet, à ailes apicales un peu divariquées, légèrement saillantes, scrobe droit, oblong, profond à la base, plus léger postérieurement, effacé au devant des yeux. Antennes assez allongées, assez grêles, insérées à une certaine distance du sommet du bec (parfois au milieu, ex Schh. *E. inermis*), scape légèrement en massue, dépassant les yeux, mais sans atteindre tout à fait au bord antérieur du prothorax (du moins dans le *bidentatus*), les 2 premiers articles du funicule assez allongés, subobconiques, 3 à 7 courts, turbinés ou subarrondis (Pl. 16. Fig. 74 *a.*). Prothorax transverse, légèrement bisinué à la base, tronqué au sommet, fortement dilaté-arrondi sur les côtés. Ecusson très petit. Elytres ovales-oblongues, arrondies chacune à la base, à épaules nullement saillantes, armées souvent vers le sommet d'une forte épine saillante, plus ou moins acuminées ensemble à l'extrémité. Cuisses dentées ou mutiques Jambes ciliées au sommet ; ongles des tarses rapprochés, soudés à leur base. — *ἔλυτρον*, élytre ; *ὀδὼν*, dent.

Ce genre ne renferme que quelques espèces dont les mœurs nous sont inconnues.

G. 76. NASTUS. Schh. (Pl. 21. Fig. 98. *N. Goryi*. Schh.).

Schh. G. et Sp. Curc. VII. pars 1. 405. g. 430.

Corps ovale-oblong, revêtu de squamules. Yeux arrondis, légèrement convexes. Bec un peu plus long et plus étroit que la tête, épais, subdéfléchi, fortement échancré au sommet, à ailes apicales faiblement divariquées, légèrement saillantes ; scrobe droit, oblong, moins marqué postérieurement et graduellement plus large. Antennes assez allongées, assez fortes, insérées à une petite distance du sommet du bec, scape dépassant les yeux sans atteindre tout à fait au bord antérieur du prothorax, les 2 premiers articles du funicule légèrement allongés, obconiques, 3 et 4 courts et subturbinés, 5 à 7 un peu semiorbiculaires, tronqués au sommet, massue pyriforme (Pl. 21. Fig. 98 *a*.). Prothorax tronqué à la base et au sommet, légèrement arrondi sur les côtés. Ecusson distinct, triangulaire. Elytres ovalaires, guère plus larges que le prothorax à la base, à épaules légèrement saillantes antérieurement, obliquement arrondies. Cuisses plus ou moins dentées, au moins les postérieures ; jambes ciliées au sommet ; ongles des tarses rapprochés, soudés dans leur moitié basilaire. — ναστὸς, épais.

Le genre *Nastus* ne renferme qu'une seule espèce d'Europe, qui présente un peu le faciès des *Liophlœus* ; ses mœurs nous sont inconnues.

Deuxième section. MÉCORHYNQUES.

Schh. G. et Sp. C. III. p. 1. — Longirostres. Latr. R. anim. v. 82 (1829). — Rhynchenes. Casteln. H. nat. Col. 2. 332.

Bec généralement cylindrique ou filiforme, plus ou moins allongé, rarement plus court que le prothorax Antennes insérées avant ou proche le milieu du bec, jamais au coin de la bouche.

A l'exemple de Schœnherr, dont les divisions me paraissent ici bien mieux caractérisées que dans la première section, je partagerai les Mécorhynques en plusieurs groupes qui faciliteront beaucoup leur étude.

Groupe 1. ERIRHINITES

Casteln. H. nat. Col. 2. 332. — Erirhinides. Schh. G et Sp. C. III. p. 1.

Antennes insérées avant ou proche le milieu du bec, funicule de 6 ou 7 articles, massue le plus souvent de quatre. Hanches antérieures rapprochées à leur base, poitrine non canaliculée devant les pattes anterieures.

* Corps ailé ; écusson plus ou moins distinct.

G. 77. LIXUS. Fabr. (Pl. 16. Fig. 75. *L. turbatus*. Schh.).

Fabr. Syst. Eleuth. II. 498. — Schh. G. et Sp. C. III. 1 et VII. pars 1. 418.

Corps allongé, étroit. Yeux plus ou moins ovalaires, faiblement convexes. Bec allongé, assez fort, arrondi ou cylindrique, défléchi, non ou peu arqué; scrobe étroit allongé, linéaire, un peu infléchi, très oblique, descendant vers le dessous des yeux. Antennes médiocres, insérées un peu avant le milieu du bec, scape généralement assez court, funicule de 7 articles, les deux premiers subobconiques, 3 à 6 courts, assez serrés, tronqués au sommet, 7e plus épaissi, appliqué contre la massue, celle-ci oblongue, un peu fusiforme (Pl. 16. Fig. 75 *a*.). Prothorax conique, légèrement resserré au sommet, bisinué à la base. Ecusson très petit. Elytres allongées, cylindriques, plus ou moins subarrondies ou obliquement coupées chacune à la base, à épaules obtusément et très légèrement angulées. Jambes armées au sommet d'un crochet ou d'une petite épine aiguë ; ongles des tarses rapprochés, soudés à leur base. — Du mot latin, *lixus*.

Ce genre se divise en deux groupes, d'après les élytres tantôt plus ou moins distinctement acuminées chacune au sommet ou même parfois déhiscentes (Pl. 16. Fig. 75.) et tantôt mutiques et arrondies ensemble ou chacune au sommet (Pl. 17. Fig. 79. *L. bicolor*. Oliv.).

Les *Lixus* vivent à l'état de larves dans les tiges des plantes dont ils rongent la moelle ; on les trouve également sur les végétaux à l'état parfait et parfois aussi cachés sous les pierres ; le *paraplecticus* vit sur le *Phellandrium aquaticum* et parfois aussi le *Sium latifolium* ; le *turbatus* sur la ciguë et l'*Angelica archangelica* ; le *gemellatus* sur la *Cicuta virosa*, l'*angustatus* sur les malvacées, les fèves de marais, etc. ; le *cribricollis* sur le *Rumex acetosa*, le *spartii* et le *bicolor* sur les genets du bord de la mer, dans nos provinces méridionales, le *Junci* sur la *Beta cicla*, le *filiformis* sur les *Carduus nutans* et *crispus*, le *bardanæ* sur le *Rumex hydrolapathum*, etc.

G. 78. LARINUS. Germ. (Pl. 16. Fig. 76. *L. maculosus*. Schh.).

Germ. Ins. Sp. I. 379. — Schh. G. et Sp. C. III. 104 et VII. pars 2. 4. — Rhinobatus. Germ. in N. Wecter. An. I. 136.— Lixus. Oliv. Ent. V. 83.

Corps ovalaire ou ovale-oblong. Yeux perpendiculaires, oblongs, subdéprimés. Bec de longueur variable, assez épaissi, arrondi, défléchi, en général un peu arqué ; scrobe étroit, linéaire, flexueux, très oblique, infléchi en dessous. Antennes courtes, assez fortes, insérées un peu avant le milieu du bec, scape court, funicule de 7 articles, les 2 premiers assez courts et subobconiques, 3 à 7 un peu transverses, tronqués au sommet, graduellement plus larges en dehors, le 7e appliqué contre la massue, celle-ci ovale-oblongue (Pl. 16. Fig. 76 *a*.). Prothorax moins long que large en arrière, fortement bisinué à la base, oblique sur les côtés, bien plus étroit antérieurement, un peu resserré au sommet, plus ou moins distinctement lobé derrière les yeux, un peu échancré en dessous. Ecusson très petit. Elytres ovalaires, légèrement plus larges que le prothorax, arrondies chacune à la base, à épaules très obtusément angulées ou un peu arrondies. Jambes armées d'un crochet au sommet ; ongles des tarses rapprochés, soudés à leur base. — λαρινὸς, épais.

Les *Larinus* se trouvent sur divers végétaux aux dépens desquels vivent leurs larves, affectionnant surtout diverses espèces de la famille des Carduacées, les larves du *maculosus* et du *maurus* que j'ai trouvées dans les environs de Montpellier, vivent la première dans les têtes de l'*Echinops ritro* et la seconde dans les capitules du *Buphthalmum spinosum*, les insectes parfaits se trouvent sur les mêmes plantes. Nous citerons ensuite : le *jaceæ* et le *cynaræ* qui se trouvent sur plusieurs carduacées, entre autres le premier sur la *Centaurea jacea* et le deuxième sur le *Cynara cardunculus* ; le *flavescens* (Pl. 16. Fig. 77) sur le *Kentrophyllum lanatum*, le *sturnus* sur le *Cirsium lanceolatum*, le *pollinis* sur le *Berberis communis*, l'*ursus* sur la *Carlina corymbosa*, et les *confinis* Dej. et *ferrugatus* Schh. sur la *Centaurea aspera* aux environs de Montpellier, ce dernier n'avait encore été trouvé qu'en Algérie.

G. 79. RHINOCYLLUS, Germ. (Pl. 17. Fig. 80. *R. latirostris*, Latr.).

Germ. in Neue-Wester. Annal. I. p. 137. — Schh. G. et Sp. Curc. III. 147 et VII. pars 2. 25.

Corps oblong, subcylindrique. Yeux perpendiculaires, oblongs, subdéprimés, plus étroits inférieurement, parfois subarrondis et assez convexes (*R. Lareynii.*). Bec court, épais, plus ou moins angulé, à peine aussi long que la tête; scrobe courbe, étroit, profond, subitement et fortement infléchi en dessous, s'y joignant avec l'opposé. Antennes très courtes, épaissies, légèrement coudées, insérées au milieu du bec, scape court, épaissi en dehors, funicule de 7 articles, les deux premiers très courtement obconiques, les suivants transverses, assez serrés, un peu perfoliés, graduellement plus larges en dehors, massue ovalaire (Pl. 17. F. 80 *a.*). Prothorax ordinairement plus ou moins transverse, fortement bisinué à la base, bien plus étroit antérieurement, largement échancré en dessous. Écusson très petit ou même indistinct. Élytres oblongues, légèrement plus larges que le prothorax à sa base, arrondies chacune antérieurement, à épaules très obtusément angulées ou un peu arrondies. Jambes armées d'un crochet au sommet, ongles des tarses rapprochés, soudés à leur base. — ῥὶν, nez; κυλλὸς, courbe.

Les insectes de ce genre ont des mœurs analogues à celles des *Larinus*; les *latirostris*, *antiodontalgicus* et *Olivieri* se trouvent sur les Carduacées, le *R. Lareynii* (Pl. 17. Fig. 81), est assez commun au pied des plantes, sur les petites pentes sèches du Jeu de Mail à Montpellier, sa larve, d'après M. Barèze, de Marseille, vivrait dans les fruits verts du *Tribulus terrestris*.

G. 80. PISSODES, Germ. (Pl. 17. Fig. 82. *P. notatus*, Fabr.).

Germ. Ins. Spec. I. 316. — Schh G. et Sp. III. 255 et VII. pars 2. 133.

Corps oblong. Yeux subovalaires, légèrement convexes. Bec environ de la longueur du prothorax, assez mince, arrondi, un peu arqué; scrobe profond, linéaire, oblique, fortement infléchi vers le dessous de l'œil. Antennes médiocres, assez fortes, insérées tout proche du milieu du bec, scape légèrement courbé, atteignant presque aux yeux, funicule de 7 articles, les deux premiers obconiques, 2e toutefois plus court, les suivants courts, subturbinés, graduellement plus larges, massue ovalaire (Pl. 17. Fig. 82 *a.*). Prothorax fortement rétréci antérieurement, tronqué au sommet, bisinué à la base, légèrement échancré en dessous au bord antérieur. Écusson subarrondi, élevé, bien distinct. Elytres oblongues, non ou à peine plus larges que le prothorax à la base, atténuées en arrière, presque tronquées antérieurement, à épaules angulées presque rectangulaires, disque calleux postérieurement. Jambes armées d'un fort crochet recourbé au sommet; ongles des tarses écartés, libres. — πισσώδης, couleur de poix.

Les *Pissodes* ont des mœurs analogues à celles des *Hylobius* et vivent comme eux aux dépens de nos grands conifères; on trouve les insectes parfaits sous l'écorce ou sur leur feuillage.

G. 81. MAGDALINUS, Germ. (Pl. 18. Fig. 83. *M. aterrimus*, Fabr.).

Germ. in Schh. G. et Sp. Curc. VII. pars 2. 135. — Thamnophilus Schh. G. et Sp. Curc. III. 263. — Magdalis. Germ. Sp. Ins. nov. I. 191. — Rhinodes. Steph. Brit. Ent. IV. 164. — Panus. Steph. l. c. 165.

Corps allongé, subcylindrique, légèrement atténué en avant, obtus en arrière. Yeux

grands, ovalaires, rapprochés sur le front, plus ou moins convexes. Bec plus ou moins allongé, linéaire, généralement arqué, subcylindrique; scrobe linéaire, oblique, descendant vers la partie inférieure de l'œil. Antennes médiocres, scape atteignant au bord antérieur des yeux, un peu arqué, en massue, funicule de 7 articles, le 1er épaissi et le 2e obconique, les suivants courts, subturbinés, massue oblongue ou ovale-oblongue (Pl. 18. Fig. 83 *a.*). Prothorax presque carré ou oblong, plus ou moins resserré au sommet, tronqué au bord antérieur, plus ou moins distinctement bisinué à la base. Ecusson bien distinct. Elytres allongées, oblongues, subcylindriques, plus ou moins arrondies chacune à la base, obtusément arrondies chacune au sommet, ne couvrant point entièrement l'abdomen. Cuisses dentées ou mutiques. Jambes armées d'un fort crochet recourbé au sommet; ongles des tarses écartés, libres. — *Magdalis* ou *Magdalides*, figures cylindriques.

D'après Ratzeburg, les insectes de ce genre déposent leurs œufs dans les crevasses de l'écorce de divers arbres, et leurs larves s'enfoncent ensuite dans la partie ligneuse; les insectes parfaits se trouvent sous les écorces, sur le tronc ou le feuillage des arbres; les *violaceus*, *carbonarius*, *frontalis* et *nitidus* vivent sur les pins; l'*aterrimus* ou *stygius*, sur l'orme; le *pruni*, sur les arbres fruitiers; le *nitidipennis*, sur le peuplier noir, etc.

G. 82. ERIRHINUS, Schh. (Pl. 18. Fig. 86. *E. scirpi*, Fabr.).

Schh. Curc. Disp. M. 229. — Schh. G. et Sp. C. III. 283 et VII. pars 2. 162. — Dorytomus Germ. Mag. II. 1817. — Notaris Germ. Mag. II. 1817.

Corps oblong ou ovale-oblong. Yeux généralement plus ou moins arrondis, parfois oblongs. Bec long, variable du reste pour la longueur, cylindrique, linéaire, arqué, le plus souvent presque filiforme; scrobe linéaire, plus ou moins oblique, se dirigeant tantôt vers le milieu de l'œil et tantôt vers sa partie inférieure. Antennes assez allongées, grêles, insérées avant le milieu et généralement vers le tiers antérieur du bec, scape très allongé, atteignant presque au bord antérieur des yeux, funicule de 7 articles, les deux premiers un peu allongés, obconiques, les suivants courts, subturbinés, noueux ou arrondis, massue ovale-oblongue (Pl. 18. Fig. 86 *a.*). Prothorax presque tronqué à la base, plus ou moins arrondi sur les côtés, plus étroit antérieurement, un peu resserré au sommet. Ecusson distinct. Elytres oblongues ou ovales-oblongues, plus larges que le prothorax à la base, à épaules obtusément angulées, le plus souvent légèrement calleuses en arrière. Jambes armées d'un crochet au sommet; ongles des tarses écartés, libres. — ἔρι, beaucoup; ῥίν, nez.

Les *Erirhinus* peuvent se diviser en 3 groupes adoptés comme genres par quelques auteurs.

1° DORYTOMUS. Germ. Latr. Steph. (Pl. 18. Fig. 84 et 84 *a. E. dorsalis*, F.). — Prothorax point lobé derrière les yeux. Cuisses dentées; jambes droites, les antérieures généralement plus longues que les autres, crochet des postérieures peu marqué. — δορυτόμος, qui coupe le bois.

2° ERIRHINUS. Schh. (Pl. 18. Fig. 85 et 85 *a. E. festucæ*, Herbst.). — Prothorax très faiblement lobé derrière les yeux. Cuisses mutiques; toutes les jambes distinctement courbées, les antérieures pas plus longues que les autres, crochets tous forts, égaux, bien distincts.

3° NOTARIS (1). Germ. (Pl. 18. Fig. 86.). — Prothorax très distinctement lobé

(1) Contrairement à Schœnherr, je place le groupe des *Notaris* à la fin, car ses espèces font

derrière les yeux. Cuisses mutiques; jambes antérieures légèrement courbées au sommet, pas plus longues que les autres, crochets petits, mais tous égaux et bien distincts. — νωτάρης, qui porte quelque chose sur le dos.

Les espèces du premier groupe se trouvent généralement sur les arbres et principalement les peupliers et les saules, quelques-unes, à l'état de larve, vivent dans les chatons de ces derniers arbres; celles du deuxième groupe, au contraire, vivent sur les plantes de nos marais, et le *festucæ* ronge, à l'état de larve, à l'intérieur des tiges du *scirpus palustris*; enfin, les espèces du troisième se trouvent tantôt également sur les plantes de nos marais et tantôt dans l'herbe au bord des marécages.

G. 83. GRYPIDIUS. Schh. (Pl. 18. Fig. 87. G. *equiseti*, Fabr.).

Schh. Curc. D. M. 231. — Schh. G. et Sp. C. III 314 et VII. pars 2. 180. — Grypus Germ. Mag. II. 1817.

Corps subovalaire. Yeux subdéprimés, un peu arrondis. Bec plus long que la tête et le prothorax, cylindrique, arqué, linéaire; scrobe un peu arqué, se dirigeant vers le milieu de l'œil. Antennes assez allongées, grêles, insérées avant le milieu, vers le tiers antérieur du bec, scape très allongé, atteignant presque au bord antérieur des yeux, funicule de 7 articles, les deux premiers assez allongés, obconiques, les suivants plus courts, tronqués au sommet, subobconiques, massue ovale-oblongue (Pl. 18. Fig. 87 *a*.). Prothorax tronqué à la base, également arrondi sur les côtés, un peu plus étroit antérieurement, distinctement lobé derrière les yeux. Ecusson petit, oblong. Elytres subovalaires, au moins une fois et demie aussi larges que le prothorax à la base, à épaules rectangulairement angulées et saillantes, gibbeuses le plus souvent en arrière, postérieurement déclives. Jambes armées d'un tout petit crochet au sommet; ongles des tarses écartés, libres. — γρυπὸς, courbe; εἶδος, forme.

Les *Grypidius* se trouvent au bord des marais et autres lieux humides, l'*equiseti* se trouve particulièrement sur les prêles.

G. 84. HYDRONOMUS. Schh. (Pl. 19. Fig. 88. *H. alismatis*, Marsh.).

Schh. Curc. Disp. M. 231. — Schh. G. et Sp. C. III 317 et VII pars 2. 183.

Corps allongé. Yeux subdéprimés, ovalaires. Bec environ de la longueur du prothorax, assez épais, arrondi, un peu arqué; scrobe linéaire, bien marqué, oblique, se dirigeant vers le milieu de l'œil. Antennes de médiocre longueur, assez grêles, insérées un peu avant le milieu du bec, scape atteignant presque au bord antérieur des yeux, funicule de 7 articles, 1er assez épaissi, un peu ovale-oblong, 2e obconique, 3 à 7 courts, serrés, graduellement plus larges, massue grande, courtement ovale (Pl. 19. Fig. 88 *a*.). Prothorax presque carré, subcylindrique, tronqué à la base, largement échancré en dessus et en dessous au bord antérieur, lobé derrière les yeux, faiblement arrondi sur les côtés. Ecusson petit, arrondi. Elytres allongées, brusquement atténuées au sommet, plus larges que le prothorax à la base, à épaules obtusément angulées. Pieds allongés, assez grêles; toutes les jambes sinuées et courbées au sommet, terminées par un fort crochet aigu; tarses étroits, ongles écartés, libres. — ὕδωρ, eau; νομὸς, qui se repaît.

L'Hydronomus alismatis, seule espèce du genre, vit dans l'eau, sur les plantes aqua-

parfaitement le passage aux *Grypidius* par leur prothorax lobé, la forme de leur corps, leurs mœurs, etc.

tiques et particulièrement l'*Alisma plantago*, ou plantain d'eau. Il a tout à fait le faciès d'un *Bagous*.

G. 85. BRACHONYX. Schh. (Pl. 19. fig. 89. *B. indigena*. Herbst. Var.)

Schh. Curc. Disp. M. 232.—Schh. G. et Sp. C. III. 329.—Rhinodes. Sturm. Cat. 1826.

Corps allongé, linéaire, subcylindrique. Yeux arrondis, assez saillants. Bec environ de la longueur de la tête et du prothorax, mince, linéaire, arqué, cylindrique ; scrobe étroit, allongé, point oblique, se dirigeant un peu vers la partie inférieure de l'œil. Antennes de médiocre longueur, assez grêles, insérées vers le milieu du bec, mais toutefois un peu plus proche de la base que du sommet ; scape en massue, funicule de 7 articles, le premier assez allongé, épaissi, obconique, le deuxième de même forme, mais plus court et bien plus petit, les suivants, courts, arrondis ou lenticulaires, massue ovalaire (Pl. 19. Fig. 89 *a*.). Prothorax légèrement bisinué à la base, rétréci antérieurement, tronqué au sommet, fortement et très largement échancré en dessous. Ecusson arrondi. Elytres allongées, subcylindriques, un peu plus larges que le prothorax à la base, à épaules très obtusément angulées. Jambes courtes, les antérieures offrant seulement au sommet une petite épine très courte ; dernier article des tarses court, ongles rapprochés, un peu soudés à leur base.—βραχὺς, court, ὄνυξ, ongle.

Ce genre ne renferme qu'une seule espèce que l'on trouve sur les pins ; sa larve nous offre une particularité de mœurs bien remarquable, elle ronge l'intérieur des feuilles aciculées de nos arbres verts.

G. 86. BRADYBATUS. Germ. (Pl. 19. Fig. 90. *B. Creutzeri*. Germ.).

Germ. Ins. Sp. I. 305.— Schh. G. et Sp. C. III. 331.— Rhinodes. Sturm. Cat. 1826.

Corps allongé-oblong, subcylindrique. Yeux arrondis, assez convexes. Bec de la longueur du prothorax, assez fort, cylindrique, un peu arqué ; scrobe allongé, linéaire, point oblique. Antennes médiocres, insérées vers le milieu du bec, scape en massue, funicule de 6 articles apparents seulement, mais en réalité de 7, le septième étant fortement appliqué contre la base de la massue et comme soudé avec elle ; premier article grand, épaissi, deuxième obconique, suivants courts, tronqués au sommet, graduellement plus larges, massue ovale-oblongue (Pl. 19. Fig. 90 *a*.). Prothorax très légèrement bisinué à la base, plus étroit en avant, resserré au sommet, tronqué au bord antérieur, largement mais peu profondément échancré en dessous. Ecusson oblong. Elytres allongées, subcylindriques, un peu plus larges que le prothorax à la base, à épaules obtusément angulées. Jambes armées au sommet d'un crochet aigu ; ongles des tarses un peu soudés à leur base, offrant entre eux un appendice corné bien distinct. — βραδὺς, lent ; βαίνω, je marche.

Le *B. Creutzeri*, seule espèce que renferme ce genre, se trouve sur les arbrisseaux, les buissons, et notamment, dit-on, sur l'aubépine.

G. 87. ANTHONOMUS. Germ. (Pl. 20. Fig. 93. *A. pomorum*. Lin.).

Germ. Mag. IV. 320. — Schh. G. e. Sp. Curc. III. 332. et VII. pars 2. 212.

Corps ovalaire ou ovale-oblong, convexe. Yeux arrondis, plus ou moins convexes, parfois très saillants. Bec plus ou moins allongé, cylindrique, assez mince, filiforme, légèrement arqué ; scrobe linéaire, peu ou point oblique. Antennes tantôt longues et tantôt de médiocre longueur, assez grêles, insérées un peu avant le milieu du bec, funicule de 7 articles, les deux premiers allongés, obconiques, le deuxième toutefois généralement plus court, les suivants courts, tronqués au sommet ou un peu arrondis, massue ovale-oblongue (Pl. 20. Fig. 93 *a*.). Prothorax légèrement bisinué à la base, tronqué au sommet, bien plus étroit antérieurement, subconique. Ecusson arrondi ou oblong. Elytres ovalaires ou ovales-oblongues, plus larges que le prothorax à la base, à épaules obtusément angulées, couvrant presque toujours entièrement l'abdomen, rarement un peu arrondies chacune au sommet. Pattes antérieures plus longues que les autres, leurs cuisses uni- ou bi-dentées, leurs jambes terminées par un crochet aigu; ongles des tarses plus ou moins profondément bifides, dent interne plus courte. — ἄνθος, fleur; νομός, demeure.

Les *Anthonomus* se trouvent à l'état parfait dans le feuillage des arbres ou sur leurs fleurs; ainsi l'on cite: le *pedicularius* sur l'aubépine, l'*ulmi* sur l'*ulmus campestris*, le *pomorum* sur les pommiers, le *spilotus* sur divers arbres fruitiers, le *druparum* sur le pêcher, le *sorbi* sur le sorbier et le *rubi* enfin, sur les ronces et parfois les rosiers; leurs larves vivent les unes dans les bourgeons floraux et les fleurs, celles du *pomorum*, par exemple, les autres dans les noyaux les plus durs de nos arbres fruitiers.

G. 88. BALANINUS. Germ. (Pl. 20. Fig. 94. *B. glandium*. Marsh).

Germ. Mag. IV. 291. — Schh. G. et Sp. C. III. 373 et VII. pars 2. 276.

Corps le plus souvent assez courtement ovalaire. Yeux grands, déprimés, arrondis. Bec très long et très grêle, filiforme, plus ou moins fortement arqué; scrobe étroit, linéaire, point oblique. Antennes longues et grêles, insérées plus proche de la base du bec chez les femelles que chez les mâles, de 7 articles, les deux premiers les plus allongés, les suivants graduellement plus courts, tantôt tous obconiques et tantôt noueux en dehors; massue oblongue ou ovalaire (Pl. 20. Fig. 94 *a*.). Prothorax plus ou moins conique, légèrement bisinué à la base, arrondi sur les côtés en arrière. Ecusson arrondi. Elytres subcordiformes, à épaules saillantes mais arrondies, fortement rétrécies en arrière, arrondies chacune au sommet, laissant plus ou moins à découvert l'extrémité de l'abdomen. Cuisses dentées; jambes antérieures offrant au sommet une petite épine aiguë; ongles des tarses dentés intérieurement à leur base. — βαλάνινος, qui naît d'un gland.

Les mœurs des insectes de ce genre sont très curieuses, les uns vivent à l'état de larve, dans les fruits de divers arbres qu'ils percent ensuite d'un trou pour aller subir en terre leurs métamorphoses (*B. elephas*, *glandium* et *turbatus* dans les glands; *B. nucum*, dans les noisettes; *B. cerasorum*, dans les noyaux du prunus spinosa); les autres dans des excroissances ou galles formées sur les feuilles. (*B. crux* et *brassicæ*, sur les saules).

G. 89. CORYSSOMERUS. Schh. (Pl. 21. Fig. 100. *C. capucinus*. Beck).

Schh. Curc. Disp. M. 241. — Schh. G. et Sp. C. III. 399. — Pœcilma. Subd. B. Germ. Mag. IV. 299.

Corps ovale-oblong. Yeux grands, arrondis, assez convexes, peu distants entre eux sur le front. Bec environ de la longueur de la tête et du prothorax, assez fort, très arqué, linéaire; scrobe linéaire, fortement infléchi en dessous, très oblique. Antennes assez longues, insérées vers le milieu du bec; scape n'atteignant point aux yeux; funicule de 7 articles, les deux premiers assez allongés, obconiques, les suivants courts, assez serrés, graduellement plus larges, derniers lenticulaires, transverses; massue ovale-oblongue (Pl. 19. Fig. 92 *a.*). Prothorax plus étroit en avant, un peu resserré au sommet, fortement bisinué à la base et prolongé vers l'écusson dans son milieu. Celui-ci petit, arrondi. Elytres ovalaires, à épaules obtusément arrondies, arrondies chacune au sommet, laissant à découvert l'extrémité de l'abdomen. Cuisses dentées. Jambes antérieures armées au sommet d'un crochet aigu ; ongles des tarses simples. — κορύσσω, j'arme ; μηρὸς, cuisse.

Ce genre ne renferme qu'une seule espèce dont les mœurs sont encore peu connues; on la trouve, dit-on, dans les prés humides.

G. 90. AMALUS. Schh. (Pl. 21. Fig. 99. *A. scortillum*. Herbst.).

Schh. Curc D. M. 240. — Schh. G. et Sp. C. III. 396. — Falciger. Stev. Sturm.

Corps courtement ovalaire. Yeux arrondis, médiocrement convexes. Bec un peu plus long que la tête et le prothorax, arqué, défléchi, cylindrique ; scrobe linéaire, fortement infléchi en dessous, très oblique. Antennes assez allongées, assez grêles, insérées vers le milieu du bec, scape atteignant presque au yeux, funicule de 6 articles, les trois premiers un peu allongés, obconiques, les suivants courts, noueux; massue ovale-oblongue (Pl. 21. Fig. 99 *a.*). Prothorax plus étroit en avant, tronqué au sommet, arrondi sur les côtés, bisinué à la base. Ecusson indistinct. Elytres courtement ovalaires, à épaules obtusément angulées, un peu arrondies, arrondies chacune au sommet, laissant à découvert le pygidium. Cuisses mutiques; jambes sans épine au sommet ; ongles des tarses fendus en forme de dent à leur base. — ἀμαλὸς, tendre.

Ce genre, de même que le précédent, ne renferme qu'une seule espèce, dont les mœurs sont également peu connues; on la trouve aussi, dit-on, dans les prés humides.

G. 91. LIGNYODES. Schh. (Pl. 19. Fig. 91. *L. enucleator*. Panz.).

Schh. Gen. et Sp. Curc. III. 323. — Schh. G. et Sp. C. VII. pars 2. 188.

Corps ovale-oblong. Yeux grands, arrondis, légèrement convexes, assez rapprochés sur le front. Bec environ de la longueur du prothorax, assez fort, modérément arqué, cylindrique; scrobe allongé, linéaire, commençant proche du sommet, obliquement dirigé vers la partie inférieure de l'œil. Antennes assez longues, insérées au tiers antérieur du bec; scape atteignant aux yeux, funicule de 7 articles, le premier grand, épaissi, et le second un peu allongé, obconique, les suivants courts et légèrement arrondis, massue ovale-oblongue (Pl. 19. Fig. 91 *a.*). Prothorax assez court, bien plus étroit en avant, légèrement arrondi sur les côtés, tronqué au sommet et à la base. Ecusson triangulaire. Elytres ovalaires, à épaules obtusément angulées et saillantes, un peu arrondies chacune au sommet, laissant à découvert l'extrémité de l'abdomen. Cuisses mutiques; jambes armées au sommet d'une petite épine aiguë; ongles des tarses fortement bifides. — λιγνυώδης, fuligineux.

Les mœurs du *Lignyodes enucleator*, seule espèce européenne du genre, sont encore peu connues, il a été pris à Paris, sous des écorces et sur les quais, au soleil, par M. Chevrolat; d'après M. Redtenbacher, il n'est pas rare à Vienne, sur les murs des jardins.

G. 92. ELLESCHUS, Schh. (Pl. 19. Fig. 92. *E. bipunctatus*, Linn.).

Scb. Gen. et Sp. Curc. III. 320. — Schh. l. c. VII. pars 2, 186.

Corps ovale-oblong. Yeux grands, arrondis, peu convexes. Bec de la longueur du prothorax, assez fort, modérément arqué, cylindrique; scrobe linéaire, oblique, se dirigeant vers la partie inférieure de l'œil. Antennes médiocres, insérées en avant du milieu du bec; scape atteignant à peu près au bord antérieur des yeux; funicule de 7 articles, le premier assez épaissi, allongé, obconique, le deuxième bien plus court, également obconique, les suivants courts, tronqués au sommet, subtransverses, massue ovalaire (Pl. 21. Fig. 92 *a.*). Prothorax tronqué à la base et au sommet, légèrement arrondi sur les côtés, plus étroit en avant, un peu resserré au sommet. Ecusson arrondi. Elytres ovales-oblongues, obtusément angulées aux épaules, un peu arrondies ensemble au sommet, recouvrant le pygidium. Jambes antérieures armées d'un petit crochet au sommet; ongles des tarses largement dilatés en une espèce de grosse dent à leur base. — ἔλλεσχος, bien connu.

Ce genre renferme deux espèces que l'on trouve habituellement sur les saules, le *bipunctatus* et le *scanicus* qui se trouve également sur les peupliers.

G. 93. TYCHIUS, Germ. (Pl. 20. Fig. 95. *T. sparsutus*, Oliv.).

Germ. Mag. II. (1817). — Schh. G. et Sp. C. III. 400 et VII. pars 2. 298.

Corps ovale-oblong. Yeux latéraux, arrondis ou ovalaires, tantôt subdéprimés, tantôt assez convexes. Bec plus ou moins allongé, arqué, cylindrique, tantôt plus épais à la base et atténué vers le sommet, et tantôt plus mince et linéaire; scrobe infléchi en dessous, oblique, dirigé vers la partie inférieure de l'œil. Antennes médiocres, insérées un peu en avant du milieu du bec; scape n'atteignant point aux yeux; funicule de 7 articles, les deux premiers assez allongés, obconiques, les suivants tronqués au sommet, graduellement plus larges et plus courts; massue ovale-oblongue (Pl. 20. Fig. 95 *a.*). Prothorax transversal, tronqué à la base et au sommet, plus ou moins arrondi sur les côtés, plus étroit antérieurement. Ecusson petit. Elytres subovalaires, obtusément angulées aux épaules, arrondies ensemble au sommet, couvrant ordinairement en entier l'abdomen. Cuisses dentées ou mutiques; jambes antérieures armées d'un petit crochet au sommet; ongles des tarses simples ou offrant entre eux un petit appendice. — *Tychius*, mot propre.

Les *Tychius* se trouvent ordinairement sur les plantes ou sous les mousses; d'après M. Rosenhauer, le *junceus* se trouverait sur le *Melilotus alba*. Ils se partagent assez bien en plusieurs petits groupes, d'après la forme de leur bec et leurs cuisses dentées ou mutiques.

G. 94. MICCOTROGUS, Schh. (Pl. 20. Fig. 96. *M. cuprifer*, Panz.).

Schh. G. et Sp. C. III. 421. — Sibinia. Germ. Ins. Sp. I. 289 — Tychius. Germ. II. Schh. l. c. VII. pars 2. 312.

Corps oblong. Yeux latéraux, subarrondis, légèrement convexes. Bec allongé, arqué, cylindrique, plus épais à la base, un peu atténué vers le sommet; scrobe fortement infléchi, très oblique. Antennes médiocres, insérées un peu en avant du milieu du bec, scape n'atteignant point tout à fait aux yeux; funicule de 6 articles, le premier allongé, un peu épaissi, obconique, le deuxième plus petit mais également obconique, les suivants courts, un peu arrondis ; massue ovale-oblongue (Pl. 20. Fig. 96 *a*.). Prothorax guère moins long ou à peu près aussi long que large, tronqué au sommet, très légèrement bisinué à la base, arrondi sur les côtés, plus étroit antérieurement. Ecusson petit. Elytres ovales-oblongues, obtusément angulées aux épaules, arrondies ensemble au sommet, couvrant ordinairement en entier l'abdomen. Cuisses mutiques; jambes antérieures armées d'un petit crochet au sommet; ongles des tarses soudés à leur base, offrant entre eux un petit appendice corné. — *μικκὸς* pour *μικρὸς*, petit ; *τρώξ*, *τρωγὸς*, curculionite.

Les insectes de ce genre ont des mœurs tout à fait semblables à celles des *Tychius*, dont ils diffèrent surtout par la forme de leurs antennes, caractère très suffisant, je crois, pour valider le genre.

G. 95. SMICRONYX. Schh. (Pl. 21. Fig. 101. *S. cyaneus*, Schh.)

Schh. Gen. et Sp. Curc. VII. pars 2. 313. — Micronyx. Schh. G. et Sp. C. III. 423.

Corps ovale-oblong. Yeux déprimés, ovalaires, situés inférieurement de chaque côté, rapprochés en dessous. Bec de la longueur de la tête et du prothorax, un peu arqué, cylindrique ; scrobe long, infléchi en dessous, très oblique. Antennes médiocres, insérées presque au tiers antérieur du bec en avant du milieu, scape n'atteignant point aux yeux ; funicule de 7 articles, le premier un peu allongé, obconique, les suivants courts, assez serrés, tronqués au sommet, les derniers un peu plus larges, massue ovale-oblongue (Pl. 21. Fig. 101 *a*.). Prothorax environ aussi long que large, presque tronqué à la base, arrondi sur les côtés, rétréci antérieurement, un peu lobé derrière les yeux, profondément échancré en dessous. Ecusson très petit. Elytres ovales-oblongues, à épaules obtusément angulées, un peu saillantes, arrondies ensemble au sommet, recouvrant le pygidium. Cuisses mutiques ; jambes terminées par un petit crochet au sommet ; ongles des tarses petits, rapprochés, soudés dans leur plus grande partie, libres seulement tout à fait au sommet. — *σμικρὸς*, petit; *ὄνυξ*, ongle.

Ce genre ne renferme que quelques espèces, dont les mœurs sont encore peu connues.

G. 96. ACALYPTUS. Schh. (Pl. 21. Fig. 102, *A. rufipennis*, Schh.).

Schh. Gen. et Sp. Curc. III. 446. et VII. pars 2. 327.

Corps ovalaire. Yeux latéraux, subarrondis, peu convexes. Bec de la longueur de la tête et du prothorax, arqué, cylindrique; scrobe linéaire, infléchi en dessous, oblique. Antennes médiocres, insérées à peu près vers le milieu du bec; scape atteignant environ au bord antérieur de l'œil, funicule de 7 articles, 1er allongé, un peu épaissi, obconique, 2e bien plus petit mais de même forme, suivants courts, assez serrés, tronqués au sommet, graduellement plus larges, massue ovalaire (Pl. 21. Fig. 102 *a*). Prothorax un peu moins long que large, tronqué au sommet, légèrement bisinué à la base, faiblement arrondi sur les côtés, bien plus étroit antérieurement. Ecusson petit. Elytres un peu carrées, ovalaires, à épaules obtusément angulées, largement arrondies chacune au sommet, laissant à découvert le pygidium. Jambes n'offrant point de crochet au sommet; ongles des tarses écartés, simples. — *ἀκάλυπτος*, découvert.

Les *Acalyptus* se trouvent ordinairement sur les saules ; d'après M. Rosenhauer, le *rufipennis* affectionnerait le *salix fragilis*.

G. 97. SIBYNES. Schh. (Pl. 20. Fig. 97. *S. primitus*. Herbst.)

Schh. Curc. Disp. M. 247. — Schh. G. et Sp. C. III. 430 et VII. pars 2. 316. — Sibinia. Germ. Ins. Sp. 1. 289.

Corps ovalaire ou ovale-oblong. Yeux latéraux, subarrondis, peu convexes. Bec de la longueur de la tête et du prothorax, un peu arqué, cylindrique; scrobe linéaire, infléchi en dessous, oblique. Antennes médiocres, insérées un peu en avant du milieu du bec; scape n'atteignant point tout à fait aux yeux, funicule de six articles, les trois premiers un peu allongés, obconiques, premier toutefois un peu plus long et plus épais, les trois autres plus ou moins courts, tronqués au sommet ou lenticulaires; massue ovale-oblongue (Pl. 20. Fig. 97. *a*.). Prothorax un peu arrondi sur les côtés, graduellement et notablement plus étroit en avant, un peu resserré au sommet et tronqué, le plus souvent légèrement bisinué à la base. Ecusson petit. Elytres distinctement arrondies chacune au sommet, ne recouvrant point entièrement l'abdomen. Jambes n'offrant point de crochet au sommet; ongles des tarses simples ou offrant entre eux un petit appendice. — *σιβύνη*, javelot.

Les espèces de ce genre ont les unes le faciès des *Tychius*, les autres assez bien celui des *Gymnetron*; Schœnherr les a partagées en deux petits groupes d'après la forme du prothorax légèrement bisinué ou presque tronqué à la base et celle des élytres, tantôt presque en carré oblong, un peu déprimées sur le dos, légèrement échancrées ensemble à la base, à épaules légèrement saillantes antérieurement et tantôt ovales-oblongues, obtusément angulées aux épaules.

Les *Sybines* se trouvent généralement sur les plantes et parfois à leur pied, dans le sable, de même que quelques *Tychius*; le *Viscariæ* a été pris assez communément dans la Dordogne, par mon ami M. Ph. Lareynie, sur la *Silene inflata*.

G. 98. PHYTOBIUS. Schh. (Pl. 22. Fig. 103. *P. comari*. Herbst.)

Schh. Gen. et Sp. Curc. III. 458. 239. Stirps. 2. — Hydaticus. Schh. Curc. Disp. Meth. 242. 140. — Pachyrhinus. Steph. Illust. IV. 50. — Phytobius. Redt. Faun. Austr. 398. 401.

Corps courtement ovalaire. Yeux grands, arrondis, saillants, très convexes. Bec assez court, épais, un peu arqué, subcylindrique; scrobe fortement infléchi en dessous, très oblique. Antennes médiocres, insérées un peu en avant du milieu du bec; scape atteignant environ au bord antérieur des yeux, funicule de 7 articles, les trois premiers un peu allongés, obconiques, premier notablement plus épais, les trois autres assez serrés et un peu noueux, le septième plus grand, fortement appliqué contre la base de la massue, mais plus étroit qu'elle et distinct; massue ovale-oblongue, à articulations distinctes (Pl. 22. Fig. 103. *a*.). Prothorax court, transverse, légèrement bisinué à la base, faiblement arrondi sur les côtés, très rétréci antérieurement, tronqué au sommet, bi-ou quadrituberculé en dessus. Ecusson très petit. Elytres amples, très brièvement ovalaires, très obtusément angulées aux épaules qui sont un peu arrondies, ne recouvrant point entièrement l'abdomen. Pieds longs, assez grêles; jambes dépourvues d'épines au sommet; tarses assez allongés, un peu moins longs que la jambe, à 3e article spongieux en dessous et distinctement bilobé, 4e de longueur moyenne; ongles petit et simples. — *φυτὸ*, plante; *βιόω*, je vis.

Les *Phytobius* se trouvent généralement au bord des eaux, sur les plantes ou à leur pied dans le sable, l'on trouve principalement le *Comari* sur le *Comarum palustre* et le *Chærophyllum hirsutum*, et d'après M. Rosenhauer le 4 *tuberculatus* serait assez commun sous l'*Artemisia vulgaris*. Leurs larves vivent en plein air sur les feuilles protégées par une couche visqueuse sécrétée par un mamelon du segment terminal sur laquelle viennent se répandre les excréments, et leurs métamorphoses s'opèrent dans une petite coque. L'on trouve, d'après M. Perris, celles du *notula* sur le *Polygonum hydropiper*.

Nota. Schœnherr mentionne en note le funicule des antennes comme offrant 7 articles dans plusieurs espèces de son genre *Phytobius*, mais il dit ce 7e article douteux et ne le reconnait pas pour distinct; il me paraît être toutefois parfaitement normal et seulement serré contre la massue, caractère qui, joint à ceux qu'offrent les tarses, me semble valider les deux genres établis aux dépens des *Phytobius* de Schœnherr, par M. Redtenbacher, qui toutefois ne regarde aussi le funicule que comme composé de 6 articles.

G. 99. LITODACTYLUS. Redt. (Pl. 23. Fig. 108. *L. Leucogaster*. Marsh.)

Redtenb. Faun. Austr. p. 399. 405. — Phytobius. Schh. G. et Sp. Curc. III. 458. 239. Stirps. 1.

Corps courtement ovalaire. Yeux grands, arrondis, très convexes. Bec assez court, plus ou moins épais, un peu arqué, subcylindrique; scrobe fortement infléchi en dessous, très oblique. Antennes médiocres, insérées un peu en avant du milieu du bec; scape n'atteignant point tout à fait aux yeux; funicule de six articles, les trois premiers un peu allongés, obconiques, premier plus épais que les deux autres, les trois suivants courts, un peu noueux ou parfois tronqués au sommet, massue moins distinctement articulée (1), oblongue (Pl. 23. Fig. 108. *a*.). Prothorax assez court, subtransverse, légèrement bisinué à la base, très faiblement arrondi sur les côtés, très rétréci antérieurement, bi-ou quadrituberculé en dessus. Ecusson très petit. Elytres courtement ovalaires, assez amples, très obtusément angulées aux épaules qui sont un peu arrondies, ne recouvrant point entièrement l'abdomen. Pieds longs, assez grêles; jambes dépourvues d'épine au sommet; tarses allongés, étroits, aussi longs ou presque aussi longs que la jambe, à 3e article plus ou moins pubescent inférieurement, presqu'entier ou légèrement bilobé, 4e aussi long que les trois autres ensemble, ongles simples — λιτός, grêle; δάκτυλος, doigt.

Les insectes de ce genre de même que les *Phytobius* vivent auprès des eaux sur les plantes; l'on trouve fréquemment le *leucogaster* sur le *Myriophyllum spicatum* et diverses autres plantes aquatiques.

G. 100. ANOPLUS. Schup. (Pl. 22. Fig. 104. *A. plantaris*. Næz.)

Schh. Curc. Disp. M. 244. — Schh. G. et Sp. Curc. III. 464. 240.

Corps courtement ovalaire. Yeux sublatéraux, grands, subarrondis, peu convexes. Bec environ de la longueur du prothorax, assez fort, peu arqué, subcylindrique; scrobe fortement infléchi en dessous, très oblique. Antennes médiocres, insérées environ vers le milieu du bec; scape atteignant au bord antérieur des yeux, funicule de 7 articles, le premier légèrement allongé, un peu épaissi, obconique, les suivants courts, assez serrés, un peu perfoliés, devenant graduellement plus larges; massue

(1) M. Redtenbacher, dans sa Faune d'Autriche, donne la massue comme inarticulée et sans anneaux, mais à tort, car le microscope fait apercevoir assez bien au sommet les divisions normales. L'on aperçoit en outre à la base une trace vague de suture, vestige de la soudure complète du 7e article du funicule avec la massue, tandis que cet article est serré mais distinct dans les Phytobies.

ovalaire (Pl. 22. Fig. 104. *a.*). Prothorax court, transverse, légèrement bisinué à la base, un peu arrondi sur les côtés, plus étroit antérieurement, tronqué au sommet. Ecusson bien distinct. Elytres ovalaires, obtusément angulées aux épaules, arrondies ensemble au sommet, recouvrant entièrement l'abdomen. Toutes les jambes offrant au sommet un petit crochet grêle, mais bien distinct; tarses par une très remarquable exception, de 3 articles apparents seulement, le 3e élargi, très faiblement et densément revêtu d'une brosse de poils en dessous, 4e tout à fait caché ou nul. — ἄνευ, sans ; ὁπλή, ongle.

Ce genre ne renferme que deux petites espèces que l'on trouve ordinairement sur l'aune, le bouleau, etc.

Nota. M. Redtenbacher (Faun. Austr. p. 398. 403.) a cru voir le 4e article des tarses distinct, sous forme de deux soies saillantes, dans une excavation du 3e article qu'il dit bilobé, mais cette opinion ne peut être admise, d'une part en effet le 3e article n'est point bilobé mais à peine échancré en avant, et de l'autre il offre non deux soies, mais bien six, disposées transversalement en dessus et l'on en voit quelques unes d'analogues sur les autres articles.

G. 101. ORCHESTES. Illig. (Pl. 22. Fig. 105. *O. alni.* Lin.)

Illig. Mag. III. p. 105. 176. — Schh. Curc. Disp. M. 254. — Schh. G. et Sp. Curc. III. 489. 250 et VII. pars 2, 370. — Salius. Germ. Mag. IV. 326.

Corps ovalaire ou oblong. Yeux grands, arrondis, convexes, le plus souvent très rapprochés sur le front, bien plus rarement un peu écartés (*Orch. scutellaris et pratensis*). Bec assez allongé, infléchi, plus ou moins arqué, subcylindrique; scrobe linéaire, nullement infléchi, obliquement dirigé vers la partie inférieure de l'œil. Antennes médiocres, assez grêles, insérées généralement un peu plus proche des yeux que du sommet du bec, immédiatement derrière son milieu; scape atteignant au bord antérieur des yeux; funicule de 6 articles, les trois premiers ordinairement un peu allongés, obconiques; 1er un peu épaissi, 2e plus long que le 3e, les suivants courts, généralement un peu noueux; massue très distinctement articulée, ovale-oblongue (Pl. 22. Fig. 105. *a.*). Prothorax petit, généralement assez court, arrondi sur les côtés, plus étroit antérieurement et plus ou moins conique. Ecusson petit, mais distinct. Elytres ovales-oblongues, notablement plus larges que le prothorax, ou le plus souvent arrondies ou très obtusément angulées aux épaules, tantôt recouvrant et tantôt ne recouvrant point entièrement l'abdomen. Pattes postérieures propres au saut, à cuisses grandes, renflées et le plus souvent denticulées inférieurement; jambes antérieures offrant un petit crochet au sommet; ongles des tarses dilatés en une espèce de grosse dent à leur base. — ὀρχηστής, sauteur.

Les *Orchestes*, que Schœnherr divise en deux groupes, d'après les cuisses postérieures denticulées ou mutiques, se trouvent généralement sur les arbres; plusieurs, tels que *populi* (Pl. 22. Fig. 106), *rusci, signifer, pratensis*, etc., vivent sur les saules, d'autres, tels que *quercus* qui se trouve également sur l'aune, *ilicis, tricolor, distinguendus* (1), etc., vivent sur les chênes, quelques autres enfin sur l'aune, *scu-*

(1) ORCHESTES DISTINGUENDUS. Jacq. du Val. — Oblongo-ovatus, niger, pube unicolore flavida fortiore, in elytris plagiatim condensata, vestitus, pilisque nigris undique hirtus; antennis tarsisque testaceis; elytris punctato-striatis, abdomen omnino haud obtegentibus; femoribus posticis magnis, serrato-crenulatis.—Long. 3 1/2 mill.—Montpellier. Sur les chênes verts, dans les garrigues.—Très voisin de l'*ilicis*, mais plus convexe, à pubescence plus forte, unicolore, bien différente; élytres plus larges et plus ovalaires, ne recouvrant pas entièrement l'abdomen; cuisses

tellaris, *iota*, *fagi* qui vit aussi sur le hêtre, l'*alni* que l'on trouve également sur l'ormeau ; le *lonicerœ* vit sur le chèvrefeuille (*Lonicera xylosteum*), et d'après M. Rosenhauer, se trouve aussi sur l'aubépine.

G. 102. TACHYERGES. Schh. (Pl. 23. Fig. 109. *T. rufitarsis*. Germ.)

Schh. Curc. Disp. Meth. 256. — Schh. Gen. et Sp. Curc. III. 502. — Redtenb. Faun. Austr. 397. 402.

Genre très voisin du précédent, dont il offre tous les caractères et n'en différant que par la forme des antennes dont le funicule offre 7 articles. Cuisses postérieures mutiques, au moins dans toutes les espèces d'Europe.

Les *Tachyerges* ont des mœurs tout à fait semblables à celles des *Orchestes*, on les trouve sur diverses sortes d'arbres, mais ils affectionnent principalement les saules.

Quoique unique, le caractère qui sépare ce genre des *Orchestes* me paraît suffisant car il est parfaitement tranché.

** Corps aptère ; écusson nul ou peu distinct.

G. 103. STYPHLUS. Schh. (Pl. 23. Fig. 110. *S. unguicularis*. Aubé.)

Schh. Curc. Disp. Meth. 258. 151. — Schh. G. et Sp. Curc. III. 509. 252 et VII. pars 2. 407.

Corps oblong. Tête rétractée, petite; yeux petits, latéraux, déprimés, subarrondis ou ovalaires. Bec allongé, environ de la longueur du prothorax ou guère plus court, arqué, épaissi, subcylindrique ; scrobe profond, linéaire, commençant en avant vers la partie supérieure du bec, fortement infléchi en dessous, très oblique, son bord supérieur se dirigeant vers la partie inférieure de l'œil. Antennes insérées en avant du milieu presque au tiers antérieur du bec; funicule de 7 articles, 1er allongé, en massue, 2e également un peu allongé, obconique, 3 à 7 courts, égaux, tronqués au sommet (*S. unguicularis*), 2 à 7 courts, égaux, arrondis (*S. penicillus*, ex Schh. l. c.); massue subovalaire (Pl. 23. Fig. 110. *a*.). Prothorax plus long que large, plus ou moins resserré avant le sommet. Elytres oblongues, à intervalles alternes élevés. Jambes offrant au sommet un petit crochet plus ou moins distinct; ongles des tarses simples. — στυφλός, dur.

Les *Styphlus* sont des insectes rares dont les mœurs sont encore peu connues, le *verrucosus* a été pris dans les Pyrénées, sous des pierres, par M. Kiesenwetter, et l'*unguicularis* dans la France centrale, en battant des fagots, par M. Aubé.

G. 104. ORTHOCHÆTES. Germ. (Pl. 23. Fig. 111. *O. setulosus*. Schh.)

Germ. Ins. Spec. I. 302. — Styphlus. Grex. A. Strenes. Schh. G. et Sp. Curc. III. 510. — Styphlus. Grex B. Orthochætes. Schh. l. c. 512. — Styphlus. Redtenb. Faun. Austr. 395. 400.

postérieures moins distinctement denticulées. Distinct de l'*irroratus*, Kiew., par son corps plus convexe, ses jambes noires, etc.

ORCHESTES RAMPHOIDES. Jacq. du Val. — Oblongus, niger, denudatus; capite thoraceque crebre subtiliter punctato-rugosis, opacis; elytris abdomen omnino obtegentibus, nitidulis, subremote punctato-striatis, interstitiis subtiliter rugulosis; antennis tarsisque testaceis; femoribus posticis magnis, obsoletissime crenulatis. — Long. 1 1/2 mill. — Montpellier. — Espèce remarquable par sa petite taille et son corps glabre et dénudé.

Corps oblong. Yeux latéraux, subovalaires, Bec allongé, de la longueur du prothorax, arqué, épaissi, subcylindrique; scrobe linéaire, commençant en avant vers la partie supérieure du bec, point infléchi, oblique, son bord supérieur dirigé vers le bord supérieur de l'œil ou même le surpassant. Antennes insérées en avant du milieu presque au tiers antérieur du bec; funicule de 6 articles, le premier un peu épaissi, en massue, le second plus court, obconique, les suivants courts, plus ou moins arrondis, massue ovalaire (Pl. 23. Fig. 111. *a*.). Prothorax environ aussi long que large, subcylindrique, resserré avant le sommet. Elytres ovales-oblongues, à intervalles alternes généralement élevés. Jambes antérieures offrant un petit crochet subhorizontal au sommet; ongles des tarses simples. — ὀρθὸς droit; χαίτη, chevelure.

De même que le précédent, ce genre ne renferme que quelques espèces rares dont les mœurs sont encore peu connues (1); d'après M. Redtenbacher le *setiger* vivrait sur la *Clematis vitalba*.

Les *Ortochœtes* se distinguent essentiellement des *Styphlus* par la forme du funicule des antennes (caractère qui m'a toujours paru important) et celle du scrobe du moins dans les espèces que j'ai examinées.

Ayant adopté les genres *Miccotrogus* et *Tachyerges*, M. Redtenbacher aurait dû pour être conséquent, admettre aussi cette coupe générique.

G. 105. TRACHODES. Germ. (Pl. 22. Fig. 107. *T. hispidus*. Lin.)

Germ. Ins. Spec. I. 325. — Schh. G. et Sp. Curc. III. 513. 253.

Corps ovale-oblong. Yeux latéraux, subarrondis, déprimés ou faiblement convexes. Bec allongé, linéaire, arqué, cylindrique; scrobe court, très fortement infléchi en dessous. Antennes médiocres, insérées derrière le milieu du bec, plus proche de la base (*T. hispidus*), parfois vers le sommet (*T. costatus*, ex Schh.) auquel cas le scrobe doit être plus long; funicule de 7 articles, les deux premiers un peu allongés, obconiques, premier un peu épaissi, les suivants courts, devenant graduellement plus larges; massue ovalaire (Pl. 22. Fig. 107. *a*.). Prothorax tronqué à la base et au sommet, arrondi sur les côtés, rétréci antérieurement. Elytres subovalaires, tronquées à la base, atténuées au sommet, distinctement angulées aux épaules. Jambes offrant un crochet au sommet; ongles des tarses petits et simples. — τραχώδης, couvert d'aspérités.

Ce genre ne renferme que quelques espèces dont les mœurs sont encore peu connues, l'*hispidus*, d'après M. Redtenbacher, se trouve sous les écorces de bouleau, et d'après M. Rosenhauer, sous les branches d'aune abattues.

G. 106. MYORHINUS. Schh. (Pl. 23. Fig. 112. *M. steveni*. Schh.)

Schh. Curc. Disp. Meth. 213. — Schh. G. et Sp. Curc. III. 530. 257. — Apsis. Latr. Regn. anim. 394.

Corps ovalaire, très convexe. Yeux situés supérieurement vers la base du bec, contigus, presque réunis, déprimés, ovalaires. Bec moitié plus long que la tête, robuste,

(1) ORTHOCHÆTES ERINACEUS. Jacq. du Val. — Oblongo-ovatus, piceo-ferrugineus, cinereo-tomentosus, antennis pedibusque dilutius ferrugineis; rostro lato, arcuato; thorace subovato, postice lateribus rotundato-ampliato, antice sensim angustato; elytris oblongo-ovatis, sulcatulis, insterstitiis omnibus leviter elevatis, alternis costatis seriatimque setosis. — Long. 3 mill. — France. (Collection de M. Deyrolle.) — Ressemble beaucoup au premier aspect à l'*Orth. setulosus*, mais en est bien distinct par la forme du prothorax, les sillons des élytres obscurément ponctués, etc.

arqué, comprimé d'un côté à l'autre, fortement élevé en carène supérieurement, obliquement coupé en avant; scrobe supérieur, droit, large, peu profond, se dirigeant vers l'œil. Antennes longues et grêles, insérées en avant du milieu du bec; scape dépassant un peu les yeux; funicule de 7 articles, les deux premiers un peu allongés, obconiques, les suivants graduellement plus courts, subobconiques; massue peu épaissie, ovale-oblongue (Pl. 23. Fig. 112. *a*.). Prothorax transverse, tronqué à la base et au sommet, également arrondi sur les côtés, plus étroit antérieurement. Ecusson extrêmement petit, peu distinct. Elytres régulièrement ovalaires, à épaules tout à fait arrondies, nullement saillantes. Jambes au sommet sans épine distincte; tarses longs, leur premier article presque carré, aussi grand que le pénultième; ongles rapprochés, soudés à leur base. — μύω, je suis comprimé; ῥὶν, nez.

Le genre *Myorhinus*, remarquable par la forme du bec, ne renferme que deux espèces d'Europe dont les mœurs nous sont encore inconnues.

Groupe 2. CRYPTORHYNCHITES.

Casteln. H. nat. Col. 2. p. 356. — Apostasimérides. Schh. Gen. et Sp. C. VIII. pars 1. 1.

Antennes insérées avant ou proche le milieu du bec; funicule parfois de 6, bien plus souvent de 7 articles; massue généralement de 4. Hanches antérieures le plus souvent écartées, parfois rapprochées à leur base, mais alors poitrine toujours canaliculée en avant.

Ce groupe correspond à la division des Apostasimérides de Schœnherr, que cet auteur subdivise en Cholides, Baridides et Cryptorhynchides, d'après la poitrine plane, subintègre, ou plus ou moins distinctement canaliculée entre les pattes antérieures, caractères qui ne sont ni assez tranchés, ni assez constants pour valider des groupes.

* Poitrine plane ou obsolètement canaliculée entre les hanches antérieures.

G. 107. DERELOMUS. Schh. (Pl. 24. Fig. 113. *D. chamæropis*. F.)

Schh. Curc. Disp. III. 235. — Schh. G. et Sp. Curc. III. 629. 281 et VIII. pars 1. 92.

Corps ovale-oblong. Yeux latéraux, subarrondis, légèrement saillants, assez convexes. Bec allongé, assez mince, de la longueur au moins du prothorax, linéaire, arqué, cylindrique; scrobe long, linéaire, profond, se dirigeant vers l'œil, non ou à peine oblique. Antennes insérées tantôt vers le sommet du bec, au quart antérieur environ (*D. subcostatus*), et tantôt seulement vers le tiers (*D. chamæropis*); funicule de 7 articles, les deux premiers légèrement allongés, obconiques, les suivants courts, serrés; massue ovalaire (Pl. 24. Fig. 113. *a*.). Prothorax tronqué à la base et au sommet, faiblement arrondi sur les côtés et légèrement rebordé, rétréci en avant, profondément resserré au sommet, peu convexe. Ecusson petit, arrondi. Elytres ovales-oblongues, à épaules distinctement angulées. Jambes n'offrant point d'épine au sommet; ongles des tarses simples. — δέρη, cou; λῶμα, bord.

Ce genre ne renferme que deux espèces européennes dont les mœurs nous sont inconnues.

G. 108. BARIDIUS. Schh. (Pl. 25. Fig. 114. *B. opiparis*, J. du Val.)

Corps oblong ou ovale-oblong. Yeux latéraux, déprimés, ovales-oblongs. Bec tantôt un peu épaissi, assez court et tantôt long et assez mince, plus ou moins arqué, cylindrique; scrobe fortement infléchi en dessous, très oblique. Antennes insérées plus ou moins en avant du milieu, assez courtes; funicule de 7 articles, le premier ou les deux premiers allongés, obconiques, les suivants courts, serrés, tronqués au sommet, parfois un peu noueux, graduellement élargis en dehors; massue ovalaire (Pl. 24. Fig. 114. *a*.). Prothorax bisinué à la base, généralement presque droit sur les côtés en arrière, plus ou moins fortement et subitement rétréci au sommet; obsolètement canaliculé en dessous ou presque plane. Ecusson petit mais distinct. Elytres oblongues ou ovales-oblongues, obtusément arrondies au sommet, le plus souvent ne recouvrant pas entièrement l'abdomen. Jambes généralement armées d'un petit crochet au sommet; ongles des tarses simples. — βάρις, navire; εἶδος, forme.

Les *Baridius* se trouvent sur les plantes ou à leur pied dans la terre; leurs larves vivent dans les tiges de ces dernières, vers leur collet ou dans leurs racines; plusieurs se trouvent sur les choux (*chlorizans*, *picinus*, *cuprirostris*), le *chloris* est nuisible aux colzas, le *cœrulescens* habite le *Reseda lutea*; l'on trouve enfin l'*Artemisiæ* sur l'armoise, le *T. album* dans les lieux humides, etc.

** Poitrine distinctement canaliculée entre les hanches antérieures ou au devant pour recevoir le bec.

†. Poitrine profondément canaliculée, sillon coupé à pic sur les côtés, prolongé au-delà des pattes antérieures, nettement terminé.

— Elytres couvrant entièrement l'abdomen.

a. Jambes armées au sommet d'un crochet distinct.

G. 109. GASTEROCERCUS. Laporte. (Pl. 24. Fig. 115. *G. depressirostris*. F.)

Schh. Gen. et Sp. Curc. IV. 249. 317 et VIII. pars 1. 375.

Corps allongé-oblong, subcylindrique. Yeux grands, latéraux, déprimés, subarrondis ou subovalaires. Bec plus long que la tête, fort, aplati, assez large, un peu dilaté vers le sommet, infléchi, le plus souvent à peu près droit, un peu arqué dans quelques espèces exotiques; scrobe oblique, profond, terminé vers la partie inférieure de l'œil, presque entièrement situé en dessous du bec. Antennes assez courtes, insérées vers le milieu du bec; scape court; funicule de 7 articles, les deux premiers légèrement allongés, obconiques, les suivants courts, assez serrés, graduellement plus larges; massue ovale-oblongue (Pl. 24. Fig. 115 *a*.). Prothorax distinctement bisinué à la base, légèrement dilaté-arrondi sur les côtés, subitement rétréci en avant, resserré au sommet, son bord antérieur prolongé supérieurement, légèrement lobé derrière les yeux; sillon pectoral prolongé sous le mésosternum, au-delà des hanches antérieures. Ecusson subarrondi, bien distinct. Elytres allongées-oblongues, subcylindriques, leurs épaules angulées, légèrement saillantes antérieurement et un peu aiguës. Pattes comprimées, robustes, les antérieures notablement plus longues chez les mâles et leurs tarses inférieurement velus. — γαστὴρ, ventre; κέρκος, queue.

La seule espèce européenne du genre, *G. depressirostris*, vit dans le bois de hêtre desséché; d'après M. Chevrolat, ses habitudes seraient nocturnes.

Nota. Le bec dans le *depressirostris* est un peu plus court, et proportionnellement un peu plus large chez les mâles, et distinctement resserré au devant des yeux à sa base.

G. 110. CAMPTORHINUS. Schh. (Pl. 24. Fig. 116. *C. statua.* Fabr.)

Schh. Curc. D. Meth. 283. — Schh. Gen. et Sp. Curc. IV. 170. 206. — Rhinodes. Sturm. Cat. (1826). p. 110.

Corps allongé, subcylindrique. Yeux latéraux, déprimés, subovalaires. Bec assez allongé, infléchi, un peu arqué, subcylindrique; scrobe oblique, linéaire, profond. Antennes médiocres, insérées environ au milieu du bec; funicule de 7 articles, les deux premiers légèrement allongés, obconiques, les suivants courts, assez serrés, tronqués au sommet, graduellement et légèrement plus larges; massue obtuse, ovale-oblongue (Pl. 24. Fig. 116. *a.*). Prothorax oblong, obsolètement bisinué à la base, arrondi sur les côtés, rétréci antérieurement, son bord supérieur prolongé en avant, distinctement lobé derrière les yeux, lobe très arrondi; sillon pectoral prolongé au-delà des hanches antérieures, mais nullement sur le mésosternum, fermé en arrière par une élévation du bord postérieur du prosternum. Ecusson bien distinct. Elytres allongées, subcylindriques, presque droites sur les côtés, obtusément angulées aux épaules. Pattes comprimées, robustes; cuisses armées d'une petite dent, allongées surtout les postérieures qui atteignent ou dépassent légèrement le sommet des élytres. — *καμπτὸς*, fléchi; *ῥὶν*, nez,

Ce genre ne renferme qu'une seule espèce d'Europe, qui vit sous les écorces de chêne.

G. 111. CRYPTORHYNCHUS. Illig. (Pl. 24. Fig. 117. *C. Lapathi.* Lin.)

Illig. Mag. VI. 330. — Schh. Gen. et Sp. Curc. IV. 47. 304 et VIII. pars 1. 303.

Corps ovale-oblong (*C. Lapathi*), mais variant dans les espèces exotiques, convexe. Yeux grands, latéraux, ovalaires, peu convexes. Bec de la longueur du prothorax, infléchi, arqué, subcylindrique; scrobe oblique, linéaire, profond. Antennes assez grêles, insérées vers le milieu du bec (ou derrière son milieu dans un grand nombre d'exotiques); funicule de 7 articles, les deux ou quatre premiers, les trois dans l'espèce d'Europe, légèrement allongés, obconiques, les suivants graduellement plus courts et plus larges, les derniers un peu arrondis; massue ovale-oblongue (Pl. 24. Fig. 117. *a.*). Prothorax distinctement bisinué à la base, dilaté-arrondi sur les côtés, très rétréci antérieurement, faiblement resserré au sommet, son bord antérieur légèrement prolongé supérieurement, lobé derrière les yeux, lobe angulé (*C. Lapathi*); sillon pectoral prolongé sur le mésosternum entre les hanches intermédiaires. Ecusson arrondi, bien distinct. Elytres ovalaires (*C. Lapathi*), variant dans les exotiques, convexes, à épaules obtusément angulées, plus rarement un peu saillantes, antérieurement aiguës (plusieurs espèces exotiques). Pattes robustes, cuisses postérieures n'atteignant point le sommet des élytres. — *κρυπτὸς*, caché; *ῥύγχος*, bec.

Le *C. Lapathi*, seule espèce européenne du genre, se trouve sur les saules, les peupliers noirs et les aunes; je l'ai pris à Toulouse, sur le peuplier de laCaroline; sa larve vit dans l'intérieur des mêmes arbres.

G. 112. ACALLES. Schh. (Pl. 25. Fig. 118. *A. abstersus.* Schh.)

Schh. Curc. D. Meth. 295. — Schh. G. et Sp. Curc. IV. 325. 334 et VIII. pars 1. 408.

Corps aptère, oblong, ovale-oblong ou ovalaire, convexe. Yeux latéraux, subdéprimés, ovalaires. Bec allongé, infléchi, un peu arqué subcylindrique; scrobe commençant vers le milieu du bec, profond, un peu élargi en arrière, plus ou moins oblique, son bord inférieur infléchi. Antennes médiocres, insérées vers le milieu du bec, funicule de 7 articles, les deux premiers allongés, obconiques, les suivants courts, un peu arrondis; massue ovale-oblongue (Pl. 25. Fig. 118. *a.*). Prothorax tantôt court tantôt oblong, tronqué à la base, généralement un peu arrondi sur les côtés, plus étroit antérieurement et plus ou moins resserré au sommet, légèrement prolongé dans son milieu en avant, un peu, ou parfois à peine, lobé derrière les yeux, lobe généralement angulé; sillon pectoral dépassant les hanches antérieures, un peu prolongé sur le mésosternum qui se creuse en voûte pour former son extrémité. Ecusson nul ou à peine distinct. Elytres ovalaires, convexes, plus ou moins déclives postérieurement, parfois obtusément angulées aux épaules, plus souvent arrondies. Pattes robustes. — ἀκαλλής, difforme.

Les *Acalles* se trouvent tantôt dans la terre au pied des plantes, tantôt sous la mousse au pied des troncs d'arbres et surtout des chênes; d'après M. Rosenhauer plusieurs espèces seraient assez communes sur le mont Baldo, sous les écorces de hêtre.

β. Jambes n'offrant point de crochets au sommet.

G. 113 SCLEROPTERUS. Schh. (Pl. 25. Fig. 120. *S serratus*. Germ.)

Schh. Curc. D. Meth. 290. — Schh. Gen. et Sp. C. IV 358. 336 et VIII. pars 1. 429.

Corps ovale-oblong, aptère (?), convexe. Yeux latéraux, subdéprimés, irrégulièrement arrondis. Bec allongé, fort, arqué, cylindrique; scrobe oblique, linéaire, profond. Antennes médiocres, insérées vers le milieu du bec; funicule de 6 articles bien distincts seulement, mais en réalité de 7, les trois premiers allongés, obconiques, premier le plus long, les trois suivants graduellement plus courts, un peu oblongs, le 7e plus court encore et beaucoup plus large, étroitement appliqué contre la massue qu'il commence, celle-ci ovale-oblongue (Pl. 25. Fig 120. *a.*). Prothorax aussi long que large, tronqué à la base, un peu dilaté ou arrondi sur les côtés, fortement resserré un peu en avant du milieu, faiblement prolongé antérieurement, légèrement lobé derrière les yeux; sillon pectoral prolongé jusque sur le métasternum entre les hanches postérieures, nullement en voûte en arrière. Ecusson indistinct. Elytres courtement ovalaires, convexes, à épaules obtusément angulées ou subarrondies. Pattes antérieures un peu plus longues que les autres, leurs jambes courbées en dedans vers le sommet. Ongles des tarses intérieurement bifides à leur base, lobes internes plus ou moins rapprochés et simulant souvent par leur réunion une espèce d'appendice corné. — σκληρός, dur; πτερὸν, aile, élytre.

Ce genre ne renferme encore que deux espèces, *offensus* et *serratus*; cette dernière, d'après M. Redtenbacher, se trouve en Autriche, sous la mousse et les écorces des vieux arbres.

Nota. Schœnherr, après avoir regardé ce genre comme très distinct l. c. IV. 358), doute de sa valeur et se demande s'il ne devrait pas être réuni aux *Acalles* (l. c. VIII. pars 1. 429); la forme du funicule des antennes, du sillon pectoral, des ongles des tarses bifides, tandis qu'ils sont simples chez les *Acalles*, et les jambes sans crochets au sommet, le distinguent parfaitement; Schœnherr et M. Redtenbacher (Faun. Austr. p. 380) ont méconnu la plupart de ces caractères et mentionnent seulement la forme du funicule et la courbure des jambes antérieures ; mais ce dernier caractère est sans aucune valeur, car il se retrouve plus ou moins dans plusieurs *Acalles*, entre autres le *quercus* qui m'est inconnu du reste.

☰ Elytres arrondies chacune au sommet, ne recouvrant point entièrement l'abdomen. Jambes n'offrant point de crochets au sommet.

G. 114. MARMAROPUS. Schh. Gen. et Sp. Curc. IV. 310. 329 (1).

Corps oblong, légèrement convexe. Yeux latéraux, arrondis, légèrement saillants mais peu convexes, luisants. Bec peu plus long que la tête, fort, cylindrique, peu arqué; scrobe linéaire se dirigeant vers l'œil. Antennes assez courtes, insérées au-dessous du milieu du bec; funicule de 7 articles, les deux premiers un peu allongés, subobconiques, les suivants graduellement plus courts, turbinés; massue ovalaire, acuminée. Prothorax presque carré, presque tronqué à la base et au sommet, légèrement dilaté-arrondi sur les côtés, subitement plus étroit en avant, resserré au sommet, lobé derrière les yeux; sillon pectoral distinct, s'aplanissant graduellement sur la poitrine (2). Ecusson à peine visible, profondément enfoncé. Elytres oblongues, sublinéaires, légèrement convexes, impressionnées vers l'écusson, arrondies chacune au sommet, plus courtes que l'abdomen, à épaules obtuses, subarrondies. Jambes mutiques au sommet (ex Schh. l. c.). — μαρμαρωπὸς, qui a des yeux brillants.

Ce genre ne renferme qu'une seule espèce originaire de Pologne, dont les mœurs sont encore inconnues.

G. 115. MONONYCHUS. Germ. (Pl. 25. Fig. 121. *M. salviæ*. Germ.)

Germ. Ins. Spec. I. 241. — Schh. Gen. et Sp. Curc. IV. 308. 328.

Corps courtement ovale, subdéprimé supérieurement. Tête excavée entre les yeux, carénée en arrière. Ceux-ci arrondis, médiocrement écartés, sublatéraux, convexes. Bec environ de la longueur de la tête et du prothorax, assez mince, un peu arqué, cylindrique; scrobe commençant vers le milieu du bec, légèrement flexueux, un peu infléchi, obliquement dirigé vers la partie inférieure de l'œil. Antennes assez courtes et grêles, insérées derrière le milieu du bec; funicule de 7 articles, les deux premiers allongés, obconiques, 3 et 4 un peu plus courts, oblongs, 5 à 7 courts, subturbinés; massue ovale-oblongue (Pl. 25. Fig. 121. *a*.). Prothorax court, aigument prolongé vers l'écusson dans le milieu de la base, un peu arrondi sur les côtés, beaucoup plus étroit en avant, un peu resserré de chaque côté et impressionné en dessus antérieurement, tronqué au sommet; sillon pectoral prolongé sur le mésosternum entre les hanches intermédiaires. Ecusson très petit, enfoncé, à peine visible. Elytres presque carrées, impressionnées derrière l'écusson, arrondies chacune au sommet, laissant à découvert le pygidium, épaules larges, arrondies. Jambes obliquement coupées au sommet en dessous, échancrées sur leur tranche externe de manière à former une dent anté-apicale bien marquée, ciliées finement dans leur échancrure. Tarse offrant chacun un ongle unique et simple. — μόνος, seul; ὄνυξ, ongle.

Les *Mononychus* se trouvent au bord des eaux sur les plantes, principalement sur

(1) N'ayant pu nous procurer ce genre, nous sommes forcés d'en renvoyer la figure.

(2) Ne connaissant nullement ce genre, j'ai dû le laisser dans la subdivision où l'a placé Schœnherr; mais si le sillon pectoral est bien graduellement aplani comme le donne cet auteur, et par conséquent je pense non distinctement terminé, il devra peut-être etre reporté dans la subdivision suivante ††.

les fleurs de l'*Iris pseudo-acorus* dans les graines duquel, d'après M. Westwood, vit la larve du *pseudo-acori*.

G. 116. COELIODES. Schh. (Pl. 25. Fig. 122. *C. ruber.* Marsh.)

Schh. Gen. et Sp. Curc. IV. 282. 327 et VIII. pars 1. 392. — Ceuthorhynchus. Schh. C Disp. Meth, 296. 173. Man. I.

Corps courtement ovale, médiocrement convexe en dessus ou même subdéprimé. Yeux latéraux, arrondis, peu convexes. Bec environ de la longueur de la tête et du prothorax, assez mince, plus ou moins arqué, cylindrique; scrobe linéaire, se dirigeant vers l'œil, tantôt distinctement, mais parfois aussi à peine oblique. Antennes médiocres et grêles, insérées vers le milieu du bec ou un peu en devant; funicule de 7 articles, les quatre premiers allongés, graduellement plus courts, obconiques, les suivants généralement courts, un peu arrondis; massue ovale-oblongue (Pl. 25. Fig. 122. *a.*). Prothorax d'ordinaire assez court, tantôt distinctement et tantôt à peine bisinué à la base, le plus souvent dilaté-arrondi sur les côtés et bien plus étroit en avant, parfois simplement oblique, plus ou moins resserré au sommet, son bord antérieur généralement élevé, réfléchi, plus ou moins distinctement lobé derrière les yeux; sillon pectoral prolongé sur le mésosternum entre les hanches antérieures. Ecusson distinct dans les uns, à peine visible dans les autres. Elytres courtement ovales, arrondies chacune au sommet, laissant à découvert le pygidium, obtusément angulées aux épaules. Jambes obliquement coupées au sommet extérieurement et finement ciliées. —κοιλιώδης, ventru.

Les insectes de ce genre ont tout à fait le faciès des *Ceuthorhynchus*, dont ils sont très voisins, mais ils s'en distinguent facilement par la forme de leur sillon pectoral et leurs pattes antérieures plus écartées. Ils se trouvent généralement sur les végétaux; les *quercus* et *ruber* affectionnent le chêne, le *rubicundus* les bouleaux, le *didymus* les orties, l'*exiguus* la mercuriale, le *geranii* le *geranium sylvaticum*, etc.; les *guttula* et *fuliginosus* se trouvent très fréquemment au soleil sur les pierres, principalement sur les quais.

†† Poitrine moins fortement canaliculée pour recevoir le bec, sillon le plus souvent non prolongé au-delà des hanches antérieures, jamais nettement et brusquement terminé.

— Jambes n'offrant point de crochets au sommet. Sillon pectoral plus ou moins distinctement prolongé entre les hanches antérieures, qui sont très rarement contiguës et comprimées alors intérieurement.

⊙ Elytres arrondies chacune au sommet, ne recouvrant point entièrement l'abdomen.

a. Ecusson élevé, bien distinct.

G. 117. OROBITIS. Germ. (Pl. 26. Fig. 123. *O. cyaneus*. Lin.)

Germ. Ins. Spec. I. 212. — Schh. Gen. et Sp. Curc. IV. 694.

Corps subglobuleux, ovale, fortement convexe, gibbeux. Yeux grands, latéraux, peu écartés sur le front, subarrondis, faiblement convexes. Bec long, assez mince, un peu épaissi à la base et légèrement arqué, presque droit ensuite, cylindrique; scrobe commençant à peine au milieu du bec, profond, infléchi en dessous, très oblique. Antennes médiocres, insérées immédiatement derrière le milieu du bec; funicule de 7 articles, le premier allongé, obconique, les deux suivants plus courts, mais également obconiques, 4 à 7 courts ou un peu arrondis; massue ovale-oblongue (Pl. 26. Fig. 123. *a.*). Prothorax court, transverse, presque tronqué à la base, subarrondi sur les côtés, fortement rétréci en avant, son bord antérieur un peu échancré de chaque côté; sillon pectoral bien marqué, profond, non prolongé sur le mésosternum. Ecusson élevé, punctiforme. Elytres semi-globuleuses, plus larges que la base du prothorax antérieurement, atténuées en arrière, très convexes, gibbeuses, arrondies aux épaules. Hanches antérieures notablement écartées; cuisses longues, peu renflées en massue, canaliculées en partie inférieurement.— ὀροβίτις, qui ressemble à une graine légumineuse.

L'*Orobitis cyaneus*, seule espèce que renferme ce genre, se trouve dans l'herbe ou parfois sous la mousse des arbres; M. James Hardy dit avoir pris plusieurs fois l'insecte avec sa larve renfermé dans le péricarpe de la *Viola canina*.

Nota. M. Redtenbacher (Faun. Austr., p. 376) donne à tort les élytres de ce genre comme recouvrant l'abdomen, car elles laissent parfaitement à découvert le pygidium et sont arrondies chacune au sommet.

β. Ecusson très petit, le plus souvent indistinct.

G. 118. RHYTIDOSOMUS. Schh. (Pl. 26. Fig. 124. *R. globulus*. Herbst.)

Schh. Gen. et Sp. Curc. IV. 591. 351. — Rutidosoma. Steph. Illust. Brit. Ent. IV. 45. 288.

Corps courtement ovale, très convexe. Yeux latéraux, subarrondis, peu convexes. Bec environ de la longueur de la tête et du prothorax, fort, notablement arqué, cylindrique; scrobe profond, linéaire, oblique, élargi en arrière, son bord inférieur infléchi. Antennes médiocres, assez grêles, insérées un peu en avant du milieu du bec; funicule de 6 articles, les deux premiers un peu allongés, obconiques, 3e court, un peu oblong, 4 à 7 un peu arrondis; la massue oblongue (Pl. 26. Fig. 124. *a.*). Prothorax guère moins long que large, légèrement bisinué à la base, arrondi sur les côtés, plus étroit antérieurement, faiblement resserré au sommet, à peine lobé derrière les yeux; sillon pectoral bien marqué (1), très profond antérieurement, terminé derriere les hanches antérieures. Ecusson peu distinct. Elytres moitié plus larges que le prothorax à la base, très courtement ovales, semi-globuleuses, très convexes, fortement déclives en arrière, obtusément arrondies chacune au sommet, laissant à découvert le pygidium, à épaules très obtusément angulées et presque arrondies. Hanches antérieures notablement écartées. — ῥυτὶς, ride; σῶμα, corps.

Ce genre ne renferme qu'une petite espèce répandue dans l'Europe boréale et centrale, et, d'après M. Redtenbacher, assez commune en Autriche, sur le tremble. Il diffère essentiellement des deux genres suivants par la forme de ses élytres.

G. 119. CEUTHORHYNCHIDIUS. Jacq. du Val. (Pl. 27. Fig. 128. *C. floralis*. Payk.)

Ceuthorhynchus. Schh. Gen. et Sp. Curc. IV. 475. 346 et VIII. pars 2. 131.

Ce genre offre tous les caractères des *Ceuthorhynchus* dont il diffère seulement par le funicule des antennes qui n'offre distinctement que 6 articles, les trois premiers allongés, obconiques, les trois autres un peu arrondis ou subovalaires (Pl. 27. Fig. 128. *a.*). — Ceuthorhynchus; εἶδος, forme.

(1) D'après Schœnherr la poitrine ne serait point canaliculée dans ce genre, mais simplement échancrée profondément au bord antérieur, opinion que je ne peux adopter, car l'on aperçoit parfaitement les bords élevés du sillon que je regarde au contraire comme très marqué.

J'ai formé cette coupe générique sur quelques espèces démembrées des *Ceuthorhynchus* dont elles diffèrent, de même que les *Miccotrogus* des *Tychius* et les *Tachyerges* des *Orchestes*, par le nombre des articles du funicule, modification qui me paraît importante dans cette famille où les caractères antennaires jouent un très grand rôle. Peu d'espèces rentrent encore dans ce genre, mais peut-être qu'un plus grand nombre de *Ceuthorhynchus* devront y être reportés.

Les *Ceuthorhynchidius* ont tout à fait les mœurs du genre dont ils sont démembrées ; le *depressicollis*, d'après M. James Hardy, se trouve sur le cresson (*Nasturtium officinale*).

G. 120. CEUTHORHYNCHUS. Schh. (Pl. 26. Fig. 126. *C. litura*. Fabr.)

Schh. Curc. D. Meth. 298. — Schh. Gen. et Sp. Curc. IV. 475. 346 et VIII. pars 2. 131. — Nedyus. Steph. Illust. Brit. Ent. IV. 27. 284. — Falciger. Sturm. Ins. Cat. (1826).

Corps généralement plus ou moins courtement ovalaire ou ovale-oblong, médiocrement convexe ou subdéprimé en dessus. Yeux latéraux, arrondis, subdéprimés ou faiblement convexes. Bec environ de la longueur de la tête et du prothorax, assez fort chez les uns, mince chez les autres, filiforme, plus ou moins arqué, cylindrique ; scrobe linéaire, profond, plus ou moins oblique. Antennes médiocres et grêles, généralement insérées vers le milieu du bec ou un peu en avant ; funicule de 7 articles bien distincts, les quatre premiers un peu allongés, obconiques, les deux premiers les plus longs, 5 à 7 courts et généralement un peu arrondis ou subovalaires ; massue dégagée, ovale-oblongue (Pl. 26. Fig. 126. *a.*). Prothorax d'ordinaire assez court, parfois tronqué, mais plus souvent bisinué à la base, plus ou moins dilaté-arrondi sur les côtés, plus étroit en avant, resserré au sommet, son bord antérieur le plus souvent élevé, réfléchi, faiblement lobé derrière les yeux ; sillon pectoral variant, plus ou moins marqué, tantôt finissant entre les pattes antérieures et tantôt un peu prolongé au-delà. Ecusson très petit ou indistinct. Elytres plus ou moins courtement ovalaires, généralement subdéprimées en dessus, peu convexes, plus larges que le prothorax à la base, obtusément angulées aux épaules, arrondies chacune au sommet, laissant distinctement à découvert le pygidium. Hanches antérieures plus ou moins écartées. —κεύθω, je cache ; ῥύγχος, bec.

Les *Ceuthorhynchus* sont de petits insectes que l'on trouve généralement sur les plantes et les fleurs ; nous allons citer l'habitat d'un certain nombre d'entre leurs nombreuses espèces. Les *contractus*, *assimilis* et *sulcicollis* vivent sur diverses espèces de crucifères, l'*erysimi* (Pl. 26, Fig. 125) sur la *Cardamine amara*, l'*ericæ* sur diverses espèces de bruyères, telles que *Erica vulgaris*, *cinerea*, *tetralix*, etc. ; l'on trouve l'*echii* et le *crucifer* sur l'*Echium vulgare*, le *Sii* sur le *Sium angustifolium*, les *lycopi* et *perturbatus* sur le *Lycopus europæus*, les *glaucus* et *borraginis*, dit-on, sur le *Nasturtium officinale*, les *nanus* et *rapæ* sur le *Cochlearia draba*, l'*asperifoliarum* sur les *Anchusa*, *Cynoglossum*, etc., les *albo-vittatus* et *macula alba* sur le *papaver rhœas*, les *litura* et *horridus* sur les chardons, *pollinarius* et *trimaculatus* sur les orties, le *marginatus* sur les trèfles, le *Camelinæ* sur la Cameline, etc.

G. 121. RHINONCUS. Schh (Pl. 26. Fig. 127. *R. castor*. Fabr.)

Schh. Curc. Disp. M. 299. — Schh. Gen. et Sp. Curc. IV. 577 347 et VIII. pars 2. 172.

Corps courtement ovalaire, médiocrement convexe ou subdéprimé en dessus. Yeux latéraux, arrondis, en général légèrement ou assez convexes. Bec court, de la longueur de la tête ou seulement un peu plus long, épais, ordinairement légèrement arqué, subcylindrique; scrobe commençant presque au sommet du bec, profond, linéaire, se dirigeant vers la partie inférieure de l'œil, très oblique. Antennes médiocres, assez grêles, insérées distinctement en avant du milieu vers le sommet du bec; funicule de 7 articles, les deux premiers un peu allongés, obconiques, 3 à 4 plus ou moins oblongs, 5 à 7 courts, un peu arrondis; massue ovale-oblongue (Pl. 26. Fig. 127. *a.*). Prothorax d'ordinaire assez court, légèrement bisinué à la base, un peu dilaté-arrondi sur les côtés, plus étroit en avant, le plus souvent faiblement resserré au sommet, non ou faiblement lobé derrière les yeux; sillon pectoral large, peu profond, finissant entre les pattes antérieures. Ecusson indistinct. Elytres très courtement ovales, plus ou moins subdéprimées supérieurement, légèrement ou peu convexes, plus larges que le prothorax à la base, obtusément angulées ou un peu arrondies aux épaules, atténuées en arrière, arrondies chacune au sommet, laissant à découvert le pygidium. Hanches antérieures notablement écartées (1). — ῥίν, nez; ὄγκος, masse.

Les *Rhinoncus* (2) ont des mœurs analogues à celles des *Centhorhynchus* et vivent de même sur les fleurs et les plantes; l'*inconspectus* se trouve, dit-on, sur le *Polygonum amphibium*, le *bruchoïdes* et le *subfasciatus* sur le *Chærophyllum hirsutum*, ce dernier, d'après M. Rosenhauer, se trouve également sur les saules.

G. 122. POOPHAGUS. Schh. (Pl. 27. Fig. 129. *P. sisymbrii.* Fabr.)

Schh. Gen. et Sp. Curc. IV. p. 590. 319.

Corps oblong, un peu déprimé en dessus. Yeux latéraux, subarrondis, légèrement convexes. Bec long, de la longueur au moins de la tête et du prothorax, assez mince, très arqué, cylindrique, scrobe linéaire, dirigé vers la partie inférieure de l'œil, très oblique. Antennes médiocres, insérées un peu en avant du milieu du bec; funicule de 7 articles, les deux premiers un peu allongés, obconiques, les deux suivants notablement moins longs, subobconiques, 5 à 7 un peu arrondis ou subturbinés; massue ovale-oblongue (Pl. 27. Fig. 129. *a.*). Prothorax légèrement bisinué à la base, faiblement arrondi sur les côtés, plus étroit antérieurement, largement resserré au sommet, légèrement lobé derrière les yeux; sillon pectoral léger, finissant entre les hanches antérieures. Ecusson très petit. Elytres oblongues, très obtusément angulées aux épaules qui sont munies d'une callosité élevée, arrondies chacune au sommet, laissant à découvert le pygidium. Hanches antérieures assez écartées. — ποόφαγος, qui se nourrit d'herbes.

(1) Je ne parle point des ongles des tarses dans les *Ceuthorhynchus* et autres genres voisins de la division ++, non plus que dans les *Cœliodes*, parce que leurs caractères, difficiles à apercevoir, varient souvent dans le même genre; c'est ainsi que l'on retrouve dans les *Ceuthorhynchus* les trois types principaux suivants : ongles simples (*C. litura*); ongles dentés vers la base (*C. denticulatus*); ongles intérieurement bifides à leur base, lobes internes plus ou moins rapprochés et souvent simulant par leur réunion un petit appendice corné (*C. echii*); mais ces caractères pourront peut-être utilement servir dans l'étude et la distinction des espèces.

(2) RHINONCUS COARCTATUS. J. du Val. — Breviter ovatus, subdepressus, niger, subtus albo-squamosus, supra variegatus, antennis pedibusque ferrugineis, his albo-variis; rostro capite cretaceo longiore, arcuato; thorace confertim granulato, distinctius bituberculato, basi ante scutellum profunde impresso, antice valde coarctato, margine reflexo; elytris punctato-striatis, interstitiis omnibus nigro-tuberculatis, sutura basi læte nivea. — Long. 4 1/4 mill. — Montpellier. — Espèce remarquable par la forme de son prothorax.

Ce genre ne renferme que quelques espèces qui vivent au bord des eaux sur les plantes aquatiques, les *Sisymbrii* et *Nasturtii* se trouvent surtout sur les *Sisymbrium nasturtium* et *amphibium*.

G. 123. TAPINOTUS. Schh. (Pl. 27. Fig. 130. *T. sellatus*. Fabr.)

Schh. Curc. Disp. Meth. 292. — Schh. G. et Sp. Curc. IV. 593. 350.

Corps ovale-oblong, subdéprimé supérieurement. Yeux latéraux, subarrondis, très peu convexes. Bec allongé, de la longueur environ du prothorax, assez fort, arqué, subcylindrique; scrobe linéaire, fortement infléchi en dessous, son bord supérieur seul se dirigeant vers l'œil, très oblique. Antennes médiocres, insérées en avant du milieu presque au tiers antérieur du bec; funicule de 6 articles, les trois premiers allongés, obconiques, le premier un peu plus court et plus épais, 4 à 6 courts, égaux, subarrondis; massue ovale-oblongue (Pl. 27. Fig. 130. *a*.). Prothorax bisinué à la base, faiblement arrondi sur les côtés, un peu plus étroit en avant, très peu resserré au sommet, assez fortement lobé derrière les yeux; sillon pectoral léger, finissant au devant des hanches antérieures. Ecusson très petit, à peine visible. Elytres ovales-oblongues, déprimées sur le dos, obtusément angulées aux épaules, arrondies chacune au sommet, laissant à découvert le pygidium. Hanches antérieures peu écartées à leur base. — *ταπεινὸς*, déprimé; *νῶτος*, dos.

Une petite mais élégante espèce seule forme ce genre; on la trouve, dit-on, sur diverses espèces de *Lisymachia*, entre autres les *thyrsiflora* et *vulgaris*.

ⓧⓧ Elytres arrondies ensemble au sommet, couvrant entièrement l'abdomen. Hanches antérieures contiguës.

G. 124. ACENTRUS. Schh. (Pl. 27. Fig. 131. *A. histrio*. Schh.)

Schh. Gen. et Sp. Curc. VIII. pars 2. 57. 556.

Corps oblong, modérément convexe. Yeux latéraux, subdéprimés, ovalaires. Bec allongé, de la longueur de la tête et du prothorax, assez fort, arqué, subcylindrique; scrobe linéaire, fortement infléchi, presque entièrement situé en dessous. Antennes médiocres, insérées en avant du milieu du bec; funicule de 7 articles, le premier allongé, obconique, le second de même forme mais plus court, les suivants graduellement plus courts et plus larges, subturbinés, derniers un peu arrondis; massue ovale-oblongue (Pl. 27. Fig. 131. *a*.). Prothorax environ aussi long que large, légèrement bisinué à la base, dilaté-arrondi sur les côtés devant le milieu, ceux-ci presque droits en arrière, subitement plus étroit antérieurement où il est resserré, faiblement lobé derrière les yeux; sillon pectoral peu profond mais toutefois distinct, finissant au devant des hanches antérieures. Ecusson arrondi, bien distinct. Elytres oblongues, environ moitié plus larges que le prothorax à la base, obtusément et distinctement angulées aux épaules, un peu atténuées postérieurement, arrondies ensemble au sommet, recouvrant entièrement l'abdomen. Hanches antérieures se touchant à leur base, leur face interne subcomprimée. Ongles des tarses offrant une forte dent intérieurement. — *ἄκεντρος*, sans épine.

Ce genre ne renferme qu'une seule espèce, *A. histrio*, que l'on trouve dans toute l'Europe méridionale.

= Jambes notablement courbées vers l'extrémité, armées d'un fort crochet au sommet. Poitrine simplement canaliculée au devant des hanches antérieures qui sont contiguës.

G. 125. BAGOUS. Germ. (Pl. 27. Fig. 132. *B. nodulosus*. Schh.)

Germ. Schh. Curc. Disp. III. 289. — Schh. G. et Sp. C. III. 537. 260 et VIII. pars 2. 74. 563.

Corps oblong, allongé, ovale-oblong ou ovalaire. Yeux latéraux, subarrondis ou ovalaires, assez grands, subdéprimés ou peu convexes. Bec assez allongé, plus ou moins fort, arqué, subcylindrique; scrobe linéaire, profond, oblique, généralement un peu infléchi en dessous, son bord supérieur se dirigeant vers l'œil. Antennes assez courtes, insérées vers le milieu du bec ou un peu en avant; funicule de 7 articles, les deux premiers allongés, obconiques, premier plus épais, 3 à 7 courts, serrés, un peu perfoliés, devenant graduellement plus larges, surtout le dernier, lequel est étroitement appliqué contre la massue; celle-ci généralement assez grande, ovalaire ou ovale-oblongue (Pl. 27. Fig. 132. *a.*). Prothorax variant, tronqué ou légèrement bisinué à la base, plus étroit antérieurement, plus ou moins resserré au sommet, fortement lobé derrière les yeux; sillon pectoral large, peu profond, finissant au devant des hanches antérieures. Ecusson très petit, mais généralement distinct. Elytres variant suivant la forme du corps, généralement subdéprimées en avant sur le dos, déclives en arrière, plus ou moins calleuses postérieurement, obtusément angulées aux épaules, recouvrant entièrement l'abdomen. Hanches antérieures contiguës. Jambes courbées vers l'extrémité, armées d'un fort crochet au sommet; tarses étroits. Ongles simples. — *βαγώας*, eunuque.

Les *Bagous* se plaisent dans les lieux humides; on les trouve sur les plantes aquatiques et parfois aussi auprès des eaux dans la terre. Schœnherr les a partagés en deux groupes d'après les tarses, dont le pénultième article est tantôt étroit et tantôt un peu dilaté et bilobé. Les deux espèces nouvelles décrites ci-dessous (1) rentrent dans le premier.

G. 126. LYPRUS. Schh. (Pl. 28. Fig. 133. *L. cylindrus*. Payk.)

Schh. Curc. Disp. III. 288. — Schh. Gen. et Sp. Curc. III. 536. 259.

Corps allongé, étroit, linéaire, cylindrique. Yeux latéraux, arrondis, très peu convexes. Bec allongé, environ de la longueur du prothorax, arqué, cylindrique;

(1) BAGOUS FRATER. Jacq. du Val. — Oblongo-ovatus, parum convexus, niger, squamulis fusco-cinereis vestitus, antennis (clava nigra excepta), tibiis tarsisque ferrugineis; rostro thoracis longitudine, arcuato, parum incrassato; thorace brevi, ante medium ampliato, postice angustato, intra apicem constricto, supra crebre punctulato; elytris leviter striatis, in striis subremote punctatis, interstitiis convexis. — Long. 2 3/4 mill. — Montpellier. — Très voisin du *petrosus*, mais un peu plus allongé, moins convexe, bec un peu plus long et moins épais; ponctuation du prothorax plus fine, stries des élytres plus légères, etc.

BAGOUS EXILIS. Jacq. du Val. — Oblongo-ovatus, parum convexus, niger, squamulis fusco-cinereis inæqualiter vestitus, antennis nigro-piceis; rostri dimidia parte apicali, pedibus elytrisque postice ferrugineis; thorace subrotundato, crebre subtiliter ruguloso-punctato, intra apicem profunde constricto, impresso, margine subelevato; elytris striatis, interstitiis convexis, subtiliter coriaceis. — Long. 1 2/3 mill. — Montpellier. — Espèce remarquable par l'exiguïté de sa taille.

scrobe linéaire, profond, se dirigeant obliquement vers l'œil. Antennes assez courtes, insérées immédiatement derrière le milieu du bec; funicule de 7 articles, les deux premiers allongés, obconiques, 3 à 6 courts, serrés, un peu perfoliés, devenant insensiblement plus larges, 7e bien plus grand et plus large, étroitement appliqué contre la massue; celle-ci ovalaire (Pl. 28. Fig. 133. *a.*). Prothorax oblong, subcylindrique, tronqué à la base, un peu arrondi sur les côtés, faiblement resserré au sommet, distinctement lobé derrière les yeux; sillon pectoral large, peu profond, finissant au devant des hanches antérieures. Ecusson indistinct. Elytres cylindriques, allongées, linéaires, légèrement calleuses postérieurement, obtusément angulées aux épaules, recouvrant entièrement l'abdomen. Hanches antérieures contiguës. Jambes courbées vers l'extrémité, armées d'un fort crochet au sommet. Tarses étroits, ongles simples. — λυπρός, grêle.

Ce genre ne renferme qu'une seule espèce, dont les mœurs sont tout à fait semblables à celles des *Bagous*. Il ne diffère guère de ces derniers que par sa forme linéaire, étroite, cylindrique et son écusson indistinct, et devrait peut-être leur être réuni. Schœnherr et M. Redtenbacher lui donnent seulement six articles au funicule, mais certainement bien à tort, car j'en ai parfaitement vu sept identiques à ceux du genre précédent.

Groupe 3. CIONITES.

Casteln. H. nat. Col. 2. p. 362. — Cionides. Schh. Gen. et Sp. Curc. IV. p. 722 et VIII. pars 2. 178.

Antennes généralement insérées avant ou proche le milieu du bec; funicule de 5 articles; massue de 3 ou de 4. Hanches antérieures le plus souvent rapprochées, parfois écartées à leur base.

G. 127. CIONUS. Clairv. (Pl. 28. Fig. 134. *C. Olivieri.* Schh.)

Clairv. Ent. Helvet. I. 64. — Schh. G. et Sp. Curc. IV. 722. 365. — Cleopus. Steph. Illustr. IV. 19 et Man. 210 et 219. 349.

Corps brièvement ovalaire, parfois en ovale moins court, généralement très convexe. Yeux latéraux, ovalaires, très peu convexes, un peu rapprochés sur le front. Bec allongé, infléchi, légèrement arqué, cylindrique; scrobe linéaire, profond, fortement infléchi, presque entièrement situé en dessous, son bord supérieur obliquement dirigé vers la partie inférieure de l'œil. Antennes assez courtes, insérées plus ou moins en avant du milieu du bec; funicule de 5 articles, les deux premiers allongés, obconiques, 3 à 5 courts, tronqués au sommet ou subarrondis, graduellement plus larges; massue oblongue (Pl. 28. Fig. 134. *a.*). Prothorax petit, subtransverse, sinué à la base, le plus souvent oblique sur les côtés, rarement dilaté-arrondi, rétréci en avant, tronqué au sommet, généralement subconique. Ecusson bien distinct. Elytres larges, presque carrées, brièvement ovalaires, parfois cependant moins courtement ovales, légèrement sinuées à la base, obtusément ou même parfois à peu près rectangulairement angulées aux épaules; plus ou moins arrondies ensemble au sommet. Hanches antérieures contiguës. Cuisses dentées, jambes n'offrant point de crochet au sommet; ongles des tarses un peu épaissis, le plus souvent plus ou moins inégaux chez les mâles, surtout aux pattes antérieures, dernier article des tarses devenant alors un peu plus long; parfois même on n'observe qu'un ongle unique et simple (*C. fraxini*). — κιονίς, grain de raisin.

Les *Cionus* vivent sur les plantes et recherchent principalement les Verbascum et les Scrophulaires, dont ils rongent le parenchyme à l'état de larves. Celles-ci se recouvrent d'une matière gluante qu'elles sécrètent par un mamelon du segment terminal et subissent leurs métamorphoses dans de petites coques. Les *C. verbasci*, *Olivieri*, *thapsus*, *olens*, *ungulatus* et *blattariæ*, aiment surtout les Verbascum, les *scrophulariæ*, *blattariæ*, *verbasci*, *hortulanus* et *pulchellus* affectionnent les scrophulaires.

Nota. Le genre *Cleopus* de Stephens est formé sur le *C. pulchellus*, dont les deux premiers articles du funicule sont un peu plus courts que d'habitude et les élytres en ovale plus allongé, ce dernier caractère se retrouve dans le *fraxini*.

G. 128. NANOPHYES. Schh. (Pl. 28. Fig. 135. *N. pallidulus*, Grav.)

Schh. Gen. et Sp. Curc. IV. 780. 368 et VIII. pars 2. 191. 680. — Nanodes. Schh. Curc. Disp. Meth. 322. 188. — Sphærula. Steph. Illust. Brit. Ent. IV. 20 et Man. 210 et 219. 350.

Corps ovalaire ou ovale-oblong, très convexe ou même un peu gibbeux, atténué antérieurement. Yeux grands, arrondis, sublatéraux, peu convexes, notablement rapprochés sur le front. Bec allongé, linéaire, défléchi, cylindrique, légèrement arqué, parfois presque droit; scrobe linéaire, infléchi ou situé un peu en dessous et parfois cependant point oblique, son bord supérieur dirigé vers la partie inférieure de l'œil. Antennes assez grêles, insérées vers le milieu du bec; funicule de 5 articles, le premier allongé, obconique, second également obconique mais plus court, 3 à 5 courts, tronqués au sommet ou subarrondis; massue grande, allongée-oblongue, de 3 articles un peu écartés, bien distincts, mais variant quant à leur forme, les deux premiers tantôt brusquement séparés du funicule, un peu transverses, dernier aussi long qu'eux deux ensemble, acuminé (Pl. 28. Fig. 135 bis. *N. spretus* (1), tantôt moins distinctement séparés du funicule, la massue se formant plus ou moins graduellement, obtriangulaires, le dernier acuminé, un peu oblong, offrant parfois quelques subdivisions légères (2) (*N. tamarisci*). Prothorax tronqué ou très légèrement sinué à la base,

(1) NANOPHYES SPRETUS. J. du Val. — Oblongo-ovatus, rufo-ferrugineus, pallido pubescens, capite, rostri apice, pectore, abdomine, femorumque interdum annulo apicali, nigris; pectore lateribus dense niveo squamoso; rostro basi striolato, modice arcuato, capitis thoracisque longitudine; hoc obsolete punctulato; elytris testaceis, tum basi apiceque infuscatis, tum vero nigro maculatis, pube pallida in fasciis tribus condensata, 1ª basi transversa, 2ª ante medium, 3ª que apicem versus obliquis, indutis, punctato-striatis, interstitiis parum convexis; femoribus omnibus subtus spina acuta secundaque apice propius minutissima armatis. — Long. 2 mill. — Montpellier. — Voisin du *Chevrieri*, mais en différant d'après la description de Schœnherr par ses cuisses bi-épineuses, son prothorax plus court, ses antennes à massue concolore, etc.

(2) Les deux premiers articles de la massue me paraissent formés dans ce genre par les 6ᵉ et 7ᵉ articles normaux du funicule plus ou moins modifiés; quant au 3ᵉ il me paraît être constitué par la massue normale même, ainsi que le prouvent les divisions qu'il présente parfois assez distinctement.

oblique sur les côtés, très rétréci antérieurement, tronqué au sommet, subconique. Ecusson très petit, à peine visible. Elytres ovalaires, plus ou moins angulées aux épaules qui toutefois ne sont point ou sont très peu saillantes et parfois un peu arrondies, très convexes en dessus ou même un peu gibbeuses, arrondies ensemble au sommet ou chacune d'elles un peu arrondie. Hanches antérieures contiguës. Jambes n'offrant point de crochet au sommet; ongles des tarses tantôt simples (*N. tamarisci*, etc.), tantôt un peu épaissis, rapprochés et soudés à leur base (*N. spretus*). — νάνος, nain; φυή, taille.

Les insectes de ce genre se trouvent sur les plantes; les *tamarisci*, *pallidulus*, *posticus* et *stigmaticus* affectionnent les *Tamaryx*, le *siculus* l'*Erica scoparia*, le *lythri* le *Lythrum salicaria*, le *flavidus* a été pris à Paris par M. Aubé sur des plantes basses; j'ai trouvé le *spretus* dans les prés voisins des étangs salés à Montpellier. D'après M. Gervais la larve du *tamarisci* vit dans les ovaires des *Tamaryx*, et renfermée dans le fruit peut le faire sauter à diverses reprises.

G. 129. GYMNETRON. Schh. (Pl. 28. Fig. 136. *G. spilotus*. Germ.)

Schh. Curc. Disp. m. 319. — Schh. G. et Sp. Curc. IV. 743. 366 et VIII. pars 2. 182. — Rhinusa. Steph. Ill. IV. 14 et Man. 210 et 217. 346. — Miarus. Steph. Ill. IV. 15 et Man. 210 et 218. 347.

Corps ovale, courtement ovalaire ou ovale-oblong, peu convexe ou subdéprimé supérieurement. Yeux latéraux, ovalaires ou subarrondis, subdéprimés ou légèrement convexes. Bec variant beaucoup pour la longueur, cylindrique, légèrement ou parfois même à peine arqué, filiforme ou légèrement atténué vers l'extrémité, tantôt infléchi et tantôt seulement défléchi; scrobe linéaire, bien marqué, se dirigeant obliquement vers l'œil, parfois cependant un peu infléchi. Antennes assez courtes, généralement insérées vers le milieu du bec, rarement un peu en arrière; funicule de 5 articles, les deux premiers allongés, obconiques, les trois autres courts, subarrondis ou un peu tronqués au sommet; massue grande, brusquement séparée du funicule, ovalaire, acuminée, de 4 articles ou seulement de 3 apparents et obtuse (Pl. 28. Fig. 136. *a*.). Prothorax le plus souvent transverse, un peu arrondi ou légèrement sinué à la base, arrondi sur les côtés, bien plus étroit antérieurement, tronqué au sommet dont la marge est un peu élevée en forme de rebord. Ecusson bien distinct. Elytres presque carrées ou subovalaires, à épaules généralement légèrement saillantes en avant, subdéprimées ou peu convexes, obtusément arrondies ensemble au sommet ou chacune plus ou moins arrondie, ne recouvrant point entièrement l'abdomen. Poitrine canaliculée ou plane. Hanches antérieures tantôt plus ou moins écartées et tantôt contiguës. Jambes antérieures offrant au sommet un crochet généralement très petit ou même peu distinct, mais parfois cependant fort et très marqué; ongles des tarses tantôt simples (*G. campanulæ*) et tantôt rapprochés et soudés à leur base (*G. asellus*, *antirrhini*, *latiusculus*, etc.) — γυμνὸς, nu; ἦτρον, ventre.

Les *Gymnetron* ont des mœurs analogues à celles du genre précédent, ils vivent de même sur leurs plantes, rongent les fleurs à l'état de larve et subissent, dit-on, leurs métamorphoses dans leurs fruits. L'on trouve les *G. teter* et *antirrhini* sur l'*Antirrhinum majus*, les *teter*, *netus*, *pilosus* et *linariæ* sur la *Linaria vulgaris*, le *campanulæ* sur la *Campanula rotundifolia*, les *villosulus*, *beccabungæ* et *veronicæ* sur la *Veronica beccabunga*, le *niger* Bold sur la *Veronica anagallis*, le *Verbasci* sur les *Verbascum* et le *labilis* sur le *Plantago lanceolata;* d'après les notes recueillies par un de mes plus chers amis, M. Ph. Lareynie, le *spilotus* se trouverait fréquemment sur les scrophulaires et les *teter* et *asellus* (Pl. 28. Fig. 137. ♀.) sur les *Verbascum;* enfin, d'après M. Guinard, de Montpellier, le *latiusculus* J. du Val (1) vivrait sur le *Plantago cinops.*

G. 130. MECINUS. Germ. (Pl. 29. Fig. 138. *M. pyraster.* Germ.)

Germ. Mag. Ent. IV. 316.— Schh. G. et Sp. Curc. IV. 776. 367 et VIII. pars 2. 188. — Macipus. Stev. Mus. Mosq. 102.

Corps plus ou moins allongé, subcylindrique. Yeux latéraux, ovalaires ou subarrondis, subdéprimés ou peu convexes. Bec généralement plus ou moins allongé, parfois assez court, plus ou moins arqué, parfois presque droit, défléchi, cylindrique; scrobe linéaire, bien marqué, infléchi, obliquement dirigé vers la partie inférieure de l'œil (*M. collaris*). Antennes assez courtes, insérées vers le milieu du bec ou un peu en avant; funicule de 5 articles, les deux premiers un peu allongés, obconiques, variant quant à leurs longueurs respectives, 3 à 5 subarrondis, généralement un peu transverses; massue brusquement séparée du funicule, ovalaire, de 4 articles (Pl. 29. Fig. 138. *a.*). Prothorax le plus souvent aussi long ou guère moins long que large, légèrement arrondi sur les côtés, plus étroit en avant, faiblement resserré au sommet, médiocrement convexe. Ecusson arrondi, bien distinct. Elytres allongées ou oblongues, subcylindriques, à épaules rectangulaires ou un peu saillantes en avant, arrondies ensemble au sommet, recouvrant l'abdomen. Hanches antérieures contiguës. Jambes armées d'un crochet au sommet; ongles des tarses un peu épaissis vers la base (*M. collaris*). — *μηκύνω*, j'allonge.

Les *Mecinus* sont de petits insectes qui se rapprochent extrêmement des *Baridius* par leur faciès, mais s'en écartent notablement par la forme de leurs antennes; on les trouve pour la plupart sur les plantes dans les lieux humides; MM. Chapuis et Candèze ont trouvé la larve du *collaris* sur le *plantago maritima*, vivant dans un renflement fusiforme de la tige au-dessous des épis, et celle du *pyraster* (*semicylindricus*, Steph.) vivrait de même, d'après M. James Hardy, sur le *Plantago media.*

Groupe 4. CALANDRITES.

Casteln. H. Nat. Col. 2. p. 363. — Rhyncophorides. Schh. G. et Sp. Curc. IV. 790 et VIII. pars 2. 205.

Antennes insérées vers la base du bec; funicule de 6 articles; massue biarticulée, subsolide. Hanches antérieures généralement plus ou moins écartées à leur base.

G. 131. SPHENOPHORUS Schh. (Pl. 29. Fig. 139. *S. meridionalis.* Schh.)

Schh. G. et Sp. Curc. IV. 874. 390 et VIII. pars 2. 234.—Rhyncophorus. Herbst. Col. VI. p. 3. — Calandra. Clairv. Fabr. Syst. el. t. 2.

Corps elliptique ou oblong, subdéprimé supérieurement ou peu convexe. Yeux

(1) GYMNETRON LATIUSCULUS. Jacq. du Val. — Breviter ovatus, convexlusculus, niger, dense flavo-griseo squamulosus, antennis basi, pedibus elytrisque rufo-testaceis, rostro abdomineque rufo-piceis; primo thoracis longitudine, punctulato, subtenui, vix arcuato, apicem versus leviter

latéraux, plus ou moins rapprochés en dessous, déprimés, très oblongs. Bec environ de la longueur inférieure du prothorax, épaissi à sa base jusqu'à l'insertion des antennes, assez mince ensuite, arqué, défléchi, cylindrique; scrobe très court, consistant en une espèce de fossette oblongue située à la base du bec, un peu en dessous. Antennes médiocres, insérées tout proche de la base du bec; funicule de 6 articles, les deux premiers oblongs, un peu turbinés, obconiques, 3 à 6 courts, généralement subarrondis, parfois subturbinés, un peu écartés, devenant graduellement plus larges; massue courtement ovalaire, comprimée, un peu cunéiforme, de deux articles apparents seulement, deuxième spongieux (Pl. 29. Fig. 139. *a.*). Prothorax oblong, tantôt bisinué et tantôt arrondi - prolongé à sa base, le plus souvent presque droit sur les côtés en arrière, arrondi ensuite, plus étroit antérieurement, fortement resserré au sommet. Ecusson triangulaire. Elytres ovales-oblongues, subdéprimées, le plus souvent arrondies chacune à l'extrémité, laissant à découvert le pygidium. Hanches antérieures faiblement écartées à leur base. Jambes armées d'un fort crochet au sommet; tarses étroits, non spongieux en dessous, ongles simples (toutes les espèces d'Europe). — σφηνὸς, coin; φόρος, portant.

Les *Sphenophorus* se trouvent généralement le long des sentiers, sous les pierres ou dans la terre, principalement en hiver; c'est ainsi que j'ai pris communément les *piceus* et *meridionalis* auprès de certains étangs salés, à Montpellier.

G. 132. CALANDRA (1). Clairv. (Pl. 29. Fig. 140. *C. granaria*. Lin.)

Clairv. Ent. Helvet. I. 62. — Fabr. Syst. el. II. 429. — Sitophilus. Schh. G. et Sp. Curc. IV. 967. 391. — Rhyncophorus. Herbst. Col. VI. p. 3.

Corps allongé ou oblong, subdéprimé ou peu convexe. Yeux latéraux, déprimés, oblongs. Bec plus ou moins allongé, généralement un peu plus court que le prothorax, épaissi à sa base, assez mince ensuite, un peu défléchi, d'ordinaire faiblement arqué; scrobe très court, consistant en une fossette oblongue, située de chaque côté à la base du bec. Antennes un peu épaissies, insérées presque tout à fait à la base du bec; funicule de 6 articles, les deux premiers légèrement allongés, obconiques, 3 à 6 courts, assez serrés, un peu turbinés ou subarrondis, devenant graduellement plus larges; massue oblongue, non comprimée, de deux articles apparents seulement, le

attenuato; thorace transverso, basi et lateribus modice rotundato, supra crebre punctulato; elytris striatis, brevibus, amplis, apice vix singulatim rotundatis; coxis anticis contiguis, pectore plano; femoribus valde incrassatis, obtuse dentatis. — Long. 2 1/3 mill. — Montpellier. — Cette jolie petite espèce, bien distinte de toutes ses congénères, a été découverte par M. Guinard.

(1) Schœnherr (G. et Sp. Curc. t. VIII. pars 2. p. 205. note) veut que l'on rejette le nom générique de *Calandra* pourtant si répandu, parce que d'une part celui de *Rhyncophorus*, Herbst, lui est antérieur, et de l'autre, dit-il, le nom de *Calandra* n'est point tiré du grec. Cette opinion ne m'a point paru pouvoir être adoptée; en effet : 1° le nom de *Rhyncophorus* s'appliquant à des espèces exotiques et celui de *Calandra* ayant été appliqué à des espèces d'Europe du genre *Sitophilus* de Schœnherr notamment, ils peuvent subsister tous les deux; 2° un nom a beau ne pas être tiré du grec il ne doit pas être rejeté pour cela; 3° je ne sais comment Ljung, cité par Schœnherr, s'est en vain efforcé de trouver l'étymologie grecque du nom en question, car je vois, p. 399, dans un fort bon petit lexique grec-latin, imprimé à Leipsig, κάλανδρα (ἡ), κάλανδρος (ὁ), genus alaudæ.

premier long, le deuxième petit, spongieux (Pl. 29. Fig. 140. *a*.). Prothorax allongé-oblong, tronqué ou très légèrement bisinué à la base, atténué antérieurement, resserré au sommet. Ecusson petit, un peu triangulaire ou subarrondi. Elytres oblongues, subdéprimées supérieurement, obtusément angulées aux épaules, atténuées en arrière, arrondies ensemble au sommet, laissant à découvert le pygidium. Hanches antérieures assez écartées à leur base. Jambes armées d'un fort crochet au sommet, les antérieures le plus souvent intérieurement crénelées; ongles des tarses simples. — *κάλανδρα*, sorte d'alouette.

Ce genre renferme un certain nombre de petites espèces qui vivent dans les grains, deux seulement se trouvent en Europe; la *C. granaria*, malheureusement trop connue sous le nom de Calandre, Charançon du blé, etc., attaque le froment et nous cause parfois de très grands dommages; l'*oryzæ*, évidemment importée, se trouve dans les grains de riz.

Groupe 5. COSSONITES.

Cossonides. Schh. Gen. et Sp. Curc. IV. 989 et VIII. pars 2. 265. — Calandrites. Casteln. H. nat. Col. 2. 363.

Antennes courtes, insérées tantôt vers le milieu du bec, ou parfois derrière lui plus proche de la base, tantôt au contraire vers le sommet; funicule de 7 articles; massue indistinctement articulée ou subsolide. Hanches antérieures plus ou moins écartées à leur base.

G. 133. COSSONUS. Clairv. (Pl. 29. Fig. 141. *C. linearis*. Fabr.)

Clairv. Ent. Helv. I. p. 58. — Schh. Gen. et Sp. Curc. IV. 994. 394 et VIII. pars 2. 266.

Corps allongé, linéaire, tantôt déprimé et tantôt légèrement convexe. Yeux latéraux, arrondis ou ovalaires, faiblement convexes. Bec généralement assez allongé, le plus souvent fortement épaissi et dilaté vers l'extrémité, un peu comprimé, assez étroit à la base, plus ou moins légèrement arqué; scrobe bien marqué, allongé, fortement infléchi en dessous, très oblique. Antennes médiocres, insérées en avant du milieu vers le sommet du bec; funicule de 7 articles, les deux premiers courtement obconiques, 3 à 7 encore plus courts, transverses, lenticulaires ou subperfoliés, devenant graduellement plus larges; massue grande, ovalaire, spongieuse au sommet, subsolide (Pl. 29, Fig. 141. *a*.). Prothorax oblong, tronqué ou légèrement bisinué à la base, plus étroit en avant, resserré au sommet. Ecusson bien distinct. Elytres allongées, linéaires, tronquées à la base, arrondies ensemble au sommet. Hanches antérieures assez écartées à leur base. Jambes armées d'un fort crochet au sommet; tarses étroits, ongles simples. — *κόσσος*, soufflet.

Les *Cossonus* ont des mœurs tout à fait différentes de celles des genres précédents et se rapprochant de celles des Xylophages; on les trouve en effet généralement, comme ces derniers, dans les vieux troncs d'arbres ou sous les écorces.

G. 134. MESITES. Schh. (Pl. 29. Fig. 142. *M. cunipes*. Schh.)

Schh. G. et Sp. Curc. IV. 1043. 396 et VIII. pars 2. 276. — Cossonus. Steph. Ill. IV. 7 et Man. 210 et 216. 341.

Corps allongé, linéaire, légèrement convexe ou subdéprimé supérieurement. Yeux latéraux, arrondis, modérément ou peu convexes. Bec légèrement allongé, deux fois environ aussi long que la tête, un peu épaissi chez les mâles, légèrement dilaté vers l'insertion des antennes chez les femelles, défléchi, subcylindrique, légèrement ou à peine arqué; scrobe chez les premiers commençant avant le milieu du bec, profond, fortement infléchi, oblique; court, basilaire et caverneux chez les femelles. Antennes un peu épaissies, surtout chez les mâles, insérées immédiatement derrière le milieu chez ceux-ci, plus proche de la base chez ces dernières; funicule de 7 articles, les deux premiers subturbinés, assez courts ou légèrement allongés et subobconiques, 3 à 7 transverses, assez serrés, un peu perfoliés, devenant graduellement plus larges; massue petite, courtement ovale, indistinctement biarticulée, spongieuse au sommet (Pl. 29. fig. 142. *a*.). Prothorax oblong, tronqué à la base, médiocrement arrondi sur les côtés, plus étroit antérieurement, resserré au sommet. Ecusson petit, un peu élevé, subarrondi. Elytres allongées, linéaires, subcylindriques, tronquées à la base, obtusément angulées aux épaules, arrondies ensemble au sommet. Hanches antérieures assez écartées à leur base. Jambes armées d'un fort crochet au sommet; tarses étroits, ongles simples. — *μεσίτης*, intermédiaire.

Ce genre ne renferme que quelques espèces que l'on trouve, de même que les *Cossonus*, dans les vieux troncs d'arbres ou sous les écorces; le *pallidipennis* n'est pas rare à la Teste, sous les écorces des pins recouverts par la marée.

G. 135. PHLOEOPHAGUS. Schh. (Pl. 30. Fig. 143. *P. æneopiceus*. Schh.)

Schh. Gen. et Sp. Curc. IV. 1047. 397. et VIII. pars 2. 278.

Corps allongé ou oblong, tantôt légèrement, tantôt au contraire assez convexe. Yeux latéraux, ovalaires ou un peu arrondis, subdéprimés ou peu convexes. Bec variant beaucoup, tantôt légèrement allongé, un peu plus long que la tête, assez fort, faiblement arqué (*P. lignarius*), tantôt plus allongé, de la longueur du prothorax, moins épais, un peu arqué (*P. uncipes* et *cuneipennis*), parfois court et épais, guère plus long ni moins épais que la tête (*P. æneo-piceus*), défléchi, cylindrique; scrobe bien marqué, linéaire, commençant vers le milieu du bec ou proche du sommet, plus ou moins fortement infléchi, arqué ou oblique. Antennes assez minces, insérées généralement vers le milieu du bec ou un peu au devant; funicule de 7 articles, les deux premiers légèrement allongés ou assez courts, subobconiques, 3 à 7 généralement courts, transverses, un peu lenticulaires, devenant graduellement plus larges, parfois arrondis; massue ovalaire ou ovale-oblongue, indistinctement articulée, spongieuse au sommet (Pl. 30. Fig. 143. *a*.). Prothorax le plus souvent oblong ou du moins aussi long que large, tronqué à la base, presque également arrondi sur les côtés, rétréci en avant, faiblement ou à peine resserré au sommet. Ecusson petit, subarrondi. Elytres oblongues, supérieurement convexes, parfois subcylindriques, tronquées à la base, plus ou moins obtusément ou même parfois rectangulairement angulées aux épaules, arrondies ensemble au sommet. Hanches antérieures faiblement écartées à leur base. Jambes armées d'un fort crochet au sommet ; tarses étroits, ongles simples. — φλοιός, écorce ; φάγω, je mange.

Les *Phloeophagus* ont des mœurs analogues à celles des genres voisins, ils vivent comme eux sous les écorces. Les uns ont la plus grande ressemblance avec les *Rhyncolus* (*P. æneo-piceus*) ; les autres ont plutôt l'aspect des *Mesites* (*P. lignarius*) ; quelques-uns ressemblent extrêmement aux *styphlus* (*P. uncipes*, Schh., et *cuneipennis*, Aubé) ; celui-ci a même été placé par M. Aubé dans ce dernier genre, mais c'est une espèce très voisine du *P. uncipes*, d'après le type même que M. Aubé m'a obligeamment communiqué. Il faut rapporter aux *Phloeophagus* le genre *Cotaster* dont M. Motschoulsky a parlé sans le caractériser, dans une des séances de la Société entomologique de France (année 1850. Bull. p. LXV), genre fondé sur l'*uncipes* et une très remarquable espèce (*C. littoralis*, Motsch.) trouvée, dit cet auteur, aux environs de Marseille, sous des fucus rejetés par la mer. Cette espèce, que plusieurs entomologistes croient étrangère, a vraiment en effet le faciès exotique.

G. 136. RHYNCOLUS. Creutz. (Pl. 30. Fig. 144. *R. truncorum*. Germ.)

Creutz. Germ. Mag. II (1817). — Schh. Gen. et Sp. Curc. IV. 1056. 398 et VIII pars 2. 280.

Corps allongé ou oblong, subcylindrique. Yeux latéraux, arrondis, déprimés ou faiblement convexes. Bec subdéfléchi, tantôt très court, de la largeur ou presque de la largeur de la tête, et alors non ou à peine plus long, tantôt moins court, subcylindrique, un peu plus long et plus étroit que cette dernière ; scrobe profond, plus ou moins oblique, le plus souvent fortement infléchi en dessous, parfois cependant montant presque vers le milieu de l'œil. Antennes assez courtes, un peu épaissies, insérées vers le milieu du bec ou parfois un peu plus proche de la base ; funicule de 7 articles, le premier plus grand, turbiné, épaissi, les suivants courts, serrés, un peu perfoliés, devenant légèrement et graduellement plus larges ; massue petite, ovalaire ou ovale-oblongue, indistinctement quadriarticulée, comme spongieuse (Pl. 30. fig. 144 *a*.). Prothorax oblong ou subovalaire, tronqué à la base et au sommet, généralement plus ou moins arrondi sur les côtés derrière le milieu, un peu plus étroit en avant et le plus souvent légèrement resserré au sommet. Ecusson petit, arrondi. Elytres non ou guère plus larges que le prothorax, plus ou moins allongées, linéaires, convexes, obtusément arrondies ensemble au sommet, recouvrant entièrement l'abdomen. Pattes courtes ; hanches antérieures faiblement écartées à leur base ; jambes armées d'un fort crochet au sommet extérieurement ; tarses plus ou moins étroits ou grêles, ongles simples. — ῥύγχος, bec ; κόλος, tronqué.

Les *Rhyncolus* vivent sous les écorces ou dans le bois mort qu'ils perforent ; on les trouve en général assez indifféremment sur diverses espèces d'arbres, tels que les ormeaux, les chênes, les saules, les pins, etc.

Groupe 6. DRYOPHTHORITES.

Dryophthorides. Schh. Gen. et Sp. Curc. IV. 1088 et VIII pars 2. 288. — Calandrites Casteln. H. nat. Col. 2. p. 363.

Antennes courtes, insérées derrière le milieu du bec, plus proche de la base que du sommet ; funicule de 4 articles ; massue grande, subsolide. Hanches antérieures écartées à leur base. Tarses de 5 articles bien distincts.

G. 137. DRYOPHTHORUS. Schh. (Pl. 30. Fig. 145. *D. lymexylon*. Fabr.)

Schh. Curc. Disp. Meth. 332. — Schh. Gen. et Sp. Curc. IV. 1088. 404.

Corps allongé, médiocrement convexe. Yeux latéraux, déprimés, ovalaires. Bec subdéfléchi, assez allongé, faiblement arqué, subcylindrique; scrobe court et profond, large en arrière, son bord supérieur presque droit, l'inférieur infléchi en dessous. Antennes courtes, assez fortes, insérées derrière le milieu du bec vers la base, scape de la longueur du reste de l'antenne; funicule de 4 articles, les deux premiers courtement obconiques, premier toutefois un peu plus grand, les deux autres serrés, transverses, graduellement plus larges; massue grande, ovalaire, subsolide, spongieuse au sommet (Pl. 30. Fig. 145. *a.*). Prothorax oblong, tronqué à la base et au sommet, un peu arrondi sur les côtés, plus étroit antérieurement, fortement resserré au sommet. Ecusson indistinct. Elytres allongées-oblongues, un peu plus larges que le prothorax à leur base, obtusément angulées aux épaules, atténuées postérieurement, carénées de chaque côté au sommet, médiocrement convexes, arrondies ensemble à l'extrémité. Hanches antérieures un peu écartées à leur base. Jambes armées d'un fort crochet au sommet; tarses grêles, de 5 articles (1), ongles simples. — Δρῦς, arbre; φθείρω, je détruis.

Les *Dryophthorus* ont des mœurs analogues à celles du genre précédent; on les trouve de même dans le bois mort ou sous les écorces.

(1) Nous retrouvons ici comme dans les Brenthites des tarses pentamères, parce que le 4ᵉ article, ordinairement rudimentaire et caché, a pris un développement insolite. (Voir p. 11, note 1.)

ADDITIONS ET CORRECTIONS

A LA FAMILLE DES CURCULIONIDES.

Page 4, ligne pénultième. — *Au lieu de :* Menton fortement échancré ; *lisez :* sous-menton fortement échancré, cordiforme.

Page 5, ligne dernière. — *Après ces mots :* en partie couverts par une pièce cornée fortement cordiforme ; *ajoutez :* nommée sous-menton.

Page 15, ligne 3. — *Au lieu de :* Il (le genre *Foucartia*) ne renferme qu'une seule espèce dont les mœurs nous sont inconnues ; *mettez :* Il ne renferme qu'une seule espèce trouvée au mois de mai, par M. Crémière, sur de vieux pieds de luzerne usés, à l'abri d'un coteau, près Loudun, département de la Vienne. Nous devons ces renseignements à M. Crémière lui-même, qui nous les a communiqués par l'intermédiaire de M. Javet.

Page 18, lignes 14 et suivantes.—Genre 33. MESAGROICUS. Nous représentons, pl. 30, fig. 146, le *Mesagroicus obscurus* Schh., n'ayant pu, faute de type, figurer en son lieu ce genre. Quant aux caractères génériques, exposés d'après Schœnherr, nous n'avons à y apporter que les modifications suivantes : Corps oblong. Premier article du funicule des antennes moitié (*M. obscurus*) ou le double (*M. piliferus*) plus long que le second. Prothorax régulièrement (au lieu de médiocrement) arrondi sur les côtés. Ecusson petit ou à peine visible.

Page 19, ligne 39. — *Au lieu de : C. pollinosus* F. ; *lisez : C. pollinosus* Oliv., ou mieux *graminicola* Schh., le *pollinosus* F. étant une autre espèce. La même correction doit être faite : pl. 7, n° 35.

Page 27, note 1. — *Ajoutez*, à la suite du *Plinthus nivalis*, la description d'une seconde espèce nouvelle très remarquable, qui nous a été communiquée par M. Chevrolat, auquel nous l'avons dédiée comme une faible marque de notre reconnaissance pour toutes ses bontés.

PLINTHUS CHEVROLATI. Jacquelin du Val. — Oblongo-ovatus, brunneus, parce breviter pubescens, capite, rostro, antennis pedibusque ferrugineis ; prima crebre punctulata, secundo rugoso-punctato, obsoletius striolato ; thorace subovato, antice late coarctato, sat fortiter punctato, granulato, medio obsolete carinato, ante scutellum impresso ; elytris ovatis, convexis, dorso deplanatis, punctato-striatis, interstitiis omnibus granulatis, alternis carinatis, secundo quartoque ante apicem callo notatis ; femoribus muticis. — Long. 4 1/3 millim. — Saumur.

Page 31, ligne 17. — *Au lieu de :* CHOEBIUS ; *lisez*. CHLOEBIUS.

Page 32, ligne 4. — *Ajoutez* à la synonymie du genre *Phyllobius :* Nemoicus Steph. Man. n° 401. p. 249 et 214.

Page 48, ligne 37. — *Au lieu de* : Pl. 21, Fig. 102 *a*; *lisez* : Pl. 21. Fig. 102 *bis*. *A. carpini*. Herbst.

Page 63. — *Ajoutez* à la suite du genre *Trachodes* la description du genre nouveau suivant :

G. 105 *bis*. AUBEONYMUS. Jacq. du Val. (Pl. 30. Fig. 147. *A. pulchellus*. J. du Val.)

Corps ovale-oblong, peu convexe. Yeux latéraux, déprimés, ovalaires. Bec environ de la longueur du prothorax, linéaire, arqué, cylindrique; scrobe commençant vers le sommet du bec, linéaire, son bord inférieur infléchi en dessous, le supérieur obliquement dirigé vers la partie inférieure de l'œil. Antennes assez longues et grêles, insérées vers le sommet du bec environ au tiers antérieur; funicule de 7 articles, les deux premiers allongés, obconiques, premier toutefois un peu plus épais, 3 à 6 courts, subovalaires, 6 et 7 un peu plus larges et subarrondis; massue ovale-oblongue (Pl. 30. Fig. 147. *a*.). Prothorax arrondi et prolongé en arrière à la base, un peu arrondi sur les côtés en avant, brusquement resserré au sommet où il est un peu prolongé dans son milieu, lobé derrière les yeux, fortement échancré en dessous, obsolètement sillonné au devant des hanches antérieures. Elytres subovalaires, fortement échancrées ensemble à la base, un peu plus larges seulement que le prothorax, à épaules subacuminées, antérieurement saillantes. Jambes armées d'un crochet au sommet; ongles des tarses simples. — Aubei ; ὄνυμα, nom.

Ce genre remarquable est très voisin des *Hypsomus*, qui proviennent tous de la Cafrerie. Il nous a été obligeamment communiqué par M. Aubé, l'un des plus éminents entomologistes de notre époque, en l'honneur duquel j'ai été heureux de le nommer; il ne renferme qu'une seule espèce (1) dont les mœurs nous sont inconnues.

(1) AUBEONYMUS PULCHELLUS. Jacq. du Val. — Oblongo-ovatus, niger, maculis sericeis pallide flavis supra sparsim variegatus, subtus cinereo squamulosus; rostro obscure ferrugineo, punctato-striolato; thorace confertim punctulato, latitudine vix breviore; elytris nigro-piceis, lateribus atque postice late ferrugineo marginatis, remote punctato-striatis, stria juxta suturali magis impressa; antennis pedibusque ferrugineis. — Long. 4 mill. — Sicile.

TABLEAUX SYNOPTIQUES

DE LA FAMILLE DES CURCULIONIDES.[1]

Tableau 1. Divisions et Groupes.

	Groupes.	Tableaux.
DIVISION I. — Antennes non coudées; premier article ou scape peu allongé; bec n'offrant point généralement de scrobe.		
A. Elytres laissant plus ou moins à découvert postérieurement le dernier segment abdominal ou pygidium. Bec souvent très court.		
× Bec généralement court, élargi, toujours plus ou moins plane.		
† Tarses de quatre articles bien distincts, le pénultième bilobé. Antennes rarement en massue, graduellement épaissies en dehors et très souvent dentées ou même pectinées.	1. Bruchites.	2. (2).
†† Tarses moins distinctement quadriarticulés, troisième article ordinairement inclus dans une forte échancrure du deuxième. Antennes le plus souvent en massue.	2. Anthribites.	3.
×× Bec plus ou moins allongé, subcylindrique ou filiforme.	3. Attelabites.	4.

(1) Ma première intention fut de donner des tableaux dichotomiques; mais, cherchant toujours le mieux et l'utile, j'ai pensé depuis que des tableaux synoptiques étaient préférables; car, tout en étant au fond dichotomiques, puisqu'ils nous présentent sans cesse deux phrases opposées, ils offrent l'avantage de nous montrer les rapports des groupes et des genres, tandis que l'on marche en aveugle dans les autres.

(2) D'après M. Spinola (et M. Lacordaire, Monog. des Col. subp. de la fam. des Phytoph., adopte et soutient cette opinion), les Bruchites devraient être séparés des Curculionides et former une famille à part faisant le passage aux Chrysomélides. M. Lacordaire s'appuie sur ce que ces insectes n'ont point la tête distinctement prolongée en forme de bec antérieurement, ni les antennes insérées sur le museau, et surtout sur ce que leur sous-menton ou pièce prébasilaire est uni au menton par une suture droite comme chez les chrysomélides, tandis que tous les autres Curculionides ont le sous-menton en croissant fortement échancré. Cette opinion ne me paraît pas pouvoir être adoptée; en effet, d'une part, les larves et les mœurs des Bruchites sont tout à fait semblables à celles des autres Curculionides, de l'autre, je crois que M. Lacordaire s'est

	Groupes.	Tableaux.
B. Elytres couvrant entièrement l'abdomen. Bec toujours plus ou moins long.		
× Segments ventraux plus ou moins subégaux, rarement soudés en partie. Ecusson distinct.		
† Bec avancé, très rarement subinfléchi. Pattes postérieures simples.		
* Tête courte, transverse; yeux très saillants. Bec le plus souvent un peu dilaté au sommet. Elytres allongées ou oblongues.	4. RHINOMACÉRITES.	5.
** Tête plus ou moins allongée derrière les yeux, non transverse. Bec cylindrique ou filiforme. Elytres ovalaires ou ovales-oblongues, convexes. Corps ordinairement petit, plus ou moins pyriforme.	5. APIONITES.	6.
†† Bec fortement infléchi, s'appliquant contre la poitrine. Pattes postérieures propres au saut, leurs cuisses très renflées.	6. RHAMPHITES.	7.
×× Premier et deuxième segments ventraux très longs, soudés ensemble, troisième et quatrième très courts, dernier semi-circulaire. Ecusson invisible.	7. BRENTHITES.	8.

DIVISION II. — Antennes ordinairement coudées au deuxième article; scape généralement allongé; bec offrant un sillon rostral ou scrobe; (scape parfois très court, antennes non ou peu distinctement coudées, mais bec alors toujours pourvu d'un scrobe bien distinct et recevant le scape).

exagéré l'importance des caractères précités. Les *Urodon*, qu'on ne peut séparer des Bruchites, tout en n'ayant pas la tête plus distinctement prolongée que ceux-ci, ont les antennes certainement insérées sur les côtés du museau, et la forme de leur sous-menton, de leur menton et des autres parties de la bouche me paraît intermédiaire entre celles des mêmes parties chez les Bruchites et les autres Curculionides. Le genre *Choragus* et deux autres genres exotiques voisins, qui du reste offrent tous les autres caractères du groupe des Anthribites, devraient alors être aussi séparés des Curculionides, car chez eux le bec est parfois extrêmement court, et les antennes, par une très remarquable exception, sont insérées sur les côtés du front; j'ignore du reste quelle est la forme du sous-menton et du menton dans ces genres. Un caractère n'a de valeur et ne doit, je crois, être élevé au rang de caractère de famille, qu'autant qu'il est constant et ne vient pas détruire des rapports naturels. Tel caractère du reste peut être ici très important et là tout à fait sans valeur, nos classifications en offrent mille exemples, la nature s'étant plu à varier les caractères de même que les mœurs, les formes et les couleurs.

Groupes — Tableaux

SECTION 1. — Bec généralement plus ou moins épais, assez court et peu arqué (parfois cependant allongé, cylindrique). Antennes insérées plus ou moins proche du sommet du bec, et souvent au coin de la bouche.

A. Antennes courtes, non distinctement coudées, ordinairement de 8 à 9 articles, scape court et obconique, dernier article solide, tronqué, formant la massue. . 1. BRACHYCÉRITES. 9.

B. Antennes coudées, de 12 articles, scape plus ou moins long ; massue de 4 articles.

× Scrobe sous-oculaire, courbé ou oblique.

† Prothorax égal inférieurement devant les pattes antérieures, non canaliculé pour recevoir le bec.

* Bec généralement court, épais, presque de la largeur de la tête ; le plus souvent subangule, plane en dessus ; presque horizontal ou légèrement incliné. . . . . 2. BRACHYDÉRITES. 10.

** Bec tantôt plus ou moins épaissi et tantôt cylindrique, généralement assez allongé ; plus ou moins arrondi, rarement subangulé ; défléchi ou penché, plus étroit que la tête. . . . . 3. CLÉONITES. 11.

†† Prothorax plus ou moins canaliculé en dessous pour recevoir le bec. Tarses le plus souvent étroits, garnis de soies inférieurement. . . . . 4. BYRSOPSITES 12.

×× Scrobe généralement presque droit et montant postérieurement vers le milieu de l'œil. . . . . 5. OTIORHYNCHITES. 13.

SECTION 2. — Bec généralement cylindrique ou filiforme, plus ou moins allongé, rarement plus court que le prothorax. Antennes insérées avant ou proche le milieu du bec, jamais au coin de la bouche.

A. Funicule des antennes de plus de 4 articles. Tarses seulement de 4.

× Massue distinctement articulée de 3 ou 4 articles.

† Funicule de 6 ou 7 articles bien distincts.

* Hanches antérieures rapprochées à leur base, poitrine non canaliculée (1) devant les pattes antérieures. . . . . 1. ERIRHINITES. 14.

(1) Le genre *Aubeonymus* seul offre la poitrine obsolètement canaliculée en avant.

	Groupes.	Tableaux
** Hanches antérieures le plus souvent écartées, parfois rapprochées à leur base, mais alors poitrine toujours distinctement canaliculée en avant..	2. Cryptorhynchites	15.
†† Funicule des antennes de 6 articles; massue de 3 ou de 4.	3. Cionites.	16.
×× Massue de deux articles seulement ou indistinctement articulée, subsolide.		
† Antennes insérées vers la base du bec. Funicule de 6 articles..	4. Rhyncophorites.	17.
†† Antennes courtes, insérées vers le milieu du bec ou derrière lui plus proche de la base. Funicule de 7 articles.	5. Cossonites.	18.
B. Funicule des antennes de 4 articles seulement. Tarses de 5 articles bien distincts.	6. Dryophthorites.	19.

Tableau 2. Groupe des Bruchites.

A. Premier article des tarses postérieurs très allongé, au moins aussi long que la moitié de la jambe. Yeux plus ou moins échancrés.		
× Tête offrant un cou distinct. Yeux saillants. Jambes postérieures n'offrant au sommet qu'une petite épine fine. G.	1. *Bruchus.*	p. 2.
×× Tête sans cou distinct. Yeux subdéprimés. Jambes postérieures offrant au sommet deux fortes épines mobiles.. . . . . G.	2. *Spermophagus.*	p. 2.
B. Premier article des tarses guère plus long que les suivants. Yeux arrondis, presque entiers. Antennes en massue. . . . . G.	3. *Urodon.*	p. 3.

Tableau 3. Groupe des Anthribites.

A. Antennes insérées sur les côtés du bec, sous les bords latéraux et généralement vers le milieu.		
× Antennes insérées dans une fossette transverse, infléchie en dessous, bien distincte. Prothorax égal. G.	4. *Brachytarsus.*	p. 3.
×× Antennes insérées dans une fossette plus ou moins large, généralement arrondie. Prothorax offrant une ligne élevée transversalement au devant de la base.		

† Yeux plus ou moins arrondis.

* Yeux médiocrement saillants. Front égal.

⊙ Massue des antennes à articles rapprochés. . G. 5. *Tropideres.* p. 4.

⊙⊙ Massue des antennes à articles un peu écartés.

α. Prothorax légèrement rétréci antérieurement. Corps allongé, subcylindrique. . . . . G. 6. *Enedreutes.* p. 4.

β. Prothorax conique, fortement rétréci antérieurement. Corps oblong. . . . . G. 7. *Cratoparis.* p. 5.

** Yeux très saillants. Front impressionné. . . . G. 8. *Platyrhinus.* p. 5.

†† Yeux échancrés antérieurement, plus ou moins réniformes. G. 9. *Anthribus.* p. 5.

B. Antennes insérées sur les côtés du front, au bord antérieur des yeux.. . . . . G. 10. *Choragus.* p. 6.

TABLEAU 4. GROUPE DES ATTELABITES.

A. Tête fortement rétrécie en arrière, postérieurement étranglée en un cou étroit bien distinct. Antennes de 12 articles . . . . G. 11. *Apoderus.* p. 6.

B. Tête non rétrécie postérieurement et sans cou distinct. Antennes de 11 articles.

× Bec épais, un peu plus court que la tête. Jambes offrant au sommet une ou deux épines distinctes. . . G. 12. *Attelabus.* p. 7.

×× Bec plus ou moins allongé. Jambes dépourvues d'épines au sommet. . . . . G. 13. *Rhynchites.* p. 7.

TABLEAU 5. GROUPE DES RHINOMACÉRITES.

A. Elytres oblongues, convexes, un peu élargies en arrière. Massue des antennes à articles faiblement écartés. . G. 14. *Auletes.* p. 8.

B. Elytres allongées, linéaires, médiocrement convexes (plus rarement oblongues mais bec alors subinfléchi). Massue des antennes à articles un peu écartés.

× Ongles des tarses très fortement bifides. Prothorax oblong . . . . G. 15. *Rhinomacer.* p. 8.

×× Ongles des tarses simples . . . . G. 16. *Diodyrhynchus.* p. 9.

TABLEAU 6. GROUPE DES APIONITES.

Un seul genre d'Europe . . . . G. 17. *Apion.* p. 9.

TABLEAU 7. GROUPE DES RHAMPHITES.

Un seul genre Européen . . . . G. 18. *Rhamphus.* p. 10.

TABLEAU 8. GROUPE DES BRENTHITES.

Un seul genre d'Europe.. . . . . G. 19. *Amorphocephalus*. p. 11

TABLEAU 9. GROUPE DES BRACHYCÉRITES

Un seul genre Européen. . . . . G. 20. *Brachycerus*. p. 12.

TABLEAU 10. GROUPE DES BRACHYDÉRITES.

A. Corps aptère, le plus souvent ovalaire ou ovale-oblong; épaules arrondies, non saillantes.

× Bec séparé du front par une profonde incision transverse; mandibules fortes et saillantes; métathorax grand, découvert, très distinct. . . . . G. 21. *Psalidium*. p. 12.

×× Bec au plus séparé du front par une petite ligne imprimée, transverse; mandibules rarement saillantes; métathorax recouvert.

† Bec presque horizontal ou tout au plus incliné, généralement très court; prothorax jamais lobé ni cilié derrière les yeux.

* Articles 3 à 7 du funicule courts, tout au plus aussi longs que larges.

⊙ Scrobe élargi en arrière, presque triangulaire, son bord supérieur montant vers le milieu de l'œil. Bec fortement sillonné. . . . . G. 21 *bis*. *Baryplithes*. p. 13.

⊙⊙ Scrobe plus ou moins linéaire.

α. Bec légèrement ou à peine échancré au sommet. Antennes revêtues de poils raides. . . . . G. 22. *Thylacites*. p. 13.

β. Bec profondément échancré au sommet.

1. Premier article du funicule plus long que le second.

• Bec généralement séparé du front par une ligne imprimée transverse. Antennes assez courtes; scape atteignant le milieu des yeux. Prothorax un peu plus étroit en avant. . . . . G. 23. *Cneorhinus*. p. 14.

•• Tête sans ligne imprimée transverse à la base du bec. Antennes assez allongées et grêles; scape dépassant les yeux. Prothorax également arrondi sur les côtés. . . . . G. 24. *Foucartia*. p. 14.

2. Les deux premiers articles du funicule subégaux.

• Scrobe non ou à peine courbé, très oblique. Yeux très saillants. . . . . G. 25. *Strophosomus*. p. 25.

•• Scrobe courbé, infléchi. Yeux peu saillants. G. 26. *Sciaphilus*. p. 25.

** Articles du funicule tous assez allongés, obconiques. Antennes longues et grêles.

⊙ Bec très court; scrobe non ou très peu courbé, nullement infléchi, oblique. Corps allongé. . G. 27. *Brachyderes*. p. 16.

⊙⊙ Bec un peu plus étroit que la tête; scrobe court, infléchi, un peu courbé. Corps oblong. . G. 28. *Eusomus*. p. 16.

†† Bec infléchi, un peu plus long et plus étroit que la tête. Prothorax lobé ou distinctement cilié derrière les yeux. Mandibules fortes, un peu saillantes.

* Prothorax un peu moins long que large, distinctement lobé et cilié derrière les yeux, largement échancré en dessous. . . . . G. 29. *Phænognathus*. p. 16.

** Prothorax aussi long que large, obscurément lobé derrière les yeux, fortement cilié. . . . . . . G. 30. *Amomphus*. p. 17.

B. Corps ailé, toujours oblong; épaules obtusément angulées et saillantes.

× Jambes antérieures n'offrant point de crochet au sommet.

† Ongles des tarses écartés, non soudés à leur base.

* Scape dépassant le bord postérieur des yeux. Scrobe assez court, élargi en arrière. Prothorax oblong. G. 31. *Tanymecus*. p. 17.

** Scape atteignant au plus au bord postérieur des yeux. Scrobe arqué, linéaire.

⊙ Premier article du funicule un peu plus long que le second, septième appliqué contre la massue. Prothorax rétréci en avant et en arrière. Jambes antérieures non crénelées. . . . . G. 32. *Sitones*. p. 17.

⊙⊙ Premier article du funicule moitié plus long que le second, septième non appliqué contre la massue. Prothorax régulièrement arrondi sur les côtés. Jambes antérieures finement crénelées. . . . . . . G. 33. *Mesagroicus*. p. 18.

†† Ongles des tarses rapprochés, soudés à leur base.

* Les deux premiers articles du funicule allongés, subégaux; massue le plus souvent oblongue.

⊙ Tête très épaisse. Bec offrant un espace antérieur lisse, presque semi-circulaire, circonscrit par une ligne courbe transverse. . . . . G. 35. *Scythropus*. p. 18.

⊙⊙ Bec sans espace antérieur lisse et sans ligne courbe transverse . . . . G. 36. *Polydrosus*. p. 19.

** Premier article du funicule plus long que le second; massue ovalaire ou ovale-oblongue.

⊙ Corps entièrement hérissé de petites soies courtes. Scrobe coudé, étroit. Antennes grêles. . . G. 34. *Chærodrys.* p. 18.

⊙⊙ Corps finement pubescent ou simplement revêtu de squamules. Scrobe profond, arqué. Antennes assez épaisses . . . . G. 37. *Metallites.* p. 19.

×× Jambes antérieures armées d'un crochet au sommet. . . . . G. 38. *Chlorophanus.* p. 19.

Tableau 11. Groupe des Cléonites.

A. Dernier article du funicule des antennes fortement appliqué contre la massue qui se trouve ainsi graduellement formée, oblongue. Bec médiocrement allongé, épaissi, le plus souvent caréné ou canaliculé en dessus. . . . G. 39. *Cleonus.* p. 20.

B. Dernier article du funicule plus ou moins distinctement séparé de la massue qui se trouve en général ainsi brusquement formée; rarement grand et un peu serré contre elle, mais alors massue ovalaire et bec assez allongé, cylindrique.

× Bec court, épais, le plus souvent subangulé, non ou guère plus long que la tête. Scape atteignant distinctement les yeux ou parfois même les dépassant.

† Articles 3 à 7 du funicule des antennes plus ou moins obconiques, au moins en partie.

* Corps ovalaire ou ovale-oblong. Jambes antérieures n'offrant point ordinairement de crochet au sommet; ongles des tarses rapprochés, soudés à leur base. G. 41. *Liophlœus.* p. 2.

** Corps allongé. Jambes antérieures crénelées intérieurement, armées d'un crochet au sommet; ongles des tarses libres. . . . . G. 42. *Geonemus.* p. 2.

†† Articles 3 à 7 du funicule courts, un peu arrondis.

* Bec et prothorax canaliculés en dessus; scrobe fortement infléchi vers le dessous de l'œil. Ongles des tarses libres. . . . . G. 43. *Barynotus.* p. 22.

** Bec et milieu du prothorax carénés; scrobe assez court, se terminant visiblement avant d'atteindre aux yeux. Ongles des tarses rapprochés, soudés à leur base. . . . . G. 44 *Tropiphorus.* p. 23.

×× Bec notablement plus long que la tête, le plus ordinairement aussi long que le prothorax, généralement faiblement épaissi, cylindrique. Scape le plus souvent n'atteignant point tout à fait aux yeux.

† Antennes courtes, le premier article du funicule seul légèrement allongé, obconique. Ecusson nul. Tarses étroits, nullement spongieux en dessous. G. 45. *Myniops.* p. 23.

†† Antennes seulement médiocres, les deux premiers articles du funicule ordinairement plus ou moins allongés, obconiques. Ecusson très petit, mais toutefois le plus souvent distinct. Tarses, au moins les antérieurs, plus ou moins élargis, généralement spongieux en dessous.

* Jambes offrant un crochet bien marqué au sommet.

— Corps ailé.

⊙ Funicule des antennes de 6 articles apparents seulement. Corps très petit, ovalaire. . . . . G. 47. *Tanysphyrus.* p. 24.

⊙⊙ Funicule des antennes de sept articles bien distincts. Corps ovale-oblong.

α. Prothorax point lobé derrière les yeux, ni fortement échancré en dessous. Bec simple, penché. . . . . G. 46. *Lepyrus.* p. 24.

β. Prothorax distinctement lobé derrière les yeux, fortement échancré en dessous. Bec fortement défléchi. . . . . G. 48. *Hylobius.* p. 24.

= Corps aptère.

⊙ Toutes les jambes armées au sommet d'une forte crête tranchante, terminée en dedans par un long ou fort crochet.

α. Tous les tarses élargis et spongieux en dessous, simplement sillonnés. . . . . G. 49. *Molytes.* p. 25.

β. Tarses postérieurs assez étroits, en grande partie glabres inférieurement. . . . . G. 50. *Trysibius.* p. 25.

γ. Tarses postérieurs allongés, étroits, presque entièrement glabres inférieurement. Prothorax longitudinalement caréné en dessus. Elytres sculptées. . . . . G. 51. *Anisorhynchus.* p. 26.

⊙⊙ Jambes sans crête tranchante bien marquée au sommet, simplement armées d'un crochet petit ou médiocre.

α. Corps ovalaire ou subarrondi. Scrobe un peu infléchi, dirigé vers la partie inférieure de l'œil. Deuxième article du funicule plus court que le premier.

• Corps ovalaire; épaules un peu angulées. Tarses spongieux endessous. . . . . G. 52. *Leiosomus.* p. 26.

•• Corps subarrondi, hérissé de petites soies courtes;

épaules arrondies. Tarses non spongieux en dessous. . . . . G. 53. *Adexius*. p. 27.

β. Corps ovale-oblong ou allongé. Scrobe nullement infléchi, dirigé vers le milieu de l'œil. Les deux premiers articles du funicule subégaux. G. 54. *Plinthus*. p. 27.

** Jambes n'offrant point de crochet au sommet ou n'offrant qu'une très courte épine.

— Corps aptère. Bec un peu épaissi vers l'extrémité, canaliculé en dessus; scrobe fortement infléchi. . . . . G. 40. *Alophus*. p. 21.

= Corps généralement ailé. Bec cylindrique; scrobe simplement oblique.

⊙ Corps ovalaire ou ovale-oblong. Yeux plus ou moins déprimés. Scrobe nullement effacé en arrière.

α. Bec généralement de la longueur du prothorax; scrobe obliquement dirigé vers l'œil. Les deux premiers articles du funicule seulement obconiques.

* Funicule des antennes de 7 articles bien distincts. G. 55. *Phytonomus*. p. 28.

** Funicule des antennes de 6 articles. . . G. 56. *Limobius* p. 28.

β. Bec de la longueur de la tête et du prothorax, assez mince; scrobe montant vers le milieu de l'œil, légèrement oblique. Les trois premiers articles du funicule obconiques. . . . . . G. 57. *Procas*. p. 29.

⊙⊙ Corps oblong. Yeux arrondis, convexes. Scrobe peu profond, plus large en arrière, s'effaçant au devant des yeux. . . . . G. 58. *Coniatus*. p. 29.

TABLEAU 12. GROUPE DES BYRSOPSITES.

A. Corps ailé. Scrobe obliquement dirigé vers la partie antérieure de l'œil. Antennes courtes, assez fortes, articles du funicule serrés et transverses. . . . . G. 59. *Gronops*. p. 30.

B. Corps aptère. Scrobe obliquement dirigé vers la partie inférieure de l'œil. Antennes assez grêles, articles du funicule courts, subarrondis. . . . . G. 60. *Rhytirhinus*. p. 30.

TABLEAU 13. GROUPE DES OTIORHYNCHITES.

A. Corps oblong ou ovale-oblong, ailé; épaules obtusément angulées. Prothorax distinctement lobé derrière les yeux et fortement échancré en dessous. . . . . . G. 61. *Chlœbius*. p. 31.

B. Corps allongé, ailé, épaules obtusément angulées. Prothorax point lobé derrière les yeux. . . . . . G. 62. *Phyllobius*. p. 32.

C. Corps ovalaire ou ovale-oblong, aptère; épaules généralement arrondies ou obtuses. Prothorax point lobé derrière les yeux.

× Tête grande, aussi large que le prothorax; front ample. . . . . G. 63. *Ptochus*. p. 32.

×× Tête ordinaire, plus étroite que le prothorax; front médiocre.

† Bec subhorizontal ou légèrement défléchi, son bord inférieur oblique et formant un angle plus ou moins obtusément ouvert avec la tête et le plan du corps.

* Bec le plus souvent légèrement défléchi, à ailes apicales non ou parfois seulement faiblement divariquées, auquel cas les ongles des tarses sont rapprochés et soudés à leur base.

— Ongles des tarses écartés et simples (1).

⊙ Corps plus ou moins courtement ovalaire ou ovale-oblong. Antennes assez courtes, insérées vers le milieu du bec; massue petite, ovalaire.

α. Les deux premiers articles du funicule (ou parfois seulement le premier) courtement obconiques, les suivants courts, assez serrés, transverses, subarrondis ou tronqués au sommet. Prothorax généralement plus ou moins transversal.

• Articles 3 à 7 du funicule des antennes subarrondis, transverses. . . . . G. 64. *Trachyphlœus*. p. 32.

•• Articles 3 à 7 du funicule des antennes nullement arrondis, tronqués au sommet. . G. 65. *Mitomermus*. p. 33.

β. Tous les articles du funicule courts, les deux basilaires turbinés, le premier guère plus long et plus épais, 3 à 7 subarrondis, égaux, moniliformes. Prothorax à peine moins long que large. . G. 66. *Cathormiocerus* p. 34.

⊙⊙ Corps allongé-oblong, subelliptique. Antennes assez allongées, insérées à une petite distance du sommet du bec; massue ovale-oblongue. . . . . . G. 69. *Stomodes*. p 35.

= Ongles des tarses rapprochés, soudés à leur base.

(1) N'ayant pu voir les genres *Cathormiocerus* et *Chiloncus*, je ne puis être sûr que les ongles des tarses soient bien écartés et simples chez le premier, rapprochés et soudés à leur base chez le second, comme j'ai dû le supposer d'après leurs affinités et ce qu'en dit Schœnherr, car il m'eût sans cela été impossible de les faire entrer dans ces tableaux.

⊙ Antennes très épaisses, premier article du funicule obconique, deuxième à peine plus long que les suivants; massue petite, ovalaire. Prothorax aussi long que large, cylindrique. . . . . .G. 67. *Meira.* p. 34.

⊙⊙ Antennes tantôt minces et tantôt assez épaissies; les deux premiers articles du funicule plus ou moins allongés, obconiques.

α. Bec légèrement impressionné en dessus au sommet. Articles 3 à 7 du funicule noueux, arrondis. . . . . G. 68. *Omias.* p. 34.

β. Bec distinctement échancré au sommet.

* Prothorax court ou subarrondi. Scape des antennes dépassant son bord antérieur. Bec triangulairement échancré au sommet.

1. Bec légèrement défléchi, mandibules saillantes. Antennes assez fortes, articles 3 à 7 du funicule subturbinés ou lenticulaires. . . . G. 70. *Peritelus.* p. 36.

2. Bec subhorizontal. Antennes grêles, articles 3 à 7 du funicule obconiques. . . . . . . G. 71. *Laparocerus.* p. 36.

** Prothorax environ aussi long que large. Scape des antennes atteignant son bord antérieur. Bec déclive, légèrement échancré au sommet et offrant une ligne élevée semicirculaire. G. 72. *Chiloneus.* p. 37.

** Bec subhorizontal, épaissi vers l'extrémité, à ailes apicales notablement divariquées et saillantes. Ongles des tarses toujours écartés et simples.

— Prothorax non canaliculé. Elytres plus ou moins convexes, intervalles alternes non élevés. . . G. 73. *Otiorhynchus.* p. 37.

= Prothorax longitudinalement canaliculé en dessus. Elytres un peu planes sur le dos antérieurement, à intervalles alternes élevés, offrant un tubercule plus ou moins marqué en arrière . . . . G. 74. *Tyloderes.* p. 38.

†† Bec défléchi, son bord inférieur perpendiculaire, formant un angle droit avec la tête et le plan du corps. Ongles des tarses soudés à leur base.

* Antennes assez grêles. Prothorax transverse, légèrement bisinué à la base, fortement dilaté-arrondi sur les côtés. Elytres armées le plus souvent vers le sommet d'une forte épine saillante. . . . . . G. 75. *Elytrodon.* p. 38.

** Antennes assez fortes. Prothorax tronqué à la base, médiocrement dilaté-arrondi sur les côtés. Elytres mutiques. G. 76. *Nastus.* p. 39.

TABLEAU 14. GROUPE DES ERIRHINITES.

A. Corps ailé ; écusson plus ou moins distinct.

× Pattes postérieures simples, point propres au saut.

† Tarses de quatre articles, leurs ongles bien distincts.

* Corps le plus souvent ovalaire, oblong ou allongé, rarement courtement ovale, mais alors bec toujours allongé, nullement épaissi. Pieds médiocres.

— Prothorax plus ou moins fortement bisinué à la base. Ecusson enfoncé, très petit. Elytres arrondies ou obliquement coupées chacune antérieurement. Ongles des tarses soudés à leur base.

⊙ Bec plus ou moins allongé, arrondi ou cylindrique ; scrobe infléchi, très oblique.

α. Corps allongé, étroit ; élytres cylindriques. G. 77. *Lixus*. p. 39.

β. Corps ovalaire ou ovale-oblong. . . . . . G. 78. *Larinus*. p. 40.

⊙⊙ Bec court, épais, plus ou moins angulé, à peine aussi long que la tête ; scrobe subitement et fortement infléchi, courbe. . . . . G. 79. *Rhinocyllus*. p. 41.

= Prothorax le plus souvent tronqué à la base, parfois bisinué, mais alors ongles non soudés à leur base.

⊙ Scrobe non ou à peine oblique. Ongles des tarses soudés à leur base, dentés ou bifides.

α. Corps allongé ou linéaire, subcylindrique.

• Funicule des antennes de 7 articles bien distincts. Jambes courtes. . . . . G. 85. *Brachonyx*. p. 44.

•• Funicule des antennes de 6 articles apparents seulement. Jambes armées d'un crochet au sommet. . . . . G. 86. *Bradybatus*. p. 44.

β. Corps ovalaire ou ovale-oblong.

• Elytres ovalaires ou ovales-oblongues, couvrant presque toujours entièrement l'abdomen. G. 87. *Anthonomus*. p. 44.

•• Elytres subcordiformes, fortement rétrécies en arrière, arrondies chacune au sommet, laissant plus ou moins à découvert l'extrémité de l'abdomen. . . . . G. 88. *Balaninus*. p. 45.

⊙⊙ Scrobe plus ou moins fortement oblique, ou, dans le cas contraire, ongles des tarses simples.

α. Elytres arrondies ensemble au sommet, recouvrant entièrement l'abdomen.

• Ongles des tarses simples, dentés ou appendiculés, rarement soudés à leur base.

1. Bec long, arqué, linéaire; scrobe légèrement ou parfois même point oblique. Antennes allongées et grêles, insérées généralement vers le tiers antérieur du bec.

a. Elytres oblongues ou ovales-oblongues, à épaules obtusément angulées, le plus souvent légèrement calleuses en arrière. . . . G. 82. *Erirhinus*. p. 42.

b. Elytres subovalaires, au moins une fois et demie aussi larges que le prothorax à la base à épaules rectangulairement angulées et saillantes, gibbeuses le plus souvent en arrière et déclives. . . . . G. 83. *Grypidius*. p. 43.

2. Bec généralement moins long ; scrobe plus fortement oblique. Antennes médiocres, insérées un peu en avant du milieu du bec.

a. Toutes les jambes armées d'un fort crochet au sommet.

V. Corps oblong. Bec assez mince. Prothorax point lobé derrière les yeux. Elytres non ou à peine plus larges que le prothorax à la base. . . . . G. 80. *Pissodes*. p. 41

W. Corps allongé. Bec assez épais. Prothorax distinctement lobé derrière les yeux. Elytres notablement plus larges que le prothorax à la base. . . . . G. 84. *Hydronomus*. p. 43.

b. Jambes antérieures seulement armées d'un petit crochet au sommet.

V. Funicule des antennes de 7 articles.

x. Premier article du funicule allongé, 2e bien plus court. Ongles des tarses dilatés en une espèce de grosse dent à leur base. G. 92. *Ellescus*. p. 47.

xx. Les deux premiers articles du funicule assez allongés, obconiques. Ongles des tarses simples ou offrant entre eux un petit appendice. . . . . G. 93. *Tychius*. p. 47.

W. Funicule des antennes de 6 articles. G. 94. *Miccotrogus*. p. 47.

•• Ongles des tarses petits, rapprochés, soudés dans leur plus grande partie, libres seulement tout à fait au sommet. . . . . G. 95. *Smicronyx*. p. 48.

β. Elytres ne recouvrant point entièrement l'abdomen, généralement arrondies chacune au sommet.

• Corps allongé, subcylindrique. Toutes les jambes armées d'un fort crochet recourbé au sommet. . . . . G. 81. *Magdalinus*. p. 41.

•• Corps ovalaire ou ovale-oblong.

1. Prothorax fortement bisinué à la base et prolongé dans son milieu vers l'écusson. . G. 89. *Coryssomerus*. p. 45.

2. Prothorax tronqué ou seulement légèrement bisinué à la base.

a. Funicule des antennes de 7 articles.

V. Elytres un peu arrondies chacune au sommet. Ongles des tarses fortement bifides. G. 91. *Lignyodes*. p. 46.

W. Elytres largement arrondies chacune au sommet. Ongles des tarses simples. . . . G. 96. *Acalyptus*. p. 48.

b. Funicule des antennes de 6 articles.

V. Corps courtement ovalaire. Antennes assez allongées, assez grêles. Ongles des tarses fendus en forme de dent à leur base. G. 90. *Amalus*. p. 46.

W. Corps ovalaire ou ovale-oblong. Antennes médiocres. Ongles des tarses simples ou offrant entre eux un petit appendice. G. 97. *Sibynes*. p. 49.

** Corps courtement ovalaire. Bec court et épais. Pieds longs et assez grêles ; tarses allongés, aussi longs ou seulement un peu moins longs que la jambe.

— Funicule des antennes de 7 articles. Tarses à troisième article spongieux en dessous et distinctement bilobé, quatrième de longueur moyenne. G. 98. *Phytobius*. p. 49.

= Funicule des antennes de 6 articles. Tarses à troisième article plus ou moins pubescent inférieurement, presque entier ou légèrement bilobé, quatrième aussi long que les trois autres ensemble. . . G. 99. *Litodactylus*. p. 50.

†† Tarses de trois articles apparents seulement, le troisième élargi, très faiblement ou à peine échancré antérieurement en forme de cœur, quatrième tout à fait caché ou nul. . . . . G. 100. *Anoplus*. p. 50.

XX Pattes postérieures propres au saut, à cuisses grandes, renflées et le plus souvent denticulées inférieurement.

† Funicule des antennes de 6 articles. . . . . G. 101. *Orchestes*. p. 51.

†† Funicule des antennes de 7 articles. . . . . G. 102. *Tachyerges*. p. 52.

B. Corps aptère; écusson nul ou peu distinct.

X Bec plus ou moins allongé, subcylindrique; scrobe fortement infléchi ou oblique.

† Corps oblong. Bec épaissi. Elytres à intervalles alternes généralement élevés.

* Funicule des antennes de 7 articles. Scrobe fortement infléchi en dessous. . . . . G. 103. *Styphlus*. p. 52.

** Funicule des antennes de 6 articles. Scrobe oblique. . . . . G. 104. *Orthochaetes.* p. 52.

†† Corps ovale-oblong. Bec point épaissi, linéaire.

* Prothorax tronqué à la base, point lobé derrière les yeux. Elytres tronquées antérieurement. G. 105. *Trachodes.* p. 53.

** Prothorax arrondi et prolongé en arrière à la base, lobé derrière les yeux, fortement échancré en dessous. Elytres fortement échancrées ensemble à la base. G. 105 *bis*. *Aubeonymus.* p. 75.

×× Bec robuste, comprimé d'un côté à l'autre, fortement élevé en carène supérieurement, obliquement coupé en avant; scrobe droit, large, supérieur. . . . . . G. 106. *Myorhinus.* p. 53.

TABLEAU 15. GROUPE DES CRYPTORHYNCHITES.

A. Poitrine plane ou obsolètement canaliculée entre les hanches antérieures.

× Scrobe non ou à peine oblique. Prothorax tronqué à la base, légèrement rebordé sur les côtés, profondément resserré au sommet. . . . . G. 107. *Dereloмus.* p. 54.

×× Scrobe fortement infléchi en dessous, très oblique. Prothorax bisinué à la base, plus ou moins rétréci au sommet. . . . . G. 108. *Baridius.* p. 54.

B. Poitrine distinctement canaliculée entre les hanches antérieures ou au devant pour recevoir le bec.

× Poitrine profondément canaliculée, sillon coupé à pic sur les côtés, prolongé au-delà des pattes antérieures, nettement terminé.

† Elytres couvrant entièrement l'abdomen.

* Jambes armées au sommet d'un crochet distinct.

— Bec fort, aplati, assez large, un peu dilaté vers le sommet, le plus souvent à peu près droit. G. 109. *Gasterocercus.* p. 55.

= Bec plus ou moins arqué, subcylindrique.

⊙ Corps allongé, subcylindrique. Cuisses postérieures atteignant ou dépassant un peu le sommet des élytres. Sillon pectoral fermé en arrière par une élévation du bord postérieur du prosternum. G. 110. *Camptorhinus.* p. 56.

⊙⊙ Corps oblong, ovale-oblong ou ovalaire. Cuisses postérieures n'atteignant point le sommet des élytres.

a. Corps ailé. Prothorax distinctement bisinué à la base. Sillon pectoral simplement prolongé sur le mésosternum. . . . . G. 111. *Cryptorhynchus* p. 56.

β. Corps aptère. Prothorax tronqué à la base. Sillon pectoral un peu prolongé sur le mésosternum qui se creuse en voute pour former son extrémité. . . . . G. 112. *Acalles.* p. 56.

** Jambes n'offrant point de crochet au sommet. G. 113. *Scleropterus.* p. 57.

†† Elytres arrondies chacune au sommet, ne recouvrant point entièrement l'abdomen. Jambes n'offrant point de crochets au sommet.

* Corps oblong. Bec fort, guère plus long que la tête. . . . . G. 114. *Marmaropus.* p. 58.

** Corps courtement ovale. Bec environ de la longueur de la tête et du prothorax, assez mince.

— Tarses offrant un ongle unique et simple. G. 115. *Mononychus.* p. 58.

= Tarses offrant deux ongles. . . . . G. 116. *Cœliodes.* p. 59.

XX Poitrine moins fortement canaliculée pour recevoir le bec, sillon le plus souvent non prolongé au-delà des hanches antérieures, jamais nettement et brusquement terminé.

† Jambes n'offrant point de crochets au sommet. Sillon pectoral plus ou moins distinctement prolongé entre les hanches antérieures, qui sont très rarement contiguës et comprimées alors intérieurement.

* Elytres arrondies chacune au sommet, ne recouvrant point entièrement l'abdomen.

— Ecusson élevé, bien distinct. . . . . G 117. *Orobitis.* p. 59.

= Ecusson très petit, le plus souvent indistinct.

⊙ Corps courtement ovale, très convexe. Elytres semi-globuleuses. . . . . G. 118. *Rhytidosomus.* p. 60.

⊙⊙ Corps plus ou moins courtement ovalaire ou oblong, subdéprimé supérieurement ou faiblement convexe.

α. Bec allongé, peu épaissi, au moins aussi long que le prothorax.

• Funicule des antennes de 7 articles.

1. Les deux premiers articles du funicule un peu allongés, obconiques. Corps oblong. G. 122. *Poophagus.* p. 62.

2. Les quatre premiers articles du funicule un peu allongés, obconiques. Corps courtement ovalaire ou ovale-oblong. . . . . G. 120. *Ceuthorhynchus.* p. 61.

•• Funicule des antennes de 6 articles, les trois premiers allongés, obconiques.

1. Bec environ de la longueur de la tête et du prothorax; scrobe plus ou moins oblique. Prothorax resserré au sommet, faiblement lobé derrière les yeux. . . . . G. 119. *Ceuthorhynchidius*. p. 60.

2. Bec environ de la longueur du prothorax; scrobe fortement infléchi en dessous. Prothorax très peu resserré au sommet, assez fortement lobé derrière les yeux. . . . . G. 123. *Tapinotus*. p. 63.

3. Bec court, épais, non ou guère plus long que la tête. G. 121. *Rhinoncus*. p. 61.

** Elytres arrondies ensemble au sommet, couvrant entièrement l'abdomen. Hanches antérieures contiguës. . . . . G. 124. *Acentrus*. p. 63.

†† Jambes notablement courbées vers l'extrémité, armées d'un fort crochet au sommet. Poitrine simplement canaliculée au devant des hanches antérieures qui sont contiguës.

* Corps oblong ou ovalaire. Ecusson très petit, mais généralement distinct. . . . . G. 125. *Bagous*. p. 64.

** Corps étroit, linéaire, cylindrique. Ecusson indistinct. . . . . G. 126. *Lyprus*. p. 64

TABLEAU 16. GROUPE DES CIONITES.

A. Corps courtement ovalaire ou ovale-oblong. Prothorax le plus souvent transverse ou subconique.

× Corps généralement très convexe ou même un peu gibbeux. Massue allongée ou oblongue. Jambes mutiques au sommet.

† Corps en général brièvement ovalaire. Yeux un peu rapprochés sur le front. Massue des antennes oblongue. Ecusson bien distinct. . . . . G. 127. *Cionus*. p. 65.

†† Corps ovalaire ou ovale-oblong. Yeux très rapprochés sur le front. Massue des antennes allongée-oblongue. Ecusson très petit, à peine visible. . . . . . . G. 128. *Nanophyes*. p. 66.

×× Corps subdéprimé en dessus ou peu convexe. Massue ovalaire. Jambes antérieures offrant au sommet un crochet généralement très petit ou même peu distinct, mais parfois cependant fort et très marqué. . . G. 129. *Gymnetron*. p. 67.

B. Corps plus ou moins allongé, subcylindrique. Prothorax le plus souvent aussi long ou guère moins long que large. . . . . G. 130. *Mecinus*. p. 68.

TABLEAU 17. GROUPE DES CALANDRITES.

A. Massue des antennes courtement ovalaire, comprimée, un peu cunéiforme. . . . . G. 131. *Sphenophorus.* p. 68.

B. Massue des antennes non comprimée, oblongue. G. 132. *Calandra.* p. 69.

TABLEAU 18. GROUPE DES COSSONITES.

A. Bec assez allongé, fortement dilaté vers l'extrémité, un peu comprimé, assez étroit à la base. Massue grande, ovalaire. . . . . G. 133. *Cossonus.* p. 70

B. Bec variant, mais jamais ni dilaté, ni comprimé vers l'extrémité, pas plus étroit à la base. Massue généralement assez petite ou médiocre.

× Les deux premiers articles du funicule des antennes de même forme, généralement subobconiques, parfois subturbinés.

† Corps allongé, linéaire. Bec un peu épaissi chez les ♂, légèrement dilaté vers l'insertion des antennes chez les ♀. Antennes un peu épaissies, insérées derrière le milieu chez les premiers, plus proche de la base chez les secondes. . . . . G. 134. *Mesites.* p. 71.

†† Corps allongé ou oblong. Bec toujours semblable dans les deux sexes. Antennes assez minces, insérées généralement vers le milieu du bec ou un peu au devant.. . . . . G. 135. *Phlœophagus.* p. 71.

×× Premier article du funicule des antennes plus grand, turbiné, épaissi, les suivants courts et serrés. G. 136. *Rhyncolus.* p. 72.

TABLEAU 19. GROUPE DES DRYOPHTHORITES.

— Un seul genre. . . . . G. 137. *Dryophthorus.* p. 73.

CATALOGUE

DE LA FAMILLE DES CURCULIONIDES.(1)

PREMIÈRE DIVISION.

Groupe 1. BRUCHITES.

Genre BRUCHUS. LIN. (Gen. 2. 1.)

Espèce	Patrie
Acaciæ. SCH. I. 97. 114 (2).	*Arabia.*
Germari. KUST. Kaf. Eur. 2. 37.	*Dalmat.*
Obscuripes. SCH. V. 21. 31.	*Gal. mer.*
Gilvus. SCH. V. 30. 43.	*Tauria.*
Biguttatus. OLIV. SCH. V. 43. 58.	*Gallia.*
Fulvipennis. GERM. SCH. I. 42. 20.	*Dalmat.*
Variegatus. GERM. SCH. V. 45. 64.	*Gal. mer.*
Bimaculatus. OLIV. Ent. IV. 79 ?	*Gallia.*
Magnicornis. KUST. Kaf. Eur. 2. 36 (3).	*Ragusa.*
Dispar. SCH. I. 45. 25.	*Gallia.*
Var. *Braccatus.* SCH. I. 50. 37.	*Dalmat.*
Decorus. SCH. V. 47. 68.	*Tauria.*
Pœcilus. GERM.	*Id.*
Dispergatus. SCH. I. 46. 27.	*Parisii.*
Marginellus. FABR. SCH. V. 48. 69.	*German.*
Marginalis. FABR. LATR.	*Gallia.*
Astragali. SCH. V. 48. 70.	*Tauria.*
Fischeri. HUM. SCH. V. 49. 71.	*Id.*
Lucifugus. SCH. I. 47. 32.	*Id.*
Picipes. GERM. SCH. I. 48. 33.	*Dalmat.*
Inspergatus. SCH. I. 48. 34.	*Parisii.*
Tarsalis. SCH. I. 49. 35.	*Gallia.*
Femoralis. SCH. I. 51. 38.	*Dalmat.*
Varius. OLIV. SCH. V. 56. 87.	*Gallia.*
♂ *Galegæ.* SCH. I. 50. 36.	*Parisii.*
Imbricornis. PANZ. SCH. I. 51. 39.	*German.*
Nebulosus. OLIV. LATR.	*Gallia.*
Galegæ. ROSSI.	*Italia.*
Basalis. SCH. I. 52. 40.	*Lusitan.*
Siculus. SCH. V. 58. 90.	*Sicilia.*
Pusillus. GERM. SCH. V. 58. 91.	*Dalmat.*
Cisti. FABR.	*Gallia.*
Canus. GERM. SCH. I. 53. 43.	*German.*
Unicolor. OLIV. LATR.	*Gallia.*
Debilis. SCH. I. 53. 44.	*Id.*
Olivaceus. GERM. SCH. V. 61. 97.	*German.*
Virescens. SCH. V. 62. 98.	*Saxonia.*
Varipes. SCH. V. 63. 99.	*Dalmat.*
Tibiellus. SCH. I. 54. 46.	*Gallia.*
Nanus. GERM. SCH. V. 64. 101.	*Dalmat.*
Cinerascens. SCH. I. 55. 48.	*Gal. mer.*
Misellus. SCH. I. 56. 50.	*Dalmat.*
Perparvulus. SCH. V. 68. 107.	*Gallia.*
Tibialis. SCH. V. 68. 108.	*Tauria.*
Pauper. SCH. V. 69. 109.	*Odessa.*
Pygmæus. SCH. I. 80. 90.	*Dalmat.*
Foveolatus. SCH. I. 81. 91.	*Dalmat.*
Miser. SCH. V. 70. 112.	*Gallia.*
Sericatus. GERM. SCH. V. 71. 113.	*Tauria.*
Antennalis. SCH. I. 82. 93.	*Id.*
Carinatus. SCH. I. 83. 94.	*Id.*
Anxius. SCH. V. 72. 117.	*Gallia.*
Pisi. LIN. SCH. I. 57. 52.	*Id.*
Pisorum. LIN.	*Europa.*
Cruciger. FOURC.	*Parisii.*
Salicis. SCOP.	*Id.*
Rufimanus. SCH. I. 58. 53, et V. 74.	*Gallia.*
Pisi. PANZ.	*German.*
Granarius. MARSH. STEPH.	*Anglia.*
Flavimanus. SCH. I. 59. 54.	*Gal. mer.*
Affinis. FRŒLICH.	*Austria.*
Sertatus. ILL. SCH. I. 61. 56, et V. 76.	*Sicilia.*
Ervi. FRŒLICH.	*German.*
Signaticornis. SCH. I. 64. 60.	*Parisii.*

(1) Schœnherr, Genera et Species Curculionidum. Parisiis, 1833-45, 8 vol. in-8°.

(2) Je citerai toujours pour chaque espèce la page de l'auteur monographe le plus récent, ou, faute d'auteur monographe, je donnerai la citation d'une bonne description. Ayant soin d'indiquer en tête de chaque famille, groupe ou genre, le titre des ouvrages le plus souvent cités, je ne répéterai plus dans le texte que les initiales des noms de leurs auteurs.

(3) La validité de cette espèce est douteuse ; Erichson (Bericht 1847, p. 63. pense que ce doit être le ♂ du *dispar*.

Pallidicornis. SCH. I. 65. 61.	*Gal. mer.*
Luteicornis. ILL. SCH. V. 83. 135.	*Gallia.*
♂ *Nubilus.* SCH. I. 60. 55.	*Id.*
Rufipes. HERBST.	*German.*
Var. *Griseomaculatus.* SCH. I. 66.	*Parisii.*
Tristis. SCH. I. 63. 59.	*Gal. mer.*
Tristiculus. SCH. V. 81. 132.	*Gal. oc.*
Brachialis. SCH. V. 79. 128.	*Gallia.*
Troglodytes. SCH. V. 78. 127.	*Parisii.*
Wasastjernii. SCH. V. 77. 126.	*Suecia.*
Seminarius. LIN. SCH. V. 111. 183.	*Europa.*
Granarius. PAYK. SCH. V. 76. 125.	*Gallia.*
Atomarius. LIN.	*Suecia.*
Sericeus. FOURC.	*Parisii.*
Affinis. STEPH.	*Anglia.*
Nigripes. SCH. I. 66. 64.	*Austria.*
Punctellus. BOHEM.	*Tauria.*
Fahræi. SCH. V. 85. 139.	*Suecia.*
Loti. PAYK. SCH. 88. 143.	*Id.*
Lathyri. STEPH.	*Anglia.*
Lividimanus. SCH. I. 68. 67.	*Gallia.*
Lentis. SCH. I. 70. 70.	*German.*
Laticollis. SCH. I. 71. 71.	*Gallia.*
Velaris. SCH. V. 90. 151.	*Neapoli.*
Longicornis. GERM. SCH. V. 93. 155.	*Lusitan.*
Var. *Histrio.* SCH. V. 94. 156.	*Hispan.*
Var. *Jocosus.* SCH. I. 73. 75.	*Lusitan.*
Var. *Meleagrinus.* GÉNÉ.	*Sardin.*
Discipennis. SCH. V. 95. 159.	*Græcia?*
Steveni. SCH. V. 99. 164.	*Tauria.*
Pubescens. GERM. SCH. I. 79. 84, et V. 107.	*Austria*
Villosus. LATR.	*Dalmat.*
Ater. MARSH. STEPH.	*Europa.*
Cisti. PAYK. SCH. V. 109. 180.	*Gallia.*
Villosus. FABR.	*Suecia.*
Murinus. SCH. V. 110. 182.	*Lusitan.*
Alni. SCH. V. 113. 185.	*Parisii.*
Nigritarsis. SCH. V. 113. 186.	*Morea.*
Inornatus. KUST. Kaf. E. 19. 72 (1).	*Sicilia.*

Genre SPERMOPHAGUS. STEV. (Gen. 2. 2.)

Cardui. SCH. I. 108. 8.	*Gallia.*
Cisti. OLIV.	*Parisii.*
Rotundatus. STURM.	*German.*
Rufiventris. SCH. I. 107. 6.	*Tauria.*
Varioloso-punctatus. SCH. I. 110. 10.	*Id.*
Glabratus. SCH. V. 141. 21. Var.	*Id.*
Sulcifrons. KUST. Kaf. 15. 52.	*Dalmat.*
Euphorbiæ. KUST. Kaf. 15. 54.	*Montene.*

Genre URODON. SCH. (Gen. 3. 3.)

Rufipes. FABR. SCH. I. 113 et V. 142.	*Europa.*
Sericeus. FABR.	*Gallia.*
Pygmæus. SCH. I. 114 et V. 143.	*Id.*
Suturalis. FABR. SCH. I. 114 et V. 143.	*Id.*
Var. *Rufipes.* Var. OLIV.	*Parisii.*
Conformis. SUF. Stett. Ent. Zeit. VI. 99.	*German.*
Argentatus. KUST. Kaf. E. 12. 91.	*Hispan.*
Flavescens. KUST. Kaf. E. 20. 88.	*Sardin.*
Albidus. KUST. Kaf. E. 13. 82.	*Hispan.*
Canus. KUST. Kaf. E. 13. 83.	*Id.*
Parallelus. KUST. Kaf. Eur. 13. 84.	*Id.*

Groupe 2. ANTHRIBITES.

Genre BRACHYTARSUS. SCH. (Gen. 3. 4.)

Scabrosus. FABR. SCH. I. 171. 1.	*Europa.*
Fasciatus. FORST.	*German.*
Marmoratus. FOURC.	*Parisii.*
Var. *Scapularis.* GEB. SCH. V. 166.	*Succ. m.*
Areolatus. SCH. VIII. II. 344.	*Sicilia.*
Varius. FABR. SCH. I. 171. 2.	*Europa.*
Variegatus. FOURC.	*Parisiis.*
Capsularius. SCRIBA.	*German.*
Clathratus. HERBST.	*Id.*
Tessellatus. SCH. I. 172 et V. 167.	*Styria.*
Nebulosus. KUST. Kaf. E. 20. 91.	*German.*

Genre TROPIDERES. SCH. (Gen. 4. 5.)

Albirostris. HERBST. SCH. I. 147. 1.	*Europa.*
Dorsalis. THUNB. SCH. I. 147. 2.	*Suecia.*
Albirostris. Var. PAYK.	*Finland.*
Undulatus. PANZ. SCH. V. 210. 11.	*Gallia.*
Edgreni. SCH. V. 211. 12.	*German.*
Undulatus. GYL. SCH. I. 153. 10.	*Suecia.*
Sepicola. HERBST. SCH. V. 211. 13.	*Id.*
Fuscirostris. CLAIRV.	*Helvetia.*
Bituberculatus. BESS.	*German.*
Var. *Ephippium.* SCH. I. 152. 9.	*Gallia.*
Pudens. SCH. I. 153. 11.	*Id.*
Niveirostris. FABR. SCH. V. 213. 17.	*Eur. tem.*
Brevirostris. PANZ.	*German.*
Bilineatus. GERM.	*Austria.*
Bisignatus. SCH. V. 213. 18.	*Hungar.*

(1) Je passe sous silence dix-sept espèces siciliennes de ce genre, indiquées comme nouvelles par M. Blanchard (Ann. Soc. Ent. Fr., 1844, Bull. LXXXII), car, dans un genre aussi nombreux et aussi difficile, on ne peut reconnaître ni admettre comme valables des espèces caractérisées en quelques mots à peine, sans crainte de tomber dans la plus déplorable confusion.

Ajoutez aux espèces du genre *Bruchus* : *Bipunctatus.* FABR. SCH. I. 98. 121. *Helvetia.* — *Fasciatus.* OLIV. SCH. 101. 135. *Gallia.* — Croyant plus nuisible qu'utile d'inscrire sans cesse dans nos catalogues ces espèces des anciens auteurs, restées inconnues et douteuses souvent même aux auteurs monographes, je me bornerai toujours, comme ici, à les citer en note.

Cinctus. PAYK. SCH. I. 156 et V. 215. *Gallia.*
Scriptus. THUNB. *Suecia.*
Marchicus. HERBST. *Austria.*

Genre EUEDREUTES. SCH. (Gen. 4. 6.)

Hilaris. SCH. V. 216. 1. *Gallia.*

Genre CRATOPARIS. SCH. (Gen. 5. 7.)

Centromaculatus. SCH. I. 143. 12. *Etruria.*

Genre PLATYRHINUS. CLAIRV. (Gen. 5. 8.)

Latirostris. FABR. SCH. I. 166. 1. *Europa.*
Costirostris. CLAIRV. *Helvetia.*
Resinosus. SCOP. *Carniol.*
Oblongus. SULZ. *German.*
Flavifrons. FUESL. *Id.*
Striatus. MULL. *Gallia.*

Genre ANTHRIBUS. GEOF. (Gen. 5. 9.)

Albinus. LIN. SCH. I. 131. 4. *Europa.*

Genre CHORAGUS. KIRBY. (Gen. 6. 10.)

Sheppardi. Kirb. *Anglia.*
Galeazzi. VILLA. SCH. V. 275.1. *Lomb.*
Bostrichoïdes. MULL.? *German.*
Pygmæus. ROBERT (*Anthribus*). *Gallia.*
Piceus. SCHAUM. *German.*
Bostrichoides. SCH. V. 169. (Brachytarsus). *Id.*

Groupe 3. ATTELABITES.

Genre APODERUS. OLIV. (Gen. 6. 11.)

Coryli. LIN. SCH. I. 188. 1. *Europa.*
Var. *Excoriato-ruber.* DE GEER. *Suecia.*
Collaris. SCOPOLI. *Carniol.*
Denigratus. GMEL. *German.*
Avellanæ. LIN. *Id.*
Morio. BONELLI. Sp. F. Subalp. 175. *Pedem.*
Intermedius. HELL. SCH. I. 190. 2. *Gallia.*
Erythropterus. LIN. *Suecia.*
Var. *Politus.* HUMM. *Sibiria.*

Genre ATTELABUS. LIN. (Gen. 7. 12.)

Curculionoides. LIN. SCH. I. 198. 1. *Europa.*
Coccineus. FOURC. *Parisii.*
Coryli. MULL. *Dania.*
Nitens. PAYK. *Suecia.*
Curculioniformis. SCHRANK. *German.*
Var. *Maculipes.* VIL. KLST. K.E.3. *Lomb.*

Genre RHYNCHITES HERBST. (Gen. 7. 13.)

Hungaricus. FABR. SCH. I. 212. 3. *Hungar.*
Marginatus. SCHRANK. *Id.*
Giganteus. SCH. V. 324. 9. *Græcia.*
Auratus. SCOP. SCH. I. 219. 14. *Europa.*
Bacchus. OLIV. Ent. *Gallia.*
Aurifer. OLIV. Enc. méth. *Id.*
Rectirostris. SCH. I. 220. 16. *Gallia.*

Bacchus. LIN. SCH. I. 219. 15. *Europa.*
Lætus. GERM. *German.*
Purpureus. DE GEER. *Id.*
Parellinus. SCH. I. 224. 19. *Carniol.*
Cæruleocephalus. SCHAL. SCH. I. 212. *Gal. mer.*
Cyanocephalus. HERBST. *German.*
Æquatus. LIN. SCH. I. 213. 5. *Europa.*
Purpureus. OLIV. *Gallia.*
Cupreus. LIN. SCH. I. 214. 6. *Europa.*
Punctatus. HERBST. *German.*
Æneus. LATR. *Gallia.*
Metallicus. SCHRANK. *German.*
Var. *Purpureus.* LIN. *Id.*
Æneovirens. MARSH. *Anglia.*
Obscurus. SCH. I. 215 8. *Gallia.*
Var. *Fragariæ.* SCH. I. 233. 33. *German.*
Planirostris. SCH. I. 216. 10. *Austria.*
Interpunctatus. STEPH. *Anglia.*
Alliariæ. PANZ. *German.*
Megacephalus. SCH. I. 230. 28. *Gallia.*
Conicus. ILL. SCH. I. 231. 30. *Europa.*
Alliariæ. LATR. FABR. *Gallia.*
Cæruleus. DE GEER. *German.*
Pubescens. ROSSI. *Italia.*
Icosandriæ. SCOP. *Carniol.*
Pauxillus. GERM. SCH. I. 232. 31. *Gallia.*
Alliariæ. ROSSI. *Italia.*
Sulcidorsum. SCHRANK. *German.*
Atrocæruleus. STEPH. *Anglia.*
Germanicus. HERBST. *German.*
Minutus. SCH. I. 233. 32. *Gallia.*
Nanus. PAYK. SCH. I. 234. 35. *Europa.*
Minutus. HERBST. *German.*
Alliariæ. LIN. *Suecia.*
Cæruleus. FABR. *Id.*
Planirostris. FABR. *Gallia.*
Cylindricus. STEPH. *Anglia.*
Populi. LIN. SCH. I. 221. 17. *Europa.*
Betuleti. FABR. SCH. I. 222. 18. *Id.*
Betulæ. STEPH. OLIV. *Anglia.*
Viridis. FOURC. *Gallia.*
Alni. MULL. *German.*
Var. *Nitens.* MARSH. *Anglia.*
Violaceus. SCOP. *Carniol.*
Bispinus. MULL. *Dania.*
Unispinus. MULL. *Id.*
Inermis. MULL. *Id.*
Sericeus. HERBST. SCH. I. 226. 22. *German.*
Pubescens. LATR. *Gallia.*
Splendidulus. KSW. An. S. Ent. Fr. 1851. 626. *Catalon.*
Pubescens. HERBST. SCH. I. 225. 20. *Europa.*
Virescens. THUNB. *German.*
♂ *Cavifrons.* SCH. I, 226. 21. *Gallia.*
Ophthalmicus. STEPH. *Anglia.*
♂ *Comatus.* SCH. I. 229. 25. *Gallia.*
♀ *Cyanicolor.* Sch. I. 229. 26. *Id.*
♂ *Similis.* CURTIS. STEPH. *Anglia.*
Sericeus STEPH. *Id.*
Olivaceus. SCH. I. 228. 24. *Gal. mer.*
Præustus. SCH. VIII. II. 262. *Dalmat.*
Luridus. SCH. VIII. II. 363. *Croatia.*

Megacephalus. GERM. *German.*
Lævicollis. ST. SCH. VIII. II. 364. *Anglia.*
Cyaneopennis. STEPH. *Id.*
Constrictus. SCH. V. 335. 45. *Bavaria.*
Mannerheimii. HUMM. *Petropol.*

Tomentosus. SCH. V. 335. 44. *Gal. bor.*

Tristis. FABR. SCH. I. 230. 27. *German.*

Betulæ. LIN. SCH. I. 236. 39. *Europa.*
Populi. SCOP. *Carniol.*
Populneus. GMEL. *Suecia.*
Femoratus. OLIV. *Gallia.*
Excoriato-niger. DE GEER. *German.*
Fagi. SCOP (1). *Carniol.*

Groupe 4. RHINOMACÉRITES.

Genre AULETES. SCH. (Gen. 8. 14).

Maculipennis. J. DU V. Gen. Curc. 8. *Sardin.*

Tubicen. SCH. I. 243. 1. *Dalmat.*

Meridionalis. J. DU V. Gen. Curc. 8. *Sicilia.*

Pubescens. KSW. An. Soc. Ent. Fr. 1851. 627. *Catalon.*

Ilicis (2). GÉNÉ. de Quib. Ins. Sard. fasc. II. 36. *Sardin.*

Basilaris. SCH. V. 346. 3. *Hungar.*

Politus. SCH. V. 347. 3. *Tauria.*

Genre RHINOMACER. FABR. (Gen. 8. 15.)

Lepturoides. FABR. SCH. I. 243. 2. *Gallia.*

Genre DIODYRHYNCHUS. MEGERL. (Gen. 9. 16.)

♂ Attelaboides. FAB. SCH. I. 242. 1. *Gal. mer.*
Rhinomacer. GYL. (Rhynchites). *Suecia.*
♀ *Austriacus.* SCH. I. 241. 1. *Austria.*

Groupe 5. APIONITES.

Genre APION. HERBST. (Gen. 9. 17.)

Pomonæ. FABR. SCH. I. 250. 1. *Europa.*
Cærulescens. KIRB. MARSH. *Gallia.*
Cyaneus. PANZ. *German.*
Glaber. MARSH. *Anglia.*

Craccæ. LIN. SCH. I. 252. 5. *Gallia.*
Viciæ. DE GEER. *German.*
♂ *Ruficorne.* STEPH. GERM. *Anglia.*

Subulatum. KIRB. SCH. V. 371. 4. *Gallia.*
Marshami. STEPH. SCH. V. 372. 5. *Anglia.*
Platalea. STEPH. *Id.*

Scrobicolle. SCH. V. 374. 9. *Anglia.*

Ochropus. GERM. SCH. I. 252. 4. *Gallia.*

Neglectum. SCH. I. 253. 7. *Tauria.*

Confluens. KIRB. STEPH. WALTON. *Anglia.*
Stolidum. GYL. SCH. I. 259. 20. *Gallia.*

Stolidum. GERM. STEPH. WALTON. *Anglia.*
Confluens. GYL. SCH. I. 259. 19. *Gallia.*

Vicinum. KIRB. SCH. V. 379. 19. *Id.*
Loti. GYL. *Suecia.*
Incrassatum. GERM. *German.*

Atomarium. KIRB. SCH. V. 379. 21. *Gallia.*
Pusillum. GERM. *German.*
Acium. SCH. I. 257. 15. *Tauria.*

Oculare. SCH. I. 257. 14. *Iberia.*

Palpebratum. SCH. I. 258. 17. *Tauria.*

Cylindricolle. SCH. V. 380. 27. *Id.*

Hookeri. KIRB. SCH. I. 261. 23. *Anglia.*

Sahlbergi. SCH. I. 261. 24. *Suecia.*

Penetrans. GERM. SCH. V. 381. 30. *German.*

Basicorne. ILL. SCH. V. 382. 31. *Gallia.*
Alliariæ. HERBST. *German.*

Tenue. KIRB. SCH. I. 287. 85. *Gallia.*

Pubescens. KIRB. SCH. V. 383. 33. *Anglia.*
Civicum. GERM. SCH. I. 286. 82. *German*
Salicis. SCH. I. 286. 83. *Gallia*

Æneum. FABR. SCH. I. 262. 27. *Europa*
Craccæ. PANZ. *German.*
Cupricollis. VOET. *Id.*
Teres. GMEL. *Gallia.*
Chalceus. MARSH. *Anglia.*

Validum. GERM. SCH. V. 416. 120. *Austria.*

Radiolus. KIRB. SCH. I. 263. 29. *Gallia.*
Aterrimus. MARSH. GYL. *Anglia.*
Oxurum. GERM. *German.*
Nigrescens. STEPH. *Anglia.*

Onopordi. KIRB. SCH. I. 264. 32. *Gallia.*
Penetrans. STEPH. nec GERM. *Anglia.*
Var. *Rugicolle.* STEPH. *Id.*

Carduorum. KIRB. *Gallia.*
Gibbirostre. GYL. SCH. I. 265. 33. *Suecia.*
Sorbi. MARSH. *Anglia.*
Cyaneus. DE GEER. *German.*
Tumidum. STEPH. *Anglia.*

Setiferum. SCH. I. 266. 37. *Gallia.*

Lævigatum. KIRB. SCH. I. 261. 25. *Anglia.*
Brunnipes. SCH. V. 386. 41. *Gallia.*
Lævithorax. SCH. I. 288. 90. *Id.*

Hydrolapathi. KIRB. SCH. I. 265. 36. *Suecia.*
Cæruleopenne. STEPH. *Anglia.*

Chevrolati. SCH. I. 260. 22. *Gallia.*

Tamarisci. SCH. V. 358. 47. *Gal. mer.*

Aciculare. GERM. SCH. I. 262. 28. *Gallia.*

Rugicolle. GERM. I. 262. 26. *Id.*

Brevirostre. HERB. SCH. I. 259. 18. *Gallia.*

(1) Ajoutez : *Melas.* HERBST. SCH. I. 237. 43. *Austria.* — *Redit.* SCHRANK. SCH. I. 237. 44. *Austria.* — *Fulgidus.* FOURC. SCH. I. 238. 45. *Gallia.* — *Craccæ.* FAB. SCH. I. 238. 46. *Holsatia.*

(2) Je crois que cet insecte, décrit par Géne sous le nom de *Rhynchites ilicis*, suivant la description et la figure qu'en donne l'auteur, et d'après la forme de sa tête, l'insertion de ses antennes, la forme et la sculpture de ses élytres, doit être placé plutôt dans les *Auletes* que dans les *Rhynchites*, il me paraît même devoir être excessivement voisin de l'*A. pubescens*. KSW.; du reste, Géné le dit voisin du *Rhynchites politus*, qui est un *Auletes*.

Longirostre. OL. SCH. I. 268. 40. *Hungar.*
Holosericeum. SCH. I. 263. 41. *Dalmat.*
Pallipes. KIRB. SCH. I. 276. 55. *Gallia.*
Geniculatum. GERM. *German.*
Flavipes. VOET. *Suecia.*
Germari. WALTON. Extr. An. of. N. H. 1844. 28. 32. *Gal. mer.*
Flavimanum. SCH. I. 276. 57. *Gallia.*
Picicorne. STEPH. *Id.*
Semivittatum. SCH. I. 271. 46. *Tauria.*
Ulicis. FORST. SCH. V. 392. 62. *Gallia.*
Ilicis. SCH. I. 269. 43. *Anglia.*
Fuscirostre. FABR. SCH. I. 270. 44. *Gallia.*
Melanopum. KIRB. *Anglia.*
Albo-vittatus. HERBST. *German.*
Venustus. HERBST. *Id.*
Difficile. HERBST. SCH. I. 270. 45. *Gallia.*
Corniculatum. GERM. *German.*
Genistæ. KIRB. SCH. I. 271. 47. *Gallia.*
Astragali. HERBST. *German.*
Squamigerum. J. du V. Gen. Curc. 9. *Gal. mer.*
Rufirostre. FABR. SCH. I. 274. 52. *Gallia.*
Malvarum. KIRB. *Anglia.*
Trifolii. MARSH. *Id.*
Atritarse. SCH. I. 277. 59. *Tauria.*
Fulvirostre. SCH. I. 274. 53. *Id.*
Flavofemoratum. HERB. SCH. I. 276. *Gallia.*
Malvæ. FABR. SCH. I. 272. 49. *Eur. tem.*
Minutus. FOURC. *Gallia.*
Pulex. GMEL. *Id.*
Flavescens. VILLA. *Italia.*
Vernale. FABR. SCH. I. 273. 50. *Europa.*
Fasciatum. OL. *Gallia.*
Lythri. PANZ. *German.*
Scalptor. HERBST. *Id.*
Urticarius. HERBST. *Id.*
Concinnus. MARSH. *Anglia.*
Pallidactylum. SCH. V. 394. 72. *Sicilia.*
Rufescens. SCH. I. 273. 51. *Lusitan.*
Pallidulum. SCH. V. 400. 82. *Sicilia.*
Viciæ. PK. SCH. I. 278. 60. *Gallia.*
Griesbachii. STEPH. *Anglia.*
Obscurum. MARSH. SCH. I. 278. 61. *Id.*
Difforme. GERM. SCH. V. 402. 88. *Gallia.*
Dissimile. GERM. SCH. V. 404. 90. *Id.*
Varipes. GERM. SCH. I. 279. 64. *Id.*
Flavipes. Var. *c.* GYL. *Suecia.*
Flavifemoratum. Var. *γ.* KIRB. *Anglia.*
Fagi. LIN. SCH. I. 280. 66. *Gallia.*
Apricans. HERBST. I. 279. 65. *German*
Flavifemoratum. KIRB. *Anglia.*
Flavipes. PANZ. *German.*
Trifolii. Var. MARSH. *Anglia.*
Ochropus. LIN. *Suecia.*

Ononidis. GYL. SCH. I. 280. 67. *Suecia.*
Bohemani. SCH. V. 405. 95. *Westrog.*
Lævicolle. KIRB. SCH. V. 406. 96. *Anglia.*
Schœnherri. SCH. V. 406. 97. *Id.*
Flavipes. FABR. SCH. I. 280. 69. *Europa.*
Trifolii. LIN. *Suecia.*
Æstivum. GERM. SCH. I. 281. 70. *Gallia.*
Flavipes. LAICH. *German.*
Leachii. STEPH. *Anglia.*
Ruficrus. GERM. SCH. V. 407. 100 (1). *German.*
Assimile. KIRB. SCH. I. 281. 71. *Gallia.*
Flavipes. Var. *b.* GYL. *Suecia.*
Angusticolle. SCH. I. 282. 72. *Odessa.*
Nigritarse. KIRB. SCH. I. 282. 73. *Gallia.*
Waterhousei. SCH. V. 408. 102. *Anglia.*
Miniatum. SCH. I. 282. 74. *Gallia.*
Frumentarium. GERM. STEPH. *Anglia.*
Hæmatodes. KIRB. *Id.*
Frumentarium. PK. SCH. I. 283. *Suecia.*
Purpureus. LATR. *Gallia.*
Sanguineus. Act. Nidr. *German.*
Rubens. STEPH. WALTON. Ext. An. of. N. H. 1844. 24. 17. *Anglia.*
Sanguineum. DE GEER. SCH. I. 284. *Gallia.*
Cruentatum. WALTON. Ext. An. of. N. H. 1844. 25. 19. *Anglia.*
Gyllenhalii. KIRB. SCH. I. 297. 113. *Gallia.*
Unicolor. KIRB. *Anglia.*
Æthiops. GYL. *Suecia.*
Punctigerum. THUNB. *German.*
Elongatum. GERM. *Id.*
Incanum. SCH. V. 414. 113. *Helvetia.*
Millum. SCH. V. 390. 56. *Tauria.*
Salviæ. FRŒLICH. *Austria.*
Seniculus. KIRB. SCH. I. 285. 80. *Gallia.*
Tenuis. GYL. *Suecia.*
Plebejum. GERM. *German.*
Pusillum. STEPH. *Anglia.*
Pubescens. SCH. V. 383. 33. *Id.*
Denominandum. J. DU V. (2). *German.*
Trifolii SCH. I. 285. 81. *Id.*
Curtisii. WALTON. Ext. An. of. N. H. 1844. 23. 13. *Anglia.*
Columbinum. GERM. SCH. I. 304. 129. *Gallia.*
Simile. KIRB. SCH. V. 424. 150. *Anglia.*
Superciliosum. GYL. SCH. I. 289. *Europa.*
Triste. GERM. *German.*
Tubiferum. SCH. I. 284. 79. *Gal. mer.*
♂ *Hirsutum.* VILLA. *Italia.*
Alcyoneum. GERM. SCH. 303. 125. *Lipsiæ.*
Ebeninum. KIRB. SCH. V. 419. 127. *Gallia.*
Kunzei. SCH. V. 419. 128. *Lipsiæ.*
Furvum. SAHLB. SCH. V. 420. 132. *Finland.*

(1) D'après M. Walton (Extr. Ann. of. N. H. 1844, p. 37.) cette espèce serait simplement le ♂ du *Trifolii* LIN.

(2) J'ai dû changer la dénomination de cette espèce, le nom de *Trifolii* ayant déjà été employé pour en désigner une plus ancienne. — *A. denominandum* J. DU V. — Nigrum, obscurum, vix pubescens; capite brevi, latiusculo; thorace longiore, subcylindrico, confertim punctato; elytris ovalis, subremote punctato-sulcatis; rostro mediocri, subcarinato, nitido. — *A. seniculo*, paulo brevius, sed latius; thorace longiore, pubescentia vix visibili, ab illo distinctum. SCHH.

Oblongum. SCH. V. 421. 133. *Tauria.*
Platalea. GERM. SCH. I. 297. 114. *German.*
Cyanescens. SCH. I. 306. 140. *Gal.mer.*
Ononis, KIRB. SCH. I. 300. 119. *Anglia.*
Cinerascens. GERM. *German.*
Glaucinum. SCH. I. 255. 10. *Gallia.*
Mecops. SCH. V. 413. 112. *Scania.*
Ervi. KIRB. SCH. I. 300. 120. *Gallia.*
Lathyri. KIRB. STEPH. *Anglia.*
Perplexum. SCH. I. 293. 100. *German.*
Languidum. SCH. I. 292. 99. *Id.*
Loti. KIRB. SCH. I. 287. 84. *Gallia.*
Angustatum. KIRB. SCH. I. 292. *German.*
Modestum. GERM. *Id.*
Meliloti. Var. β. KIRB. *Anglia.*
Glabratum. GERM. SCH. I. 296. *Id.*
Validirostre. SCH. I. 301. 122. *Gallia.*
Afer. SCH. I. 291. 97. *Id.*
Puncticolle. STEPH. *Anglia.*
Scutellare. KIRB. SCH. I. 290. 93. *Id.*
Kirbyi. GERM. SCH. I. 290. 94. *Id.*
Ulicicola. PERRIS. *Gal.mer.*
Filirostre. KIRB. SCH. I. 305. 134. *Anglia.*
Morio. GERM. SCH. I. 297. 112. *Gallia.*
Meliloti. KIRB. SCH. I. 290. 95. *Id.*
Bifoveolatum. STEPH. *Anglia.*
Virens. HERBST. SCH. I. 295. 104. *Europa.*
Æneocephalum. GYL. *Suecia.*
Marchicum. GERM. STEPH. *Anglia.*
Punctirostre. SCH. V. 425. 150. *Banat.*
Punctigerum. GERM. SCH. I.305.137. *Gallia.*
Sulcifrons. KIRB. *Anglia.*
Spencei. KIRB. SCH. I. 304. 130. *Gallia.*
Foveolatum. KIRB. SCH. I. 303. *Suecia.*
Cyaneum. GYL. *Id.*
Intrusum. GYL. SCH. I. 303. 128. *Anglia.*
Columbinum. STEPH. *Id.*
Sulcifrons. HERBST. SCH. V. 426. 156. *German.*
Æthiops. HERBST. SCH. I. 297. 115. *Gallia.*
Marchicum. GYL. *Suecia.*
Flavipes. Var. γ. PAYK. *Id.*
Subsulcatum. KIRB. *Anglia.*
Cæruleum. HERBST. *German.*
Subcæruleum. STEPH. *Anglia.*
Var. *Leptocephalum.* AUBÉ. An. Soc. Ent. Fr. 1850. 339. *Gallia.*
Livescerum. SCH. I. 298. 116. *Id.*
Reflexum. SCH. I. 290. 96. *Id.*
Translaticium. SCH. V. 427. 158. *German.*
Gracilicolle. SCH. V. 428. 160. *Lusitan.*
Incisum. SCH. V. 428. 161. *Geneva.*
Waltoni. STEPH. *Anglia.*
Curtisii. SCH. V. 430. 163. *Id.*
Astragali. PAYK. SCH. I. 295. 105. *German.*
Elegantulum. GERM. SCH. I. 296. 109. *Gallia.*
Coracinum. SCH. I. 299. 117. *Parisii.*
Facetum. SCH. V. 431. 166. *Tauria.*
Pullum. SCH. I. 299. 118. *Id.*
Vorax. HERBST. SCH. I. 302. 123. *German.*
Villosulus. MARSH. ♀. *Anglia.*
Fuscicornis. MARSH. ♂. *Id.*
Pallicorne. SCH. I. 302. 124. *Gallia.*
Pavidum. GERM. SCH. V. 433. 170. *German.*
Plumbeum. SCH. I. 301. 121. *Gallia.*
Ervi. Var. SCH. *Anglia.*
Cinerascens. GERM. *German.*
Juniperi. SCH. V. 433. 171. *Geneva.*
Orbitale. SCH. V. 434. 173. *Gallia.*
Amplipenne. SCH. I. 308. 142. *Græcia.*
Sundevalli. SCH. V. 435. 175. *Westrog.*
Pisi. FABR. SCH. I. 304. 131. *Europa.*
Punctifrons. KIRB. STEPH. *Anglia.*
Pasticum. GERM. *German.*
Gravidum. OLIV. *Gallia.*
Æratum. STEPH. *Anglia.*
Cyanipenne. SCH. V. 438. 181. *Lipsiæ.*
Sorbi. HERBST. SCH. I. 308. 143. *Gallia.*
Viridescens. MARSH. *Anglia.*
Lævigatus. PAYK. *Suecia.*
Carbonarium. STEPH. *Anglia.*
Dispar. GERM. SCH. V. 439. 183. *German.*
Striatum. MARSH. SCH. I. 305. 136. *Anglia.*
Pisi. GERM. STEPH. *Id.*
Atratulum. GERM. S. I. 305. 132. *Gallia.*
Immune. KIRB. SCH. I. 305. 133. *Id.*
Betulæ. SCH. I. 260. 21. *Id.*
Aquilinum. SCH. V. 440. 186. *Scania.*
Humile. GERM. SCH. I. 287. 86. *Gallia.*
Brevirostre. GYL. *Suecia.*
Curtirostre. GERM. STEPH. *Anglia.*
Var. *Sedi.* GYL. *Suecia.*
Plebeium. STEPH. *Anglia.*
Interstitiale. SCH. V. 443. 189. *Gallia.*
Sedi. GERM. SCH. V. 443. 190. *Id.*
Simum. GERM. SCH. I. 296. 111. *Id.*
Minimum. HERBST. SCH. I. 288. 88. *Id.*
Velox. KIRB. STEPH. *Anglia.*
Foraminosum. SCH. I. 289. 91. *German.*
Violaceum. KIRB. SCH. I. 293. 101. *Europa.*
Cyaneum. OLIV. *Gallia.*
Aterrimum. LIN. *Europa.*
Marchicum. HERBST. SCH. I. 291. *Gallia.*
Violaceum. GYL. Ins. S. III. 50. *Suecia.*
Rumicis. STEPH. *Anglia.*
Spartii. KIRB. SCH. V. 429. 162. *Id.*
Affine. KIRB. SCH. I. 294. 103. *Gallia.*
Limonii. KIRB. SCH. I. 306. 139. *Gal.mer.*

Groupe 6. RHAMPHITES.

Genre RHAMPHUS. CLAIRV. (Gen. 10. 18).

Flavicornis. CLAIRV. SCH. I. 310. 1. *Gallia.*
Pulicarius. GYL. STEPH. *Suecia.*
Oxyacanthæ. MARSH. *Anglia.*
Tomentosus. OLIV. SCH. I. 310. 2. *Helvetia.*
Æneus. SCH. I. 310. 3. *Gal. mer.*

Groupe 7. BRENTHITES.

Genre AMORPHOCEPHALUS. SCH. (Gen. 11.19.)

Coronatus. GERM. SCH. I. 330. 22. *Italia.*
Italicus. GUÉR. (Brentus). *Illyria.*

DEUXIÈME DIVISION.

PREMIÈRE SECTION. BRACHYRHYNQUES.

Groupe 1. BRACHYCÉRITES.

Genre BRACHYCERUS. FABR. (Gen. 12. 20.)

Lateralis. GYL. SCH. I. 407. 38. *Gal. mer.*
Undatus. FABR. SCH. I. 408. 39. *Id.*
Lacunatus. LATR. *Eur. m.*
Algirus. OLIV. *Id.*
Crispatus. FABR. SCH. I. 410. 41. *Barbar.*
Barbarus. DUMÉRIL. *Id.*
Incultus. GYL. SCH. I. 411. 43. *Id.*
Corrosus. SCH. I. 409. 40. *Corsica.*
Albidentatus. SCH. V. 654. 70. *Sicilia.*
Besseri. SCH. I. 413. 45. *Rus. mer.*
Pisiferus. THUNB. *Tauria.*
Lutulentus. SCH. I. 418. 54. *Id.*
Siculus. SCH. I. 414. 46. *Sicilia.*
Chevrolati. SCH. V, 657. 76. *Id.*
Plicatus. SCH. I. 415. 49. *Hispan.*
Algirus. FABR. SCH. I. 416. 51. *Gal. mer.*
Muricatus. OLIV. *Id.*
Planirostris, SCH. I. 417. 52. *Italia.*
Lutosus. SCH. I. 417. 53. *Gal. aust.*
Cirrosus. SCH. V. 660. 83. *Sicilia ?*
Perodiosus. SCH. V. 661. 84. *Hispan.*
Superciliosus. SCH. I. 422. 59. *Caucas.*
Europæus. THUNB. SCH. I. 421. 58. *Eur. m.*
Muricatus. FABR. SCH. I. 419. 55. *Hungar.*
Foveicollis. SCH. I. 419. 56. *Eur. m.*
Ovatus. BRUL. Exp. Sc. M. III. 235. 426. *Morea.*

Groupe 2. BRACHYDÉRITES.

Genre PSALIDIUM. ILLIG. (Gen. 12. 21.)

Maxillosum. FABR. SCH. I. 514. I. *Austria.*
Articulatus FABR. *Hungar.*
Sculpturatum. SCH. V. 828. 2. *Const^{pol}.*
Interstitiale. SCH. V. 829. 3. *Tauria.*
Vittatum. SCH. V. 831. 5. *Turcia.*

Genre BARYPEITHES. J. DU V. (Gen. 13. 21 *bis.*)

Rufipes. J. DU V. Gen. Curc. 13 et 35. *Gal. occ.*
Sulcifrons. SCH. VII. I. 143. 36. *Anglia.*

Genre THYLACITES. GERM. (Gen. 13. 22.)

Cataractus. SCH. V. 854. 1. *Lusitan.*
Mus. HERBST. SCH. V. 855. 2. *Id.*
Fritillum. PANZ. SCH. I. 516. 3. *Gal. mer.*
Raucus. PANZ. *Eur. m.*
Robiniæ. HERBST. *Id.*
Canescens. ROSSI. *Italia.*
Tessellatus. SCH. I. 518. 5. *Lusitan.*
Turbatus. SCH. I. 519. 6. *Id.*
Oblongus. GRAEL. A. S. E. F. 1851. 22. *Hispan.*
Chalcogrammus. SCH. I. 521. 8. *Hispan.*
Umbrinus. SCH. I. 520. 7. *Lusitan.*
Glabratus. SCH. I. 517. 4. *Id.*
Lasius. SCH. I. 521. 9. *Id.*
Vittatus. SCH. V. 857. 10. *Hispan.*
Pilosus. FABR. SCH. I. 522. 10. *German.*
Licinus. HERBST. *Hungar.*
Pilosus. HERBST. *Id.*
Guinardi. J. DU V. An. S. E. Fr. 1852. 708. *Gal. mer.*

Genre CNEORHINUS. SCH. (Gen. 14. 23.)

Barcelonicus. HERBST. SCH. I. 525. 1. *Hispan.*
Var. *β. Innocuus.* FABR. *Id.*
Prodigus. FABR. SCH. I. 525. 2. *Id.*
Hispanus. HERBST. *Id.*
Ludificator. SCH. I. 526. 3. *Id.*
Meridionalis. J. DU V. Gen. Curc. 14. *Gal. mer.*
Geminatus. FABR. SCH. V. 861. 7. *Gallia.*
Globatus. LATR. HERBST. *German.*
Maritimus. MARSH. *Anglia.*
Plagiatus. SCHALL. *German.*
Albicans. SCH. I. 530. 9. *Gallia.*
Parapleurus. STEPH. *Anglia.*
Scrobiculatus. STEPH. *Id.*
Exaratus. MARSH. SCH. I. 532. 11. *Gallia.*
Plumbeus. MARSH. STEPH. *Anglia.*
6-striatus. MARSH. *Id.*
Carinirostris. SCH. V. 863. 12. *Lusitan.*
Pyriformis. SCH. I. 528. 6. *Id.*
Hypocyanus. SCH. I. 529. 7. *Id.*
Amplicollis. SCH. V. 867. 18. *Id.*
Lateralis. GRAEL. A. S. E. Fr. 1851. 21. *Hispan.*

Genre FOUCARTIA. J. DU V. (Gen. 14. 24.)

Cremieri. J. DU V. Gen. Curc. 15. *Gallia.*

Genre STROPHOSOMUS. SCH. (Gen. 15. 25.)

Coryli. FABR. *Gal. mer.*
Illibatus. SCH. I. 538. 17. *Volhyn.*
Obesus. MARSH. *Gallia.*
Coryli. SCH. I. 535. 15. *Europa.*
Cognatus. STEPH. *Anglia.*
Subrotundus. STEPH. *Id.*
Capitatus. DE GEER. *German.*
Var. *Cervinus.* FABR. *Gallia.*
Truncatus. LATR. *Id.*
Asperifoliarum. STEPH. *Anglia.*
Rufipes. STEPH. *Id.*
Nigricans. STEPH. *Id.*
Atomarius. STEPH. *Id.*
Nebulosus. STEPH. *Id.*
Fulvicornis. WALTON. Ext. An. of. N. H. 1844. 77. 3. *Id.*
Retusus. MARSH. *Id.*
Oxyops. SCH. I. 541. 22. *Gallia.*
Alternans. SCH. I. 537. 16. *Id.*
Squamulatus. STEPH. *Anglia.*

Faber. HERBST. SCH. I. 540. 21. *Europa.*
Pilosus. HERBST.. *German.*
Pilosellus. GYL. STEPH. *Anglia.*
Limbatus. OL. MARSH. *Gallia.*
Latirostris. GMEL. *Id.*
Chætophorus. STEPH. *Anglia.*
Septentrionis. STEPH. *Id.*

Limbatus. FABR. SCH. I. 542. 23. *Gallia.*
Lateralis. PAYK. *Suecia.*
Sus. STEPH. *Anglia.*

Cristatus. SCH. I. 542. 24. *Hispan.*

Tubericollis. FAIRM. An. S. Ent. Fr. 1852. 86. 19. *Pyren.*

Hirtus. SCH. VIII. II. 399. *Gallia.*

Squamulatus. HERBST. SCH. 543. 25. *Europa.*

Setulosus. SCH. VIII. II. 400. *Geneva.*

Hispidus. SCH. V. 884. 26. *Gal.mer.*
Porcellus. SCH. I. 543. 26. *Tauria.*

Subsulcatus. SCH. I. 545. 29. *Italia.*

Genre SCIAPHILUS. SCH. (Gen. 15. 26.)

Muricatus. F. SCH. I. 547. 1. *Gallia.*
Asperatus. FABR. STEPH. *Anglia.*
Planirostris. GMEL. *German.*

Costulatus. KSW. A.S.E.Fr. 1851. 629. *Pyren.*

Meridionalis. SCH. V. 913. 2. *Sicilia.*

Barbatulus. GERM. SCH. V. 914. 3. *Dalmat.*

Smaragdinus. SCH. V. 915. 4. *Id.*

Scitulus. GERM. SCH. V. 916. 5. *German.*

Bellus. ROSENH. Beitr. I. F. Eur. I. 39. *Tyrolia.*

Setosulus. GERM. SCH. V. 916. 6. *Austria.*

Hispidus. REDT. Faun. Austr. 455. 4. *Id.*

Viridis. SCH. I. 548. 5. *Italia.*

Oblongus. SCH. I. 549. 6. *Hispan.*

Ningnidus. GERM. SCH. V. 918. 10. *Saxonia.*

Afflatus. SCH. I. 550. 7. *N.*

Carinula. OLIV. SCH. I. 551. 8. *Lusitan.*

Aurosus. GERM. SCH. VIII. II. 404. *Sicilia.*

Genre BRACHYDERES. SCH. (Gen. 16. 27.)

Lusitanicus. F. SCH. I. 557. 1. *Gal.mer.*

Gracilis. SCH. I, 557. 2. *Lusitan.*

Opacus. SCH. I. 558. 3. *Gal. oc.*

Illæsus. SCH. I. 559. 4. *Lusitan?*

Incanus. LIN. SCH. V. 932. 5. *Gallia.*
Griseoapterus. DE GEER. *German.*
Rufipes. LIN. *Suecia.*
Testipes. SCHRANK. *German.*

Lepidopterus. SCH. I. 561. 6. *Gallia.*

Pubescens, SCH. I. 561. 7. *Gal.mer.*

Suturalis. GRAEL. M. Acad. Madrid. II. pl. 8. 7 (1). *Hispan.*

Genre EUSOMUS. GERM. (Gen. 16. 28.)

Ovulum. ILL. SCH. V, 938. 1. *Gallia.*

Virens. SCH. I. 566. 4. *Hungar.*

Elongatus. SCH. I. 566. 3. *Tauria.*

Tæniatus. KRYN. SCH. V. 942. 9. *Cherson.*

Genre PHÆNOGNATHUS. SCH. (Gen. 16. 29.)

Thalassinus. SCH. Mant. 2ª f. Curc. 28. *Græcia.*
Dohrnii. KUST. Kaf. Eur. 18, 75. *Id.*

Genre AMOMPHUS. DOHRN. (Gen. 17. 30.)

Westringii. SCH. Mant. 2ª f. Curc. 28. *Hispan.*

Concinnus. KUST. Kaf. Eur. 18. 77. *Id.*

Genre TANYMECUS. GERM. (Gen. 17. 31.)

Palliatus. F. SCH. VI. 1. 222. 2. *Europa.*
Graminicola. OLIV. *Gallia.*
Canescens. HERBST. *German.*
Diffinis. MARSH. *Anglia.*
Glis. ROSSI. *Italia.*

Variegatus. GEBL. SCH. VI. I. 226. 9. *Rus.mer.*

Vittiger. SCH. II. 90. 22. *Hungar.*

Genre SITONES. SCH. (Gen. 17. 32).

Ambulans. SCH. VI. I. 253. 1. *Eur. m.*

Latipennis. SCH. II. 99. 4. *Lusitan.*

Gressorius. FABR. SCH. II. 97. 1. *Italia.*
Grissonus. FABR. *Eur. m.*

Griseus. FABR. SCH. II. 98. 2. *Eur. tem.*
Hinnulus. GERM. *German.*
Palliatus. OLIV. *Gallia.*
Infossor. HERBST. *German.*
Fuscus. MARSH. STEPH. *Anglia.*
Sutura-alba. OLIV. *Gallia.*
Suturalis. HERBST. *German.*
Intermedius. KUST. *Dalmat.*

Callosus, SCH. II. 105. 12. *Tauria.*

Cinerascens. SCH. VI. I. 256. 6. *Parisii.*

Cambricus. STEPH. *Anglia.*
Cribricollis. SCH. II. 101. 6. *Austria.*
Constrictus. SCH. VI. I. 257. 8. *Saxonia.*

Regensteinensis. HERBST. SCH. II. 101. *Gallia.*
Ulicis. STEPH. *Anglia.*
Spartii. STEPH. *Id.*
Femoralis. STEPH. *Id.*
Pleuritica. STEPH. *Id.*

Globulicollis. SCH. II. 102. 8. *Gallia.*

Striatellus. SCH. II. 106. 14. *Tauria.*
Canus. SCH. II. 119. 32. *Id.*

Chloroloma. SCH. VI. I. 260. 15. *Sardin.*

Virgatus. SCH. VI. I. 261. 16. *Sicilia?*

Setosus. REDT. Faun. Aust. 453. 11. *Austria.*

Tibialis. HERBST. SCH. II. 114. 23. *Gallia.*
Chloropus. MARSH. *Anglia.*

(1) Les diagnoses de cette espèce et du *Metallites cristatus* cité plus loin sont reproduites dans l'Entomol. Zeitung. Stettin, 1853, p. 20.

Geniculatus. Sch. VI. I. 262. 19. *Parisii.*
Meliloti. Walton. Extr. An. of. N. H. 1844. 70. 9. *Anglia.*
Brevicollis. Sch. II. 114. 24. *Eur. int.*
Ambiguus. Sch. II. 116. 27. *Eur. tem.*
Lineellus. Var. ♂. Gyl. *Suecia.*
Sulcifrons. Thunb. Sch. VI. I. 264. *Europa.*
Tibialis. Gyl. Steph. *Suecia.*
Campestris. Oliv. *Gallia.*
Subaurata. Steph. *Anglia.*
Atomarius. Marsh. *Id.*
Languidus. Sch. II. 116. 26. *Tauria.*
Arcticollis. Sch. II. 121. 34. *Id.*
Crinitus. Oliv. Sch. II. 124. 39. *Gallia.*
Albescens. Steph. *Anglia.*
Macularius. Marsh. *Id.*
Nanus. Sch. II. 123. 38. *Austria.*
Var. *Lineellus.* Gyl. S. II. 111. *Gallia.*
Occator. Germ. Herbst. *German.*
Lineatus. Var. ♂. Payk. *Suecia.*
Waterhousei. Walton. Ext. An. of. N. H. 1844. 72. 12. *Anglia.*
Variegatus. Sch. VI. I. 265. 26. *Sicilia.*
Puncticollis. Steph. *Anglia.*
Insulsus. Sch. II. 103. 9. *Tauria.*
Flavescens v. Kirb. *Anglia.*
Conspectus. Sch. VI. I. 268. 30. *Sicilia?*
Flavescens. Marsh. Steph. *Gallia.*
8-punctatus. Sch. VI. I. 269. 31. *German.*
Caninus. Gyl. *Suecia.*
Obsoletus. Gmel. *Id.*
Subrusus. Gmel. *German.*
Nigriclavis. Steph. *Anglia.*
Longiclavis. Steph. *Id.*
Griseus. Steph. *Id.*
Turbatus. Sch. VI. I. 279. 60. *Id.*
Lineatus. Fabr. (Mus. Banks). *Dania.*
Tenuis. Rosenh. Beitr. I. F. Eur. 40. *Tyrolia.*
Cylindricollis. Sch. VI. I. 269. 32. *Lothar.*
Lateralis. Sch. II. 105. 13. *Tauria.*
Medicaginis. Redt. Faun. Aust. 452. *Austria.*
Attritus. Sch. II. 107. 15. *Tauria.*
Discoideus. Sch. II. 112. 21. *Austria.*
Humeralis. Steph. *Anglia.*
Promptus. Sch. II. 113. 22. *Gal. mer.*
Pisi. Steph. *Anglia.*
Longicollis. Sch. VI. I. 271. 39. *Tauria.*
Cachecta. Sch. II. 108. 17. *Hispan.*
Lineatus. Lin. Sch. II. 109. 18. *Europa.*
Squamosus. Gmel. *German.*
Intersectus. Fourc. *Parisii.*
Caninus. Fabr. *Austria.*
Chloropus. Lin. *Suecia.*
Ruficlavis. Marsh. Steph. *Anglia.*
Griseus. Marsh. *Id.*
Elegans. Sch. II. 117. 29. *Saxonia.*
Lineatus. Var. γ. Payk. *Suecia.*

Anchora. Sch. II. 118. 30. *Tauria.*
Argutulus. Sch. II. 119. 31. *Italia.*
Bicolor. Sch. VI. I. 275. 47. *Dalmat.*
Inops. Sch. II. 110. 19. *Austria.*
Suturalis. Steph.? *Anglia.*
Trisulcatus. Sch. VI. I. 276. 49. *Eur. m.*
Hæmorrhoidalis. Sch. II. 115. 25. *Austria.*
Fœdus. Sch. II. 120. 33. *Tauria.*
Tibiellus. Sch. II. 121. 35. *Austria.*
Hispidulus. Fabr. Sch. II. 123. 37. *Europa.*
Crinitus. Herbst. *German.*
Tibialis. Oliv. *Gallia.*
Pallipes. Steph. *Anglia.*
Ocellatus. Kust. Kaf. E. 17. 69. *Hisp. m.*

Genre MESAGROICUS. Sch. (Gen. 18. 33 et 74.)

Piliferus. Sc. I. 522. 11 (Thylacites). *Aust.* (1).
Obscurus. Sch. VI. I. 282. 2. *Italia.*
Occipitalis. Germ. F. Ins. E. XXIV. 11-12. *Dalmat.*

Genre CHÆRODRYS. J. du V. (Gen. 18. 34.)

Setifrons. J. du V. An. S. Fr. 1852. 710. *Gal. mer.*

Genre SCYTHROPUS. Sch. (Gen. 18. 35.)

Mustela. Herbst. Sch. II. 154. 1. *German.*
Villosulus. Herbst. *Id.*
Squamulosus. Herbst. *Id.*
Squamosus. Ksw. An. S. Fr. 1851. 631. *Catalon.*

Genre POLYDROSUS. Germ. (Gen. 19. 36.)

Undatus. Fabr. Sch. II. 135. 1. *Gallia.*
Tereticollis. de Geer. *German.*
Albofasciatus. Herbst. *Id.*
Cinereus. Schall. *Id.*
Selenius. Marsh. *Anglia.*
Fulvicornis. Steph. *Id.*
Rufipes. Lin. *Suecia.*
Intermedius. Zett. Sch. II. 135. 2. *Laponia.*
Fulvicornis. Fabr. Sch. II. 136. 4. *Eur. bor.*
Ruficornis. Bonsd. Oliv. *Suecia.*
Fasciatus. Mull. *Dania.*
Undulatus. Gmel. *Suecia.*
Ornatus. Sch. II. 137. 5. *Tauria.*
Ferrugineus. Sch. VI. I. 443. 5. *Id.*
Viridicinctus. Sch. II. 138. 6. *Hungar.*
Planifrons. Sch. II. 138. 7. *Parisii.*
Argentatus. Oliv. *Id.*
Bohemani. Ksw. A. S. E. F. 1851. 632. *Catalon.*
Armipes. Sch. II. 139. 8. *Sicilia.*
Impressifrons. Sch. II. 140. 9. *Gallia.*
Sericeus. Germ. *German.*
Flavipes. de Geer. Sch. II. 141. 10. *Gallia.*
Argentatus. Var. β. Bonsd. *Suecia.*
Ochropus. Lin. *Id.*

(1) Nous devons à M. Jekel un exemplaire de cette espèce portant *Autriche* comme indication de patrie, Schœnherr l'indique du Caucase.

Pterygomalis. SCH. VI. I. 445. 12. *Gallia.*
Flavipes. GYL. MARSH. *Succia.*

Corruscus. GERM. SCH. II. 144. 15. *German.*
Herbeus. SCH. II. 141. 11. *Iberia.*

Flavovirens. SCH. II. 142. 12. *Austria.*
Sericeus. HERBST. *Id.*

Xanthopus. SCH. II. 142. 13. *Pyr. or.*

Bardus. SCH. II. 143. 14. *Chers.Th.*

Cervinus. LIN. SCH. II. 144. 16. *Gallia.*
Iris. FABR. *Anglia.*
Messor. HERBST. *German.*
Var. *Maculosus.* HERBST. *Id.*
Griseoæneus. DE GEER. *Id.*
Melanotus. STEPH. *Anglia.*

Astutus. SCH. II. 145. 17. *Tauria.*

Vilis. SCH. V. II. 146. 18. *Id*
Inustus. GERM. SCH. II. 153. 30. *Id.*
Martini. HUM. SCH. (Eusomus). *Petropol.*

Chrysomela. OLIV. SCH. VI. I. 447. 20. *Austria.*
Sericeus. STEPH. *Anglia.*
Pulchellus. STEPH. *Id.*

Confluens. STEPH. *Anglia.*
Perplexus. SCH. VI. I. 448. 21. *German.*
Chrysomela. SCH. II. 146. 19. *Gallia.*
Amaurus. STEPH. *Anglia.*

Sparsus. SCH. II. 147. 20. *Italia.*

Picus. FABR. SCH. II. 147. 21. *Gallia.*
Ornatus. HERBST. *German.*

Sericeus. SCHALL. SCH. II. 148. 23. *Gallia.*
Squamosus. GERM. *German.*
Splendidus. HERBST. *Id.*
Formosus. MAYER. *Id.*
Speciosus. STEPH. *Anglia.*

Thalassinus. SCH. II. 149. 24. *Varsov.*

Mollis. SCH. VI. I. 451. 28. *Lusitan.*

Lateralis. SCH. II. 150. 25. *Italia.*

Dorsalis. SCH. VI. I. 452. 30. *Corcyra.*

Leucaspis. SCH. VI. I. 453. 31. *Sardin.*

Micans. FABR. SCH. II. 150. 26. *Europa.*
Pyri. LATR. *Gallia.*
Mollis. MULL. *Dania.*
Argentatus. SCOP. FOURC. *Carniol.*

Squalidus. SCH. II. 151. 27. *Tauria.*

Vittatus. SCH. II. 152. 29. *Illyria.*

Amœnus. GERM. SCH. VI. I. 454. 35. *German.*

Rubi. GYL. SCH. II. 152. 28. *Scania.*

Salsicola. FAIRM. An. S. Ent. Fr. 1852. 689. 4. *Gal. b. oc.*

Genre METALLITES. SCH. (Gen. 19. 37.)

Mollis. GERM. SCH. VI. I. 457. 1. *Gal. mer.*

Atomarius. OLIV. SCH. II. 155. 2. *German.*
Æratus. GRAV. *Id.*

Elegantulus. SCH. VI. I. 457. 3. *Id.*

Marginatus. STEPH. *Anglia.*
Ambiguus. SCH. II. 157. 5. *Gallia.*
Fulvipes. GERM. *German.*

Murinus. SCH. II. 157. 6. *Gal. mer.*

Tibialis. SCH. II. 156. 4. *Istria.*

Globosus. SCH. II. 158. 7. *Gal. mer.*

Cylindricollis. SCH. VI. I. 459. 8. *Illyria.*

Fairmairei. KSW. A. S. E. F. 1851. 633. *Catalon.*

Cristatus. GRAEL. M. Ac. Madrid. II. pl. 8. 8. *Hispan.*

Genre CHLOROPHANUS. GERM. (Gen. 19. 38.)

Viridis. LIN. SCH. II. 61. 1. *Europa.*
Flavocinctus. DE GEER. *German.*
Brevicollis. SCH. II. 62. 2. *Id.*
Inermis. SCH. II. 62. 3. *Gallia.*

Rugicollis. SCH. II. 63. 4. *Pyr. or.*

Pollinosus. FABR. SCH. II. 64. 5. *Austria.*

Salicicola. GERM. SCH. II. 64. 6. *Silesia.*

Sibiricus. SCH. II. 65. 8. *Tauria.*

Voluptificus. SCH. II. 66. 9. *German?*

Graminicola. SCH. II. 67. 10. *Hungar.*
Pollinosus. OLIV. *Gallia.*
Flavescens. HERBST. *German.*
Viridis. Var. β. LAICH. *Tyrol.*

Excisus. FABR. SCH. VI. I. 432. 15. *Moldav.*
Nobilis. SCH. VI. I. 428. 8. *Hungar.*

Sellatus. FABR. SCH. VI. I. 435. 19. *Rus. mer.*

Fallax. ILL. SCH. II. 69. 13 (Phænodus). *Hungar.*

Groupe 3. CLÉONITES.

Genre CLEONUS. SCH. (Gen. 20. 39.)

Marmoratus. FABR. SCH. II. 206. 52. *Gallia.*
Tigrinus. PANZ. *German.*
Marmoreus. SCHRANK. *Id.*
Dealbatus. LIN. *Id.*
Roridus. VOET. *Id.*

Achates. SCH. VI. II. 5. 12. *Hungar.*

Sparsus. SCH. II. 205. 50. *Italia.*

Morbillosus. FABR. SCH. 208. 54. *Hispan.*
Tigrinus. OLIV. *Gal. mer.*
Verrucicollis. BILB. *Italia.*

Testatus. SCH. II. 209. 55. *Etruria.*

Nebulosus. LIN. SCH. VI. II. 8. 16. *Europa.*
Carinatus. DE GEER. *German.*

Guttulatus. SCH. II. 178. 14. *Succia.*

Turbatus. SCH. VI. II. 9. 18. *Europa.*
Glaucus. SCH. II. 179. 15. *German.*
Nebulosus OLIV. *Gallia.*

Vittiger. SCH. VI. II. 11. 20. *Tauria.*

Tessellatus. FAIRM. An. S. Ent. Fr. 1849. 424 (1). *Andalus.*

Pruinosus. SCH. II. 183. 21. *Rus. mer.?*

Ophthalmicus. ROSS. SCH. VI. II. 12. 22. *Italia.*
Distinctus. FABR. *Gal. mer.*
4-punctatus. SCHRANK. *Austria.*
Posticus. GERM. SCH. II. 184. 23. *Hungar.*

(1) J'ignore dans quelle division rentre cette espèce ; je la laisse ici sur la foi du catalogue de Stettin, 1852. D'après M. Fairmaire, elle est très voisine du *Candidatus Pallas* qui est un *Bothynoderes.*

Ocellatus. SCH. VI. II. 12. 23. *Sicilia.*

Concinnus. SCH. II. 186. 25. *Podolia.*

Obliquus. FABR. SCH. II. 192. 32. *Gal. mer.*
Glaucus. PANZ. *Austria.*

Tabidus. OL. SCH. II. 192. 33. *Gal. mer.*

Megalographus. SCH. VI. II. 33. 53. *Sicilia.*

Sulcicollis. SCH. VI. II. 34. 54. *Id.*

Excoriatus. SCH. II. 194. 35. *Gallia.*

Ericæ. SCH. VI. II. 36. 57. *N.*

Trisulcatus. HERB. SCH. VI. II. 37. 58. *Austria.*
Madidus. OLIV. *Gallia.*
Hybridus. GERM. *German.*
5-lineatus. HERBST. *Suecia.*
Var. *Altaicus.* GEBLER. *Sibiria.*
Var. *Adumbratus.* SCH. II. 220. 71. *Id.*

Ocularis. FABR. SCH. II. 183. 20. *Italia.*
Barbarus. OLIV. *Dalmat.*

Roridus. FABR. SCH. II. 204. 49. *Italia.*

Mœrens. SCH. VI. II. 40. 63. *Tauria.*

Grammicus. PANZ. SCH. II. 201. 43. *Italia.*
Bilineatus. OLIV. *Gallia.*

Costatus. FABR. SCH. II. 219. 70. *Eur. tem.*
Bilineatus. ROSSI. *Italia.*

Cinereus. SCHRANK. SCH. II. 219. 69. *Gallia.*
Costatus. HERBST. *German.*
Bicarinata. FISCHER. *Russia.*

Cunctus. SCH. II. 218. 68. *Gal. mer.*

Alternans. OL. SCH. II. 214. 63. *Europa.*
Cæsus. SCH. II. 217. 67. *Gallia.*
Incisuratus. SCH. II. 215. 64. *Tauria.*

Miegii. FAIRM. Rev. zool. 1855. n° 2. *Hispan.*

Cœnobita. OL. SCH. VI. II. 45. 71. *Gallia.*
Alternans. Var. γ. SCH. *Italia.*
Lurcans. HERBST. *Id.*

Nanus. SCH. II. 216. 65. *Id.*

Misellus. SCH. II. 217. 66. *Lusitan.*

Palmatus. OLIV. SCH. II. 213. 61. *Gallia.*
Florentinus. HERBST. *Saxonia.*
Emarginatus. FABR. *Id.*

Sulcirostris. LIN. SCH. VI. II. 55. 91. *Eur. int.*
Nebulosus. KNOCH. FOURCR. *Gallia.*
Fuscatus. GMEL. *Austria.*
Fasciatus. VILLERS. *Italia.*

Scutellatus. SCH. II. 181. 17. *Gal. mer.*

Siculus. SCH. VI. II. 61. 101. *Sicilia.*

Sexmaculatus. SCH. VI. II. 62. 102. *Rus. mer.*
Sollicitus. SCH. II. 211. 58. *Id.*
Var. *Squalidus.* SCH. II. 210. 57. *Sibiria.*

4-vittatus. SCH. VI. II. 64. 103. *Tauria.*
Bicarinatus. SCH. II. 212. 59. *Id.*

(BOTHYNODERES. SCH. Gen. 20. 39. 2°.)

Strabus. SCH. II. 230. 5. *Odessa.*

Punctiventris. GERM. SCH. II. 233. 9. *Austria.*
Carinata. ZOUBK. *Hungar.*
Carinulatus. SCH. II. 225. 90. *Saxonia.*

Conicirostris. OL. SCH. II. 236. 13. *Gal. mer.*

Flavicans. SCH. VI. II. 90. 142. *Illyria.*

Carinicollis. SCH. II. 241. 20. *Odessa.*

Vexatus. SCH. II. 240. 19. *Tauria.*

Volvulus. SCH. VI. II. 104. 160. *Odessa.*
Sparsus. SCH. II. 240. 18. *Id.*

Mendicus. SCH. II. 238. 15. *Gal. mer.*

Brevirostris. SCH. II. 237. 14. *Id.*

Bartelsii. SCH. VI. II. 108. 169. *Rus. mer.*
Pulverulentus. ZOUBK. SCH. VI. II. 116. *Id.*

Albicans. SCH. II. 239. 17. *Austria.*

Glaucus. FABR. SCH. VI. II. 114. 177. *Kiliæ.*

Picipes. SCH. VI. II. 112. 173. *Rus. mer.*

Albidus. FABR. SCH. II. 244. 25. *Europa.*
Niveus. BONSD. *German.*
Bonsdorffii. OLIV. *Gallia.*
Candidus. HERBST. *Austria.*
Affinis. SCHRANK. *Id.*
Berolinensis. GMEL. *German.*

Declivis. OL. SCH. VI. II. 113. 176. *Hungar.*
Scalaris. FISCHER. *Sibiria.*

(PACHYCERUS. SCH. Gen. 20. 39. 3°.)

Menetriesi. SCH. VI. II. 118. 1. *Sicilia.*

Varius. HERBST. SCH. II. 245. 1. *Eur. m.*

Atomarius. SCH. VI. II. 122. 6. *Sicilia.*

Segnis. GERM. SCH. VI. II. 123. 7. *Hungar.*
Cordiger. GERM. *Sicilia.*
Planirostris. SCH. VI. II. 124. *Eur. m.*

Scabrosus. SCH. II. 246. 2. *Gal. mer.*

Albarius. SCH. II. 246. 3. *Gallia.*

(DIASTOCHELUS. J. DU VAL. Gen. 20. 39. 4°.)

Plicatus. OLIV. SCH. II. 203. 46. (1). *Gallia.*

Genre ALOPHUS. SCH. (Gen. 21. 40.)

Triguttatus. F. SCH. II. 287. 3. *Gallia.*
Cordiger. SULZ. *German.*
Vau. SCHRANK. STEPH. *Id.*
Melanocardius. HERBST. pl. *Id.*
Desertus. PANZ. *Id.*
Striatorostris. MARSH. *Anglia.*
Rufimanus. MARSH. *Id.*
Trinotatus. MARSH. *Id.*

Singularis. J. DU V. Gen. Curc. 21. *Gal. mer.*

Genre LIOPHLOEUS. GERM. (Gen. 22. 41.)

Nubilus. FABR. SCH. II. 303. 1. *Europa.*
Tessulatus. BONSD. *Suecia.*
Tessellatus. OLIV. *Gallia.*
Chrysopterus. HERBST. *German.*
Floccosus. MARSH. *Anglia.*
Maurus. MARSH. STEPH. *Id.*

(1) Ajoutez au genre *Cleonus* les espèces suivantes de place incertaine ou douteuses : *Cicatricosus.* HOPPE. SCH. II. 226. 97. *Germania.* — *Incanescens.* PANZ. SCH. II. 226. 98. *Germania.* — *Helferi.* CHEVR. GUÉR. Icon. R. An. Ins. 111. *Sicilia.*

Aquisgranensis. FORST. Verh. d. nat. Vereins d. Rheinl. VI. *Pr. Rhen.*
Chrysoptersus. SCH. VI. II. 237. 2. *Hungar.*
Geminatus. SCH. VI. II. 238. 3. *Gallia.*
Obsequiosus. SCH. II. 304. 3. *Volhyn.*
Herbstii. SCH. II. 305. 4. *German.*
Pulverulentus. SCH. VI. II. 239. 7. *Gallia.*
Lentus. GERM. SCH. VI. II. 240. 8. *Hungar.*
Gibbus. SCH. VI. II. 241. 9. *Id.*
Schmidtii. SCH. VI. II. 242. 10. *Boh. Alp.*

Genre GEONEMUS. SCH. (Gen. 22. 42.)

Illætabilis. SCH. II. 295. 6. *Gal. mer.*
Flabellipes. OLIV. SCH. VI. II. 215. 12. *Id.*
Tergoratus. GERM. *Hispan.*
Terrenus. SCH. C. Disp. meth. *Gal. mer.*

Genre BARYNOTUS. GERM. (Gen. 22. 43.)

Margaritaceus. GERM. SCH. II. 308. 1. *Italia.*
Maculatus. SCH. VI. II. 248. 2. *St-Bern.*
Obscurus. F. SCH. II. 308. 2. *Gallia.*
Murinus. BONSD. *Suecia.*
Honorus. HERBST. *German.*
Pilosulus. MARSH. *Anglia.*
Mœrens. FABR. *Suecia.*
Bohemani. SCH. II. 309. 3. *Lusitan.*
Elevatus. MARSH. STEPH. *Anglia.*
Alternans. SCH. II. 310. 5. *Jura.*
Squalidus. SCH. II. 311. 6. *Id.*
Schœnherri. SCH. VI. II. 250. 7. *Norveg.*
Squamosus. GERM. SCH. VI. II. 251. 8. *Pyren.*

Genre TROPIPHORUS. SCH. (Gen. 23. 44.)

Micans. SCH. VI. II. 258. 1. *Hungar.*
Mercurialis. F. SCH. VI. II. 259. 2. *Gallia.*
Lapidarius. PAYK. *Suecia.*
Elevatus. HERBST. *German.*
Lepidotus. HERBST. *Id.*
Obtusus. BONSD. LATR. *Austria.*
Æcidii. MARSH. GERM. *Anglia.*
Succicus. LIN. *Suecia.*
Terricola. NEWM. *Id.*
Carinatus. MULL. SCH. II. 313. 10. *German.*
Suturalis. GMEL. *Id.*
Cinereus. SCH. VI. II. 260. 4. *Hungar.*
Globatus. HERBST. SCH. VI. II. 261. 5. *German?*
Ochraceo-signatus. SCH. VI. II. 262. *Austria.*

Genre MYNIOPS. SCH. (Gen. 23. 45.)

Carinatus. LIN. SCH. II. 317. 1. *Gallia.*
Senex. ROSSI. *Italia.*
Rugosus. GMEL. *Id.*
Scabrosus. VILLERS. *Lusitan.*
Rugosostriatus. SCHRANK. *German.*
Variolosus. FABR. SCH. II. 318. 2. *Gal. mer.*
Carinatus. OLIV. *Parisii.*
Scrobiculatus. SCH. II. 320. 3. *Tauria.*
Sinuatus. SCH. VI. II. 287. 4. *Sicilia.*

Costalis. SCH. II. 330. 4. *Podolia.*
Costatus. SCH. VI. II. 288. 6. *Turcia.*
Minutus. SCH. VI. II. 289. 7. *Id.*

Genre LEPYRUS. GERM. (Gen. 24. 46.)

Colon. FABR. SCH. VI. II. 295. 1. *Europa.*
Palustris. SCOP. *German.*
Bipunctatus. FOURC. *Gallia.*
Binotatus. FABR. SCH. VI. II. 296. 3. *Europa.*
Bimaculatus. OLIV. *Gallia.*
Semi-colon. HERBST. *German.*
Derasus. PANZ. *Id.*
Capucinus. SCHALL. *Id.*
Coloniformis. SCHRANK. *Suecia.*

Genre TANYSPHYRUS. GERM. (Gen. 24. 47.)

Lemnæ. FABR. SCH. II. 332. 1. *Gallia.*
Inspectatus. HERBST. *German.*

Genre HYLOBIUS. SCH. (Gen. 24. 48.)

Arcticus. PAYK. SCH. II. 333. 1. *Suecia.*
Pineti. FABR. SCH. II. 333. 2. *Id.*
Confusus. PAYK. *Id.*
Piceus. DE GEER. *Lapon.*
Picatus. OLIV. *Sicilia.*
Excavatus. LAICH. *Tyrolia.*
Abietis. LIN. SCH. II. 334. 3. *Europa.*
Pini. MARSH. LIN. F. S. ed. 2ᵃ. *Anglia.*
Juniperi. STRŒM. *German.*
Excavatus. SCHRANK. *Suecia.*
Norvegicus. PETIV. *Id.*
Tigrinus. FOURC. *Gallia.*
Pinastri. GYLL. SCH. II. 335. 4. *Suecia.*
Rugulosus. SCH. II. 336. 6. *Gal. mer.*
Albopunctatus. SCH. II. 343. 15. *Iberia.*
Mœstus. GEBLER. *Id.*
Fatuus. ROSSI. SCH. II. 344. 16. *Gallia.*
Rugicollis. MANN. SCH. II. 335. 5. *German.*

Genre MOLYTES. SCH. (Gen. 25. 49.)

Coronatus. LATR. SCH. II. 350. 1. *Gallia.*
Germanus. FABR. OLIV. *German.*
Anglicanus. MARSH. STEPH. *Anglia.*
Teutonus. ILLIG. *Suecia.*
Germanus. LIN. SCH. II. 351. 2. *Gallia.*
Fusco-maculatus. FABR. *German.*
Tigris. GMEL. *Suecia.*
Carinærostris. SCH. II. 352. KUST. 15. *Carniol.*
Germanus. Var. β. SCH. VI. II. 303. *Illyria.*
Illyricus. SCH. II. 353. 4. *Illyria.*
Glabratus. FABR. SCH. II. 354. 5. *Austria.*
Dirus. OLIV. *Id.*
Dirus. HERBST. SCH. II. 354. 6. *German.*
Lævigatus. SCH. II. 355. 7. *Tauria.*
Glabrirostris. KUST. Kaf. E. 18. 82. *Hungar.*

Genre TRYSIBIUS. SCH. (Gen. 25. 50.)

Tenebrioides. PAL. SCH. VI. II. 305. *Rus. mer.*
Besseri. SCH. II. 359. 14. *Podolia.*

Intermedius. SCH. VI. II. 305. 2. *Turcia.*
Olivieri. SCH. VI. II. 306. 3. *Arch. ins.*
Tenebrioides. OLIV. SCH. II. 360. *Id.*
Punctipennis. BRULLÉ. SCH. VI. II. 307. 4. *Græcia.*
Græcus. BRUL. Exp. Sc. Morée. III. 240. 435. *Id.*

Genre ANISORHYNCHUS. SCH. (Gen. 26. 51.)

Bajulus. OLIV. SCH. II. 357. 11. *Gal. mer.*
Sturmii. SCH. VI. II. 310. 2. *Italia.*
Costatus. SCH. VI. II. 311. 3. *Sardin.*
Barbarus. SCH. VI. II. 312. 4. *Sicilia.*
Siculus. SCH. VI. II. 312. 5. *Id.*
Monachus. GERM. SCH. VI. II. 313. 6. *Illyria.*
Aratus. SCH. VI. II. 314. 7. *Lusitan.*

Genre LEIOSOMUS. KIRB. (Gen. 26. 52.)

Ovatulus. CLAIRV. SCH. VI. II. 316. *Gallia.*
Punctatus. MARSH. STEPH. *Anglia.*
Deflexus. PANZ. *German.*
Cyanopterus. REDT. Faun. Aust. 440. *Austria.*
Oblongulus. SCH. VI. II. 316. 2. *Geneva.*
Impressus. SCH. VI. II. 317. 3. *Saxonia.*
Cribrum. SCH. II. 357. 10. *Austria.*
Concinnus. SCH. VI. II. 318. 5. *Id.*

Genre ADEXIUS. SCH. (Gen. 27. 53.)

Scrobipennis. SCH. II. 367. 1. *Carinth.*
Rudis. KUST. Kaf. E. 23. 68. *Silesia.*

Genre PLINTHUS. SCH. (Gen. 27. 54.)

Gerlii. SCH. VI. II. 319. 1. *Croatia.*
Findelii. SCH. VI. II. 320. 2. *Hungar.*
Megerlei. PANZ. SCH. VI. II. 321. 3. *Gallia.*
Tischeri. GERM. SCH. VI. II. 322. 4. *German.*
Fischeri. GERM. SCH. II. 362. 2. *Saxonia.*
Anceps. SCH. VI. II. 323. 5. *Silesia.*
Styrianus. SCH. VI. II. 324. 6. *Styria.*
Sturmii. GERM. SCH. VI. II. 325. 7. *German.*
Illigeri. GERM. SCH. VI. II. 326. 8. *Carniol.*
Granulifer. SCH. VI. II. 327. 10. *Eur. m.*
Granulipennis. FAIRM. An. S. ent. Fr. 1852. 89. 21. *Sicilia.*
Pareyssii. SCH. VI. II. 328. 11. *Illyria.*
Silphoides. HERBST. SCH. VI. II. 329. *Iberia.*
Geometra. OLIV. *Id.*
Steveni. GERM. *Id.*
Chevrolati. J. DU V. Gen. Curc. Ad. 74. *Gallia.*
Tigratus. ROSSI. SCH. II. 364. 8. *Italia.*
Granulatus. SCH. VI. II. 331. 16. *Alpes.*
Mucronatus. ROSENH. Beitr. Ins. F. Eur. I. 41. *Tyrolia.*
Schalleri. GERM. SCH. VI. II. 332. 17. *Carniol.*
Porculus. FABR. SCH. II. 365. 9. *Austria.*
Porcatus. GERM. *German.*

Nivalis. LAREYN. J. DU V. G. Curc. 27. *Pyren.*
Caliginosus. FABR. SCH. II. 366. 10. *Gallia.*
Didymus. DONOV. *Anglia.*

Genre PHYTONOMUS. SCH. (Gen. 28. 55.)

Punctatus. FABR. SCH. VI. II. 346. 9. *Gallia.*
Medius. MARSH. *Anglia.*
Austriacus. HERBST. *Austria.*
Pictus. VILL. *German.*
Linzensis. GMEL. *Id.*
Philanthus. OLIV. SCH. VI. II. 347. 10. *Gal. mer.*
Fasciculatus. HERBST. SCH. II. 401. 50. *Gallia.*
Fasciculosus. GYL. STEPH. *Anglia.*
Dauci. OLIV. *German.*
Rufus. SCH. II. 402. 51. *Geneva.*
Viennensis. HERBST. SCH. II. 396. 42. *Austria.*
Cyrtus. GERM. SCH. VI. II. 351. 17. *Dalmat.*
Intermedius. SCH. VI. II. 352. 18. *Helvetia.*
Maculatus. REDT. F. Aust. 434. *Austria.*
Velutinus. SCH. VI. II. 353. 19. *Hungar.*
Turbatus. SCH. VI. II. 356. 22. *Id.*
Latipennis. SCH. II. 397. 43. *Italia.*
Salviæ. SCHRANK. SCH. II. 398. 46. *Id.*
Elegans. SCH. VI. II. 358. 26. *Hungar.*
Palumbarius. GERM. SCH. VI. II. 360. *Gallia.*
Comatus. SCH. VI. II. 361. 29. *Austria.*
Crinitus. SCH. II. 403. 52. *Gal. mer.*
Socialis. SCH. VI. II. 364. 34. *Sicilia.*
Tessellatus. SCH. II. 404. 53. *German.*
Contaminatus. HERBST. SCH. VI. II. 366. 37. *Id.*
Oxalis. HERBST. SCH. II. 375. 12. *Id.*
Circumvagus. SCH. VI. II. 367. 40. *Gal. mer.*
Dapalis. SCH. II. 375. 13. *Eur. m.*
Elongatus. PAYK. SCH. VI. II. 369. 44. *Anglia.*
Mutabilis. GERM. SCH. II. 374. 10. *German.*
Suturalis. REDT. F. Aust. 436. *Austria.*
Oblongus. SCH. VI. II. 369. 45. *Sicilia.*
Fuscescens. SCH. VI. II. 370. 46. *Parisii.*
Ovalis. SCH. VI. II. 371. 47. *Gallia.*
Arundinis. FABR. SCH. II. 372. 5. *German.*
Rumicis. FABR. SCH. VI. II. 372. 49. *Gallia.*
Acetosæ. LYONNET. PANZ. *German.*
Pyrrhodactylus. MARSH. STEPH. (Procas). *Anglia.*
Pollux. FABR. SCH. VI. II. 373. 51. *Gallia.*
Adspersus. FABR. *German.*
Commaculatus. HERBST. *Suecia.*
Rumicis. OLIV. *Gallia.*
Ignotus. SCH. VI. II. 373. 52. *Geneva.*
Histrio. SCH. VI. II. 374. 53. *Austria.*
Suspiciosus. HERBST. SCH. VI. II. 375. *Eur. int.*
Miles. GYL. STEPH. *Anglia.*
Bitæniatus. MARSH. *Id.*
Var. *Pedestris.* GYL. SCH. II. 374. *Suecia.*
Sejugatus. SCH. VI. II. 376. 56. *Gal. int.*
Viciæ. GYL. SCH. VI. II. 377. 60. *German.*
Tigrinus. SCH. II. 377. 16. *Gallia.*

Pastinacæ. ROSSI. SCH. II. 379. 18. *Gallia.*

Melarhynchus. OLIV. SCH. II. 395. 40. *Lusitan.*

Plantaginis. DE GEER. SCH. VI. II. 379. *Eur. int.*
Nævius. GMEL. *Eur. sept.*

Brunnipennis. SCH. II. 381. 22. *Sicilia.*

Murinus. FABR. SCH. II. 383. 24. *Eur. int.*
Pollux. STEPH. *Anglia.*
Nebulosa. STEPH. *Id.*
Elongata. STEPH. *Id.*
Fusco-cinereus. MARSH. *Id.*
Interruptus. MARSH. *Id.*
Var. *Melancholicus.* FABR. *Suecia.*
Var. *Insidiosus.* SCH. II. 282. 23. *Bannat.*

Dorsatus. SCH. II. 373. 7. *Ucrania.*

Variabilis. HERBST. SCH. VI. II. 380. *Gallia.*
Sublineata. STEPH. (Hypera). *Anglia.*
Bimaculata. MARSH. STEPH. *Id.*
Postica. STEPH. *Id.*
Villosula. STEPH. *Id.*
Stramineus. MARSH. *Id.*
Phæopa. STEPH. *Id.*
Rufipes. STEPH. *Id.*

Polygoni. FABR. SCH. VI. II. 380. 71. *Gallia.*
Fasciatus. DE GEER. *Suecia.*
Striatus. HERBST. *German.*
Cinereus. OLIV. *Austria.*
Arator. GMEL. STEPH. *Anglia.*
Canescens. STEPH. *Id.*
Viciæ. STEPH. *Id.*
Picicornis. STEPH. *Id.*

Kunzei. GERM. SCH. II. 386. 29. *Gallia.*

Julinii. SAHLB. SCH. VI. II. 381. 75. *Finland.*
Alternans. STEPH. *Anglia.*
Kunzii. STEPH. *Id.*

Striatus. SCH. II. 388. 31. *Italia.*

Meles. FABR. SCH. II. 389. 32. *Europa.*
Trifolii. GYL. *Suecia.*
Ræselii. OLIV. *German.*
Plantaginis. MARSH. *Anglia.*
Murina. STEPH. *Id.*
Picipes. STEPH. *Id.*

Posticus. SCH. VI. II. 383. 80. *Gallia.*

Parcus. SCH. II. 390. 33. *Id.*

Incomptus. SCH. II. 391. 35. *Lusitan.*

Plagiatus. REDT. Faun. Aust. 437. *Austria.*

Constans. SCH. II. 394. 38. *Gallia.*

Nigrirostris. FABR. SCH. II. 393. 37. *Id.*
Virescens. QUENS. *German.*
Var. *Variabilis.* FABR. *Suecia.*
Trilineatus. MARSH. *Anglia.*
Trifolii. STEPH. *Id.*
Stramineus. STEPH. *Id.*
Borealis. GERM. *Suecia.*

Aurolineatus. BRUL. Exp. Sc. Morée. III. 242. 442. *Morea.*

Balteatus. CHEVR. Rev. zool. 1840. 16. *Lusitan.*

Viduus. COMOL. De Col. nov. Prov. Novoc. *Italia.*

Genre LIMOBIUS. SCH. (Gen. 28. 56.)

Dissimilis. HERBST. SCH. II. 392. 36. *Gallia.*
Sus. HERBST. *German.*
Borealis. PAYK. *Suecia.*
Fulvipes. STEPH. *Anglia.*
Fumipes. CURT. *Id.*

Mixtus. SCH. II. 380. 20. *Gallia.*

Genre PROCAS. STEPH. (Gen. 29. 57.)

Steveni. SCH. III. 287. 5. (Erirhinus). *Gal. mer.*

Picipes. MARSH. SCH. VI. II. 387. 2. *Anglia.*

Granulicollis. WALTON. Ext. An. N. H. 1844. 110. *Id.*

Genre CONIATUS. GERM. (Gen. 29. 58.)

Tamarisci. F. SCH. II. 406. 1. *Gal. mer.*
Vanus. STEPH. *Eur. m.*

Repandus. FABR. SCH. II. 406. 2. *Gal. mer.*
Tamarisci. Var. OLIV. *Italia.*

Suavis. SCH. II. 407. 4. *Id.*

Chrysochlora. LUCAS. An. S. Ent. Fr. 1848. Bull. XVIII. *Gal. mer.*

Groupe 4. BYRSOPSITES.

Genre GRONOPS. SCH. (Gen. 30. 59.)

Lunatus. FABR. SCH. II. 253. 1. *Gallia.*
Costatus. GYL. *Suecia.*
Amputatus. OLIV. *Austria.*
Percussor. HERBST. *German.*
Elevatus. FABR. *Id.*
Var. *Rubricus.* AHRENS. *Id.*

Sulcatus. SCH. VI. II. 136. 3. *Rus. mer.*

Fasciatus. KUST. Kaf. E. 23. 60. *Hisp. m.*

Genre RHYTIRHINUS. SCH. (Gen. 30. 60.)

Nodifrons. SCH. II. 418. 4. *Hispan.*

Crispatus. SCH. VI. II. 436. 18. *Id.*

Impressicollis. SCH. II. 419. 6. *Gal. mer.*

Linderi. FAIRM. A. S. E. F. 1852. 87. *Pyr. or.*

Groupe 5. OTIORHYNCHITES.

Genre CHLOEBIUS. SCH. (Gen. 31. 61.)

Immeritus. SCH. II. 645. 1. *Rus. mer.*

Steveni. SCH. VII. I. 417. 3. *Id.*

Genre PHYLLOBIUS. SCH. (Gen. 32. 62.)

Calcaratus. FABR. SCH. II. 435. 1. *Gallia.*
Pyri. STEPH. *Anglia.*
Cæsius. MARSH. STEPH. *German.*
Var. *Glaucus.* SCOP. *Carniol.*
Carniolicus. OLIV. *Gallia.*

Atrovirens. SCH. II. 436. 2. *Gal. or.*

Alneti. FABR. STEPH. *Anglia.*
Pyri. SCH. II. 437. 3. *Gallia.*
Æruginosus. LATR. *Suecia.*
Var. *Cnides*. MARSH. *Anglia.*
Urticæ. DE GEER. *Suecia.*
Prasinus. LATR. *German.*

Pomaceus. SCH. II. 438. 4. *Suecia.*

Canus. SCH. II. 439. 5. *Tauria.*

Fæculentus. SCH. II. 440. 6. *Id.*

Psittacinus. GERM. SCH. II. 441. 7. *Saxonia.*

Longipilis. SCH. VII. I. 15. 9. *Sicilia.*

Pellitus. SCH. VII. I. 16. 10. *Sardin.*

Fulvipes. SCH. II. 441. 8. *Tauria.*

Fulvago. SCH. II. 442. 9. *Id.*

Valgus. SCH. II. 442. 10. *Id.*

Verecundus. SCH. VII. I. 17. 16. *Rus.mer.*

Thalassinus. SCH. II. 445. 14 ? (1). *Pyr. or.*

Argentatus. LIN. SCH. II. 446. 15. *Europa.*

Pineti. REDT. Faun. Austr. 432. 6. *Austria.*

Maculicornis. GERM. SCH. VII. I. 20. 22. *German.*

Viridans. SCH. VII. I. 22. 24. *Bavaria.*

Acuminatus. SCH. VII. I. 24. 26. *Id.*

Virens. SCH. VII. I. 25. 27. *Norimb.*

Contemptus. SCH. II. 447. 17. *Tauria.*

Oblongus. LIN. SCH. II. 448. 18. *Gallia.*
Floricola. HERBST. *German.*
Pruni. SCOP. *Carniol.*
Querneus. FOURCR. *Parisii.*
Fuscus LERICH. *Tyrolia.*
Var. *Rufescens*. MARSH. *Anglia.*

Ligurinus. SCH. II. 450. 20. *Tauria.*

Mus. FABR. SCH. II. 451. 22. *Gallia.*
Cinerascens. FABR. *Austria.*
Canescens. GERM. *Helvetia.*

Sinuatus. FABR. SCH. II. 452. 23. *Gallia.*

Pyri. LIN. MARSH. *Id.*
Vespertinus. FAB. SCH. II. 453. 24. *Suecia.*
Mali. GYL. STEPH. *Anglia.*
Fulvipes. FABR. LATR. *German.*
Padi. BONSD. *Austria.*
Rufipes. BONSD. *Italia.*
Erythropus. GMEL. LATR. *Helvetia.*
Amaurus. MARSH. *Anglia.*

Mutus. SCH. II. 454. 25. *Holland.*

Aurifer. SCH. VII. I. 29. 38. *Hungar.*

Cinereus. SCH. II. 455. 26. *Tauria.*

Subdentatus. SCH. VII. I. 30. 40. *Sicilia.*

Incanus. SCH. II. 455. 27. *Austria.*
Var. *Ruficornis*. REDT. Faun. Aust. 432. 11. *Id.*

Scutellaris. REDT. Faun. Aust. 432. 12. *Id.*

Pictus. SCH. II. 456. 28. *Tauria.*

Pallipes. SCH. II. 450. 19. *Græcia.*

Betulæ. F. SCH. II. 457. 29. *Gallia.*
Betulinus. BECHST. *Austria.*

Tereticollis. SCH. II. 457. 30. *Volhyn.*

Cylindricollis. SCH. II. 458. 31. *Rus. mer.*

Xanthocnemus. KSW. An. Soc. Ent. Fr. 1851. 634. *Pyren.*

Brevis. SCH. VII. I. 35. 50. *Tauria.*

Pomonæ. OL. SCH. WALT. Extr. An. of N. H. 60. *Gallia.*
Uniformis. STEPH. *Anglia.*
Albidus. STEPH. *Id.*

Uniformis. MARSH. SCH. II. 458. 32. *Gallia.*
Parvulus. GYL. STEPH. *Anglia.*
Fulvipes. PAYK. *Suecia.*
Argentatus. BONSD. Var. ♂. *German.*
Viridiæreis. LAICH. *Tyrolia.*
Minutus. STEPH. *Anglia.*

Dispar. REDT. Faun. Austr. 433. *Austria.*

Cinereipennis. SCH. II. 459. 34. *Tauria.*

Viridicollis. F. SCH. VII. I. 36. 54. *Eur. tem.*

Sulcirostris. SCH. II. 462. 38. *Volhyn.*

Planirostris. SCH. II. 462. 39. *Tauria.*

Seriehispidus. SCH. II. 464. 41. *Id.*

Celadonius. BR. Exp. Sc. Mor. III. 238. *Morea.*

Genre PTOCHUS. SCH. (Gen. 32. 63.)

Porcellus. SCH. II. 483. 3. *Tauria.*

Setosus. SCH. II. 484. 4. *Id.* (ex. Jekel.)

Perdix. SCH. II. 484. 5. *Tauria.*

Bisignatus. GERM. SCH. II. 488. 10. *Dalmat.*
Grandicornis. STEVEN. *Hungar.*

Subsignatus. SCH. II. 489. 11. *Tauria.*

Genre TRACHYPHLOEUS. GERM. (Gen. 32. 64.)

Ventricosus. GERM. SCH. II. 490. 1. *Hungar.*

Scaber. LIN. *Europa.*
Scabriculus. PAYK. SC. VII. I. 114. *German.*
Tessellatus. MARS. SCH. VII. I. 114. *Gallia.*
Confinis. STEPH. *Anglia.*
Bifoveolatus. BECK. *Austria.*
Viverra. HERBST. *German.*

Squamosus. SCH. II. 491. 3. *Id.*

Scabriculus. LIN. FABR. STEPH. (2). *Suecia.*
♀. *Setarius*. SCH. II. 492. 5. *Gallia.*
Scaber. SCH. VII. I. 117. 14. *German.*
Digitalis. STEPH. *Anglia.*
♂. *Erinaceus*. REDT. *Austria.*

Alternans. SCH. II. 493. 8. (WALTON.) *Gallia.*

Spinimanus. GERM. WALT. Extr. An. of N. H. 85. *Anglia.*

Digitalis. GYL. SCH. II. 494. 9. *Suecia.*

(1) J'inscris cette espèce avec doute, d'après M. Kiesenwetter, qui nous dit (An. Soc. ent. Fr. 1851. p. 634) : « La description de Schœnherr convient fort bien à un *Phyllobius* dont j'ai pris un seul exemplaire aux environs de Perpignan, seulement la patrie en est très différente. »

(2) Cette espèce a été figurée pl. 14. 63, où elle a été, de même que dans le texte, p. 32, inscrite involontairement et par erreur sous le nom de *scaber*, LIN., qu'il faut changer en *scabriculus*, LIN. ou *scaber*, SCH.

Lanuginosus. SCH. II. 494. 10. *Podolia.*
Squamulatus. OLIV. SCH. II. 492. 6. *Gallia.*
Aristatus. GYL. SCH. II. 491. 4. *Suecia.*
Stipulatus. GERM. *German.*
Hispidulus. STEPH. *Anglia.*
Sabulosus. REDT. *Austria.*
Inermis. SCH. VII. I. 119. 19. *German.*
Setiger. Sc.V.II.921 (Platytarsus). *Austria.*
Anoplus. FORST. Verh. d. nat. Ver. d. Rheinl. VI. *Pr. rhen.*

G. CATAPHORTICUS. J. DU V. (Gen. 64 *bis*) (1).

Fissirostris. WALTON. Ext. An. of. N. H. (1844) 94. *Gal. occ.*
Waltoni. SCH. VII. I. 115. 10 (Trachyphlœus). *Gallia.*
Ventricosus. STEPH. *Anglia.*

Genre MITOMERMUS. J. DU V. (Gen. 33. 65.)

Hystrix. J. DU V. Gen. Curc. 33. 1. *Hispan.*

Genre CATHORMIOCERUS. SCH. (Gen. 34. 66.)

Horrens. SCH. II. 495. 21. *Hispan.*
Socius. SCH. VII. I. 121. 2. *Anglia.*
Vestitus. KUST. Kaf. E. 15. 61 (2). *Illyria.*
Variegatus. KUST. Kaf. E. 18. 85. *Sardin.*

Genre MEIRA. J. DU VAL. (Gen. 34. 67.)

Crassicornis. J. DU V. An. S. Ent. Fr. 1852. 711. *Gal. mer.*

Genre OMIAS. GERM. (Gen. 34. 68.)

Seminulum. FABR. SCH. II. 497. 1. *Hungar.*
Globulus. OLIV. *Austria.*

(1) Ne pouvant faire rentrer dans aucun des genres connus du groupe des Otiorhynchites deux insectes qui m'ont été communiqués depuis l'impression du texte des Curculionides, l'un par M. Chevrolat, sous le nom de *Cathormiocerus sp. n.*, l'autre, sous le nom de *Trachyphlœus*, par M. de Marseul, j'ai été obligé, leurs caractères concordant, de créer pour eux un genre nouveau dont je vais exposer les caractères; j'en donnerai plus tard la figure dans une planche supplémentaire.

G. 64 *bis.* CATAPHORTICUS. J. DU VAL (pl. 31, fig. 148. *C. fissirostris.* WALTON).

Corps ovale-oblong ou courtement ovale, densément revêtu en dessus de petites soies courtes. Tête légèrement allongée, plus large en arrière, paraissant plus ou moins conique, distinctement et longitudinalement multistriée de chaque côté derrière les yeux et au-dessous d'eux; ceux-ci arrondis, plus ou moins saillants, situés à égale distance du sommet du bec et du bord antérieur du prothorax. Bec de la longueur de la tête, à ailes apicales parfois *(C. fissirostris)* un peu divariquées comme chez les *Otiorhynchus*, épaissi, défléchi, légèrement subangulé, fortement et triangulairement échancré au sommet; scrobe profond, atteignant les yeux, plus large en arrière, son bord supérieur très légèrement courbe et montant au-dessus de ces derniers. Antennes médiocres ou assez longues, médiocrement épaissies, insérées proche du milieu du bec; scape graduellement épaissi en dehors, dépassant le bord antérieur du prothorax, les deux premiers articles du funicule allongés, obconiques, 3 à 7 peu serrés, subarrondis ou légèrement obconiques; massue ovalaire (pl. 31, fig. 148[a]). Prothorax obliquement coupé à la base, tronqué au sommet, un peu plus étroit antérieurement, légèrement dilaté sur les côtés, offrant en avant une légère impression latérale et une petite fossette peu marquée de chaque côté vers le milieu. Ecusson indistinct. Elytres assez larges, ovales-oblongues ou courtement ovales. Jambes antérieures n'offrant au sommet qu'une espèce de petite pointe ou épine intérieurement; ongles des tarses rapprochés et légèrement soudés à leur base. — *καταφορτικός, onéreux.*

Ce genre se distingue des *Trachyphlœus* et autres genres voisins par la forme et les stries latérales de la tête, le funicule des antennes, les ongles des tarses, etc. Il comprend deux espèces de formes très différentes, mais qui me paraissent, sans aucun doute, devoir être rapprochées dans le même genre.

1. *C. fissirostris,* WALTON. Cette espèce se rapproche par les ailes apicales du bec divariquées du grand genre *Otiorhynchus* dans lequel M. Walton l'a placée avec doute, d'après l'avis de Schœnherr, ajoutant toutefois, avec raison, qu'elle lui paraîtrait mieux placée dans les *Trachyphlœus.* Elle a été trouvée communément en Angleterre dans une sablonnière. M. Chevrolat m'en a, sous le nom de *Cathormiocerus n. sp.*, communiqué un bel exemplaire provenant des environs de Brest.

2. *C. Waltoni,* SCH. Communiqué par M. de Marseul, sous le nom de *Trachyphlœus*, comme trouvé aux environs de Nantes. Il offre tout à fait le faciès de ce dernier genre.

(2) J'ignore si les *C. vestitus* et *variegatus* appartiennent bien à ce genre, M. Küster se bornant à nous dire que les articles du funicule sont courts sans mentionner leur forme, pour nous ici tout à fait essentielle.

Glomeratus. Sch. II. 498. 2. *Tauria.*

Globosus. Sch. II. 499. 4. *Id.*

Sphæricus. Sch. VII. I. 128. 5. *Pultava.*

Rotundatus. F. Sch. II. 500. 5. *Austria.*
Ovatus. Oliv. *Podolia.*

Rufipes. Sch. II. 500. 6. *Volhyn.*

Verruca. Sch. II. 501. 7. *Hungar.*

Puberulus. Sch. II. 502. 8. *Tauria.*

Bohemani. Sch. VII. I. 130. 11. *Norveg.*

Strigifrons. Sch. II. 503. 9. *Tauria?*

Ruficollis. Fabr. Sch. II. 503. 10. *German.*
Holosericeus. Fabr. Latr. *Id.*

Mollinus. Sch. II. 504. 11. *Id.*

Gracilipes. Panz. Sch. II. 505. 12. *Id.*

Rugicollis. Sch. VII. I. 131. 16. *Austria.*

Hirsutulus. F. Sch. II. 505. 13 *Gallia.*
Scabriculus. Herbst. *German.*
Echinatus. Payk. *Suecia.*
Scaber. Mull. *Dania.*

Villosulus. Germ. Sch. VII. I. 132. 18. *Austria.*

Pruinosus. Sch. VII. I. 113. 19. *Dalmat.*

Indigens. Sch. II. 508. 18. *Lusitan.*

Brunnipes. Oliv. Sch. II. 506. 15. *Gallia.*
Piceus. Marsh. Steph. *Anglia.*
Gracilis. Beck. *German.*
Aruneiformis. Schrank. *Austria.*

Mollicomus. Ahr. Sch. II. 506. 16. *Saxonia.*

Punctirostris. Sch. VII. I. 134. 23. *Hambur.*

Pellucidus. Sch. II. 507. 17. *Gallia.*

Chevrolati. Sch. VII. I. 135. 25. *Dalmat.*

Subnitidus. Sch. VII. I. 136. 26. *Gallia.*

Ebeninus. Sch. VII. I. 137. 27. *Gal. bor.*

Nitidus. Sch. VII. I. 138. 28. *Tauria.*

Sericeus. Sch. VII. I. 139. 29. *Illyria.*

Parvulus. Sch. II. 509. 20. *Id.*

Senex. Sch. VII. I. 140. 31. *Austria.*

Concinnus. Sch. II. 508. 19. *Gal. mer.*

Oblongus. Sch. VII. I. 141. 33. *Id.*

Companyonis. Sch. VII. I. 141. 34. *Pyren.*

Curvimanus. J. du V. Gen. Curc. 35. *Gal. mer.*

Forticornis. Sch. VII. I. 142. 35. *Bavaria.*

Validicornis. Mark. Germ. Zeitsch. V. 250. 220. *German.*

Genre stomodes. Sch. (Gen. 35. 69.)

Tolularius. Sch. II. 511. 1 *Tauria.*

Gyrosicollis. Sch. VII. I. 146. 2. *Austria.*

Rudis. Sch. VII. I. 147. 3. *Turcia.*

Genre peritelus. Germ. (Gen. 36. 70.)

Griseus. Oliv. Sch. II. 512. 1. *Gallia.*
Sphæroides. Germ. *German.*

Necessarius. Sch. II. 513. 2. *Gallia.*

Rusticus. Sch. VII. I. 148. 3. *Id.*

Schœnherri. Sch. VII. I. 149. 4. *Gal. mer.*

Flavipennis. J. du V. An. S. ent. Fr. 1852. 713. *Gal. mer.*

Adusticornis. Ksw. An. S. ent. Fr. 1851. 635. *Catalon.*

Prolixus. Ksw. An. S. ent. Fr. 1851. 636. *Pyr. or.*

Famularis. Sch. II. 514. 3. *Tauria.*

Familiaris. Sch. II. 514. 4. *Italia.*

Noxius. Sch. II. 515. 5. *Id.*

Senex. Sch. II. 516. 6. *Gal. mer.*

Leucogrammus. Germ. Sch. VII. I. 152. 11. *Austria.*

Rudis. Sch. VII. I. 152. 12. *Etruria.*

Globulus. Sch. VII. I. 152. 13. *Hungar.*

Genre laparocerus. Sch. (Gen. 36. 71.)

Morio. Sch. II. 531. 1. *Lusitan.*
Barthelotti. Guérin. (Eremnus). *Madero.*

Piceus. Sch. II. 531. 2. *Lusitan.*

Genre chiloneus. Sch. (Gen. 37. 72.)

Siculus. Sch. VII. I. 235. 1. *Sicilia.*

Genre otiorhynchus. Germ. (Gen. 37. 73.)

Ragusensis. Germ. Sch. II. 552. 1. *Dalmat.*

Gœrzensis. Herbst. Sch. II. 553. 2. *Austria.*

Spalatrensis. Sch. VII. I. 257. 3. *Dalmat.*

Planatus. Herbst. Sch. II. 553. 3. *Austria.*
Sensitivus. Scopol. *Carniol.*

Caudatus. Ros. Sch. II. 554. 4. *Italia.*
Lima. Marsh. *Id.*
Bisulcatus. Steph. *Id.*

Pyrenæus. Sch. II. 554. 5. *Pyrenæi.*

Sabulosus. Sch. II. 555. 6. *Bannatu.*

Griseopunctatus Sch. VII. I. 259. 8. *Italia.*

Hungaricus. Germ. Sch. VII. I. 260. 9. *Hungar.*

Cœcus. Germ. Sch. VII. I. 260. 10. *Carniol.*

Orientalis. Sch. II. 556. 7. *Sicilia.*

Sulphurifer. F. Sch. II. 556. 8. *Italia.*
Friulicus Herbst. *Austria.*

Carinthiacus. Germ. Sch. II. 557. 9. *Italia.*
♀. *Bisulcatus.* Germ. *Illyria.*
Cinifer. Germ. *Carinth.*

Istriensis. Germ. Sch. VII. I. 261. 14. *Istria.*

Longicollis. Sch. II. 557. 10. *Austria.*

Fortis. Rosenh. Beitr. Ins. F. E. I. 43. *Tyrolia.*

Plumipes. Germ. Sch. II. 558. 11. *Illyria.*

Cribrosus. Germ. Sch. II. 558. 12. *Id.*

Dalmatinus. Sch. II. 559. 13. *Dalmat.*

Aurifer. Sch. VII. I. 262. 19. *Sicilia.*

Lefebvrei. Sch. VII. I. 263. 20. *Eur. m.*

Pulverulentus. Germ. Sch. II. 559. 14. *Austria.*
♀. *Interstitialis.* Germ. *Dalmat.*

Nigripes. Sch. VII. I. 264. 22. *Italia.*

Niger. Fabr. nec Sch. *German.*
Ater. Herbst. *Id.*
♀. *Villosopunctatus.* Sch. II. 560. *Anglia.*

Rugipennis. SCH. VII. I. 265. 24. *Sicilia.*
Fuscipes. OL. SCH. II. 562. 19. *German.*
Fagi. SCH. II. 563. 21. *Gallia.*
Hæmatopus. SCH. VII. I. 266. 26. *Helvetia.*
Erythropus. SCH. VII. I. 267. 27. *Gallia.*
Tenebricosus. HERBST. SCH. VII. I. 268. *Id.*
♀. *Morio.* PAYK. *Suecia.*
Clavipes. OLIV. *German.*
Niger. MARSH. SCH. II. 560. 15. *Anglia.*
♂. *Ater.* GYL. *Suecia.*
Multipunctatus. OL. *Austria.*
♂. *Scrobiculatus.* SCH. II. 561. 17. *German*
Maritimus. Var. DONOV. *Anglia.*
Lugdunensis. SCH. VII. I. 268. 29. *Gallia.*
Substriatus. SCH. II. 563. 22. *Alsatia.*
Auropunctatus. SCH. II. 564. 23. *Pyr. or.*
Rufipes. SCH. VII. I. 269. 33. *Pyrenæi.*
Vehemens. SCH. VII. I. 270. 34. *Sicilia.*
Armadillo. ROS. SCH. II. 565. 24. *Gallia.*
Nigrita. ROSSI. *Italia.*
Orbicularis. OLIV. *Helvetia.*
Sulphurifer. HERBST. *Id.*
Scabripennis. SCH. II. 565. 25. *Gallia.*
Latipennis. SCH. VII. I. 271. 37. *Illyria.*
Multipunctatus. F. SCH. II. 566. 26. *German.*
Femoralis. SCH. VII. I. 272. 39. *Gal. mer.*
Inflatus. SCH. II. 566. 27. *Austria.*
Morulus. SCH. VII I. 274. 41. *Sicilia.*
Obsitus. SCH. II. 567. 28. *Illyria.*
Irritans. HERBST. SCH. II. 568. 30. *Austria.*
Mastix. OL. SCH. VII. I. 275. 44. *Id.*
Pruinosus. GERM. SCH. VII. I. 276. 45. *Dalmat.*
Turgidus. GERM. SCH. II. 569. 32. *Illyria.*
Scabricollis. GERM. SCH. II. 569. 33. *Id.*
Geniculatus. GERM. SCH. VII. I. 277. *Austria.*
Consentaneus. SCH. VII. I. 278. 49. *Dalmat.*
Periscelis. SCH. II. 570. 35. *Illyria.*
Scabrosus. SCH. II. 570. 36. (1). *Gallia.*
Sulcirostris. SCH. VII. I. 279. 52. *Dalmat.*
Meridionalis. SCH. II. 571. 37. *Gal. mer.*
Fossor. SCH. VII. I. 280. 54. *Pyrenæi.*
Nobilis. GERM. VII. I. 281. 56. *Austria.*
Lævigatus. FABR. SCH. II. 572. 38. *Id.*
Concinnus. SCH. II. 573. 39. *Hungar.*
Giraffa. GERM. SCH. VII. I. 282. 61. *Dalmat.*
Corruptor. JACQ. *Sicilia.*

Turca. SCH. VII. I. 283. 62. *Turcia.*
Armatus. SCH. VII. I. 284. 63. *Italia.*
Romanus. SCH. VII. I. 285. 64. *Roma.*
Polycoccus. SCH. VII. I. 286. 65. *Turcia.*
Krattereri. SCH. VII. I. 289. 68. *Turcia.*
Perforatus. REDT. Faun. Austr. 423. *Austria.*
Lavandus. GERM. SCH. VII. I. 290. 69. *Id.*
Affinis. REDT. Faun. Austr. 423. *Id.*
Sulcifrons. SCH. II. 577. 46. *Illyria.*
Squameus. SCH. VII. I. 291. 72. *Hungar.*
Psegmaticus. SCH. VII. I. 292. 73. *M. Carp.*
Vilis. SCH. II. 578. 48. *Tauria.*
Alutaceus. GERM. SCH. II. 579. 49. *Dalmat.*
Punctatissimus. SCH. II. 579. 50. *Id.*
Alutaceus. Var. GERM. *Id.*
Vittatus. GERM. SCH. VII. I. 294. 78. *Id.*
Memnonius. SCH. II. 580. 51. *German.*
Unicolor. HERBST. SCH. II. 581. 52. *Gallia.*
Morio. FABR. SCH. II. 634. 151. *Europa.*
Ebeninus. SCH. II. 581. 53. *German.*
Malefidus. SCH. II. 601. 86. *Gal. mer.*
Imus. SCH. VII. I. 295. 83. *Helvetia.*
Sanguinipes. SCH. VII. I. 296. 84. *Italia.*
Clavipes. SCH. VII. I. 297. 85. *Helvetia.*
Argutus. SCH. VII. I. 298. 86. *Illyria.*
Lubricus. SCH. VII. I. 298. 87. *Eur. m.*
Salebrosus. SCH. VII. I. 299. 88. *Dalmat.*
Densatus. SCH. VII. I. 300. 89. *Helvetia.*
Lanuginosus. SCH. VII. I. 301. 90. *Italia.*
Pilosus. SCH. II. 586. 61. *Tauria.*
Repletus. SCH. VII. I. 302. 92. *Polonia.*
Scitus. SCH. VII. I. 303. 93. *Turcia.*
Ostentatus. SCH. II. 583. 56. *German.?*
Vestitus. SCH. II. 584. 57. *Id.*
Chrysonus. SCH. VII. I. 304. 96. *Hungar.*
Lasius. GERM. SCH. VII. I. 305. 97. *Illyria.*
Montanus. SCH. VII. I. 306. 98. *Styria.*
Cribricollis. SCH. II. 582. 54. *Gal. mer.*
Reticollis. SCH. VII. I. 307. 100. *Ragusa.*
Comparabilis. SCH. VII. I. 309. 102. *Dalmat.*
Striatosetosus. SCH. VII. I. 309. 103. *Sicilia.*
Dulcis. SCH. VII. I. 310. 104. *Dalmat.*
Stomachosus. SCH. II. 586. 60. *Gal. mer.*
Pubens. SCH. VII. I. 312. 106. *Id.*

(1) D'après le Catalogue de Stettin, 1852, l'*Otiorhyn. scabrosus*, MARSH. (et SCH., l'espèce de ce dernier auteur étant éliminée) serait synonyme de l'*Otiorhyn. ligneus*, OLIV. SCH.; M. Walton, dont le nom est une autorité en pareille matière, adopte, au contraire, les deux espèces, sans entrer dans aucune explication. Pour moi, bien certainement le *scabrosus*, SCH. est une espèce tout à fait distincte. J'en ai pris un bel exemplaire dans les Pyrénées orientales, auquel la description de Schœnherr s'applique admirablement ; il diffère surtout du *ligneus* par la forme autre du funicule et de la massue, le bec bien plus épais et plus dilaté au sommet, offrant un très profond sillon en dessus et une carène bifide en avant, les élytres plus fortement rugueuses et un peu différentes de forme, la taille plus grande, etc. Dans le *ligneus*, le bec est tout au plus obsolètement sillonné et n'offre point en avant de carène bifide mais une espèce de ligne élevée semicirculaire, etc. La courte diagnose que donne Stephens dans son Manuel me paraît assez bien s'appliquer au *scabrosus*.

Intercalaris. SCH. VII. I. 313. 108. *Hungar.*
Perdix. OL. SCH. II. 589. 66. *Austria.*
Prolixus. ROSENH. Beitr. Ins. F. E. I. 53. *Tyrolia.*
Squamifer. SCH. VII. I. 314. 110. *Græcia.*
Affaber. SCH. VII. I. 315. 111. *Italia.*
Velutinus. GERM. SCH. VII. I. 318. 114. *Hungar.*
Humilis. GERM. SCH. VII. I. 319. 115. *Gallia.*
Godeti. SCH. II. 589. 65. *Volhyn.*
Brunneus. SCH. II. 587. 63. *Tauria.*
Crispus. SCH. VII. I. 319. 118. *Rus. mer.*
Vitellus. SCH. II. 588. 64. *Gallia.*
Tomentifer. SCH. VII. I. 321. 121. *Tauria.*
Infernalis. GERM. SCH. VII. I. 322. 122. *Illyria.*
Acatium. SCH. II. 590. 68. *Turcia.*
Rugosus. HUM. SCH. VII. I. 324. 125. *Petrop.*
Obsidianus. SCH. VII. I. 324. 126. *Transyl.*
Corvus, SCH. VII. I. 325. 127. *Id.*
Asphaltinus. GERM. SCH. VII. I. 326. *Tauria.*
Tauricus. STEV. (1) *Id.*
Alpicola. SCH. VII. I. 327. 129. *Gal. or.*
Aterrimus. SCH. VII. I. 328. 130. *Carniol.*
Gemmatus. F. SCH. VII. I. 330. 132. *Austria.*
Religiosus. SCHRANCK. *Hungar.*
Chlorophanus. SCH. VII. I. 330. 133. *Austria.*
Squamiger. OLIV. *Alsatia.*
Dives. GERM. SCH. VII. I. 331. 134. *Hungar.*
Cymophanus. GERM. SCH. VII. I. 332. *Id.*
Fusii. KUST. Kaf. E. 16. 88. *Transyl.*
Longiventris. KUST. Kaf. E. 18. 87. *Id.*
Bielzii. KUST. Kaf. E. 16. 89. *Id.*
Opulentus. GERM. SCH. VII. I. 333. 136. *Id.*
Nigrita. F. SCH. VII. I. 334. 137. *Eur. int.*
Æneopunctatus. GYL. ZETT. *Eur. bor.*
Sulcatus. PAYK. SAHLB. *Suecia.*
Cupreus. LAICH. *Tyrolia.*
Tristis. SCOP. *Carniol.*
Lugubris. GMEL. *Calabr.*
Lepidopterus. F. SCH. II. 595. 76. *Austria.*
Squamiger. FABR. LATR. *Hungar.*
Inductus. SCH. II. 596. 78. *Croatia.*
Pupillatus. SCH. II. 597. 79. *Hungar.*
Signatipennis. SCH. II. 597. 80. *Croatia.*
Aureolus. SCH. II. 623. 126. *Id.*
Eremicola. ROSENH. Beitr. Ins. F. E. 44. *Tyrolia.*
Maxillosus. SCH. II. 598. 81. *Austria.*
Gibbicollis. SCH. VII. I. 336. 144. *Carinth.*
Gracilis. SCH. II. 599. 82. *Gal. mer.*
Elegantulus. GERM. SCH. II. 599. 83. *Carniol.*
Bicostatus. SCH. VII. I. 337. 147. *Turcia.*
Orbicularis. HERBST. II. 600. 84. *Gallia.*
Catenulatus. PANZ. *Austria.*
Petrensis. SCH. VII. I. 338. 149. *Illyria.*

Navaricus. SCH. II. 600. 85. *Pyren.*
Sulcogemmatus. SCH. VII. I. 339. 151. *Hispan.*
Maurus. GYL. SCH. VII. I. 340. 152. *Suecia.*
Adscitus. GERM. *Austria.*
Morio. BONSD. *Hungar.*
Sulcatus. Var. β. PAYK. *Laponia.*
Nodosus. OTTO. *Groenl.*
Var. *Demotus.* SCH. VII. I. 347. 167. *Austria.*
Comosellus. SCH. VII. I. 340. 153. *Hungar.*
Pauper. SCH. VII. I. 341. 154. *Austria.*
Brevicornis. SCH. VII. I. 342. 155. *Turcia.*
Atroapterus. DE GEER. SCH. II. 603. *Gallia.*
Ater. STEPH. *Anglia.*
Rotundatus. GMEL. *Suecia.*
Monticola. GERM. SCH. II. 603. 91. *Pyren.*
Lævigatus. GYL. STEPH. *Suecia.*
Blandus. SCH. II. 603. 92. *Laponia.*
Obcæcatus. SCH. II. 602. 89. *Rus. mer.*
Denigrator. SCH. VII. I. 343. 160. *Hungar.*
Puncticornis. SCH. II. 605. 94. *Tauria.*
Lithrantracius. SCH. VII. I. 346. 165. *Austria.*
Pullus. SCH. II. 606, et VIII. I. 441. *Tauria.*
Chrysocomus. GERM. SCH. VII. I. 349. 172. *Hungar.*
Juvencus. SCH. II. 609. 100. *Gal. mer.*
Tomentosus. SCH. II. 610. 101. *Id.*
Ovatulus. SCH. VII. I. 351. 177. *Eur. m.?*
Fulvipes. SCH. II. 611. 103. *Gal. mer.*
Conspersus. HERBST. SCH. II. 612. *Europa.*
Chrysostictus. SCH. II. 585. 58. *Caucas.*
Obtusus. SCH. VII. I. 356. 188. *Illyria.*
Picipes. F. SCH. VII. I. 357. 189. *Gallia.*
Notatus. BONSD. STEPH. *Suecia.*
Asper. MARSH. *Anglia.*
Granulatus. HERBST. *German.*
Singularis. SCHRANK. STEPH. *Austria.*
Squamiger. MARSH. *Anglia.*
Vastator. MARSH. *Id.*
Septentrionis. STEPH. *Id.*
Macquardtii. SCH. VII. I. 357. 190. *Petropol.*
Chevrolati. SCH. VII. I. 358. 191. *Belgia.*
Duinensis. SCH. VII. I. 359. 192. *Austria.*
Confusus. SCH. VII. I. 359. 193. *Illyria.*
Hirticornis. HERBST. SCH. VII. I. 360. *Suecia.*
Simo. OLIV. *German.*
Variegatus. SCH. VII. I. 360. 196. *Helvetia.*
Depubes. SCH. VII. I. 361. 197. *Alp. helv.*
Cremieri. SCH. VII. I. 363. 199. *Italia.*
Septentrionis. HERBST. SCH. VII. I. 363. 200. *Suecia.*
Setosus. FABR. *German.*
Grisco-punctatus. DE GEER. *Id.*
Gemellatus. BECK. *Id.*
Scaber. BONSD. *Suecia.*
Raucus. HERBST. *German.*
Echinatus. HERBST. *Id.*
Multicolor. GMEL. *Id.*

(1) Je crois curieux de rapporter ici la note de Schœnherr sur cette espèce « Plantationes vitis viniferæ in montibus Tauricis, anno 1833, omnino devastarunt. »

Porcatus. HERBST. SCH. II. 616. 113. *Austria.*
Costatus. FABR. *Id.*
Senex. OLIV. *Id.*
Sexcostatus. LATR. *Id.*

Raucus. FABR. SCH. II. 614. 110. *Gallia.*
Tristis. BONSD. FABR. *Suecia.*
Arenarius. HERBST. *German.*
Luctuosus. LATR. *Anglia.*
Var. *Fulvus.* FABR. *Suecia.*

Mandibularis. REDT. Faun. Aust. 425. *Austria.*

Ligneus. OLIV. SCH. VII. I. 364. 203. *Gallia.*
Gallicanus. SCH. II. 616. 112. *Gal. mer.*
Scabridus. STEPH. SCH. VII. I. 320. *Anglia.*

Foraminosus. SCH. VII. I. 366. 206. *Helvetia.*

Distincticornis. ROSENH. Beitr. Ins. F. E. 45. *Tyrolia.*

Granulosus. SCH. VII. I. 367. 208. *Hungar.*

Uncinatus. GERM. SCH. VII. I. 368. *German.*

Hypocrita. ROSENH. Beitr. Ins. F. E. 46. *Tyrolia.*

Setifer. SCH. VII. I. 368. 210. *Helvetia.*

Ligustici. LIN. SCH. II. 619. 117. *Gallia.*
Rugosus. SCHRANK. *German.*
Monopterus. FOURCR. *Parisii.*
Mulleri. GMEL. *Succia.*
Collaris. FABR. *Austria.*
Var. *Agnatus.* SCH. II. 592. 71. *Hungar.*

Auricapillus. GERM. SCH. II. 620. 119. *Carniol.*
Punctiscapus. SCH. VII. I. 375. 223. *German.*

Lugens. GERM. SCH. II. 620. 120. *Italia.*
Sculptus SCH. II. 591. 69. *Græcia.*

Granicollis. SCH. VII. I. 369. 214. *Hungar.*

Helveticus. SCH. VII. I. 370. 215. *Helvetia.*

Sulcatus. F. SCH. II. 620. 121. *Gallia.*
Griseopunctatus. DE GEER. *Succia.*
Strictus. GMEL. *Anglia.*

Auricomus. GERM. SCH. VII. I. 371. *Carniol.*

Fraxini. GERM. SCH. II. 596. 77. *Illyria.*
Funicularis. SCH. II. 621. 122. *Austria.*
Infaustus. SCH. II. 628. 136. *Illyria.*

Nubilus. SCH. VII. I. 372. 219. *Helvetia.*

Populeti. SCH. VII. I. 373. 220. *Hungar.*

Angustior. ROSENH. Beitr. Ins. F. E. 47. *Tyrolia.*

Clathratus. GERM. SCH. II. 622. 123. *Austria.*

Cancellatus. SCH. VII. I. 374. 222. *Italia.*

Partitialis. SCH. VII. I. 376. 224. *Gallia.*

Mœstus. SCH. II. 627. 134. *Gal. mer.*

Strigirostris. SCH. VII. I. 377. 227. *Italia.*

Montivagus. SCH. VII. I. 378. 228. *Tyrolia.*

Kollari. SCH. II. 593. 72. *Buccov.*

Austriacus. F. SCH. VII. I. 379. 230. *Austria.*

Carinatus. SCH. II. 624. 128. *Illyria.*

Ærifer. GERM. SCH. VII. I. 380. 232. *German.*
Elaboratus. SCH. II. 625. 129. *Saxonia.*

Subquadratus. ROSENH. Beitr. Ins. F. E. I. 48. *Tyrolia.*
Zebra. F. SCH. II. 622. 125. *Eur. int.*
Carinatus. PAYK. *Suecia.*
Fullo. SCHRANK. *German.*

Pauxillus. ROSENH. Beit. Ins. F. E. I. 50. *Tyrolia.*

Varius. SCH. VII. I. 380. 236. *Helvetia.*

Cratægi. GERM. SCH. VII. I. 381. 237. *Istria.*

Rugicollis. GERM. SCH. VII. I. 382. 238. *Dalmat.*

Rugifrons. GYL. SCH. VII. I. 383. 239. *Suecia.*
Ambiguus. SCH. I. 387. 254. *Belgia.*
Scaber. STEPH. *Anglia.*
Dillwynii. STEPH. *Id.*
Rugicollis. STEPH. *Id.*

Impoticus. SCH. VII. I. 383. 240. *Gallia.*

Pinastri. HERBST. SCH. VII. I. 383. 241. *Illyria.*

Glabellus. ROSENH. Beit. Ins. F. E. I. 51. *Tyrolia.*

Frescati. SCH. VII. I. 384. 242. *Italia.*

Segnis. SCH. II. 629. 137. *German.*

Globus. SCH. VII. I. 386. 246. *Hungar.*

Desertus. ROSENH. Beit. Ins. F. E. I. 52. *Tyrolia.*

Ovatus. LIN. SCH. II. 631. 140. *Gallia.*
Rosæ. DE GEER. *Suecia.*
Rufipes. SCOP. *Carniol.*
Scopolii. GMEL. *German.*
Var. *Pabulinus.* PANZ. *Id.*
Var. *Vorticosus.* SCH. II. 630. 138. *Parisii.*

Clemens. SCH. II. 632. 142. (1). *Rus. mer.*

Genre TYLODERES. SCH. (Gen. 38. 74.)

Chrysops. HERBST. SCH. VII. I. 388. 1. *Styria.*

Megerlei. FABR. SCH. VII. I. 389. 2. *Austria.*

Dejeanii. SCH. VII. 1. 390. 3. *Styria.*
Chrysops. SCH. II. 636. 1. *Id.*

Genre DICHOTRACHELUS. STIERLIN.
(Genre 74 *bis.*) (2)

Sulcipennis. STIERL. Ent. Zeit. Stet. 1853. 171. *M. Rosa.*

Rudenii. STIERL. E. Z. Stet. 1853. 183. *Id.*

(1) Ajoutez : *Pimeloides.* OLIV. SCH. II. 631. *Gal. mer.* — *Lirus.* SCH. II. 634, ou *Lævigatus.* OLIV. *Gallia.* — *Turbatus.* SCH. II. 635, ou *Nigrita.* OLIV. *Italia.* — *Anthracinus.* SCOP. SCH. II. 635. *Carniolia.* — *Corrugatus.* GMEL. SCH. II. 636, ou *Rugosissimus.* VILLERS. *Gallia.* — *Insubricus.* COMOL. De Col. nov. Prov. Novoc. 1837. *Lombardia.* — *Alpestris* COMOL. De Col. nov., etc. *Lombardia.* — *Singularis.* LIN. SCH. II. 614. *Lusitania.*

(2) Ce genre nouveau a été décrit par M. Stierlin dans l'Entomol. Zeitung de Stettin pour 1853, p. 171, où je l'ai oublié lors de la rédaction de mon texte. Comme il m'est tout à fait inconnu, je vais en exposer les principaux caractères d'après son auteur.

G. 74 *bis.* DICHOTRACHELUS STIERLIN Ent. Zeit. Stettin. 1853. 171.

Corps oblong, déprimé. Yeux arrondis. Bec à peine plus long que la tête, quadrangulé, non

Genre ELYTRODON. SCH. (Gen. 38. 75.)

Bidentatus. STEV. SCH. II. 638. 1. — *Tauria.*
Bispinus. SCH. II. 639. 2. — *Hungar.*
Inermis. SCH. VII. I. 404. 3. — *Eur. m.*

Genre NASTUS. SCH. (Gen. 39. 76.)

Goryi. SCH. VII. I. 406. 1. — *Tauria.*

DEUXIÈME SECTION. MÉCORHYNQUES.

Groupe I. ERIRHINITES.

Genre LIXUS. FABR. (Gen. 39. 77.)

Paraplecticus. LIN. SCH. III. 2. 1. — *Gallia.*
Phellandrii. DE GEER. — *German.*
Productus. STEPH. — *Anglia.*
Turbatus. SCH. III. 5. 3. — *Gallia.*
Paraplecticus. PANZ. CLAIRV. — *German.*
Gemellatus. GYL. SCH. III 6. 5. — *Id.*
Geminatus. SCH. VII. I. 419. 6. — *Corsica.*
Incarnatus. SCH. III. 7. 6. — *Dalmat.*
Canescens. FISCH. SCH. III. 8. 7. — *Tauria.*
Siculus. SCH. III. 9. 8. — *Sicilia.*
Chevrolati. SCH. VII. I. 420. 10. — *Id.*
Tenuirostris. SCH. VII. I. 421. 12. — *Id.*
Anguinus. LIN. SCH. III. 11. 10. — *Eur. m.*
Mucronatus. FABR. — *Eur. int.*
Bufo. HERBST. fig. — *Id.*
Anguiculus. SCH. III. 11. 11. — *Græcia.*
Lineatus. SCH. III. 12. 12. — *Ægypt.*
Inops. MÉNÉTR. SCH. III. 15. 18. — *Hisp. m.*
Tatariæ. STEV. — *Turcom.*
Parallelus. SCH. VII. I. 429. 28. — *Sicilia.*
Cylindricus. F. SCH. III. 16. 19. — *Gallia.*
Cylindrus. FABR. — *Hungar.*
Acupictus. VILLA. — *Italia.*
Brevicaudis. KUST. Kaf. E. 17. 79. — *Sardin.*
Lefebvrei. SCH. III. 17. 20. — *Eur. m.*
Augurius. SCH. III. 19. 23. — *Gal.* (1).
Venustulus. SCH. III. 20. 24. — *Gal. mer.*
Mucronatus. OLIV.? — *Sicilia.*
Brevirostris. SCH. III. 21. 25. — *Hisp. m.*
Nanus. SCH. III. 22. 26. — *Id.*
Albomarginatus. SCH. VII. I. 435. 44. — *Hungar.*
Ochraceus. SCH. VII. I. 436. 45. — *Dalmat.*
Rosenschœldi. SCH. VII. I. 437. 46. — *Lusitan.*
Ascanii. L. SCH. III. 25. 30. — *Gal. mer.*
Sanguineus. ROSSI. SCH. III. 26. 32. — *Italia.*
Superciliosus. SCH. III. 27. 33. — *Lusitan.*
Ruficornis. SCH. III. 28. 34. — *Eur. m.*
Acutus. SCH. VII. I. 439. 52. — *Gal. mer.*
Elegantulus. VII. I. 441. 54. — *Hungar.*
Myagri. OLIV. SCH. III. 30. 36. — *Gal. mer.*
Diloris. GERM. — *Italia.*
Punctirostris. SCH. VII. I. 445. 60. — *Hungar.*
Fallax. VII. I. 446. 63. — *Gal. mer.*
Subulipennis. SCH. III. 33. 43. — *Podolia.*

échancré en avant, point élargi, non dilaté en forme de lobe sous l'insertion des antennes ; scrobe montant droit vers les yeux, court. Antennes insérées au coin de la bouche, médiocrement épaissies ; scape n'atteignant point tout à fait au bord postérieur des yeux, épaissi vers l'extrémité ; les deux premiers articles du funicule allongés, coniques, le premier moitié plus long que le second, les autres arrondis, presque sphériques, plus larges que longs ; massue ovalaire. Prothorax fortement sillonné longitudinalement au milieu, avec deux lignes longitudinales élevées en forme de carène. Ecusson à peine visible. Elytres ovalaires, à épaules arrondies, intervalles alternes élevés en carène, offrant une ligne de soies épaissies, assez longues. Jambes sans crochets au sommet ; ongles des tarses simples, robustes. Dernier segment ventral avec une fossette oblongue chez les mâles. — *διχάω, je suis divisé ; τράχηλος, cou.*

Ce genre renferme deux espèces nouvelles trouvées sur le mont Rose en Suisse, sous les pierres. D'après M. Stierlin, ce genre est très voisin des *Otiorhynchus*, mais s'en distingue principalement par le bec non dilaté en forme de lobe au-dessous de l'insertion des antennes ; il se distingue, nous dit l'auteur, des *Peritelus* et des *Omias* par sa forme déprimée, de même que par un profond sillon médian, qui divise le prothorax en deux parties, ce qui le distingue aussi de tous les genres voisins. M. Stierlin indique les antennes comme de 11 articles, à massue triarticulée, caractère que j'ai passé sous silence, crainte qu'il n'y ait eu erreur, tous les autres genres du groupe ayant 12 articles aux antennes. Un caractère qui me paraît des plus remarquables est la longueur du scape. Ignorant si le bec est défléchi ou subhorizontal, caractère important que l'auteur a passé sous silence, et si les ongles des tarses sont écartés ou rapprochés et soudés à leur base, je place provisoirement ce genre après les *Tylodères* qui s'en rapprochent par leur prothorax longitudinalement canaliculé au milieu.

(1) Possédant un exemplaire de cette espèce qui m'a été donné comme pris en France, je l'indique de notre patrie sans vouloir toutefois en assumer la responsabilité.

Angustatus. F. SCH. III. 43. 56. *Gallia.*
Pulverulentus. ROSSI. *Italia.*
Pulvereus. OLIV. *Austria.*
Algirus. LIN. *Barbar.*
Ferrugatus. FABR. LATR. *Gallia.*

Cribricollis. SCH. III. 44. 58. *Id.*
Ferrugatus. OLIV. *Sicilia.*

Spartii. OLIV. SCH. III. 63. 81. *Gal. mer.*

Pistrinarius. SCH. III. 64. 82. *Rus. mer.*

Varicolor. SCH. III. 65. 83. *Dalmat.*

Junci. SCH. III. 65. 84. *Sardin.*

Circumdatus. SCH. III. 66. KUST. K. 17. *German.*
Bicolor. PANZ. *Id.*

Bicolor. OLIV. SCH. III. 66. 86. *Gal. mer.*
Lateralis. STEPH. *Anglia.*

Abdominalis. SCH. III. 67. 87. *Sicilia.*

Guttiventris. SCH. VII. I. 469. 130. *Id.*

Orbitalis. SCH. III. 68. 88. *Tauria.*

Nigritarsis. SCH. III. 68. 89. *Eur. m.*

Sardiniensis. SCH. VII. I. 470. 133. *Sardin.*

Vilis. ROSSI. SCH. III. 69. 90. *Italia.*

Lateralis. PANZ. SCH. III. 70. 91. *Id.*
Arctii. PANZ. *Id.*

Subtilis. SCH. III. 73. 95. *Hungar.*

Sulphuratus. SCH. III. 74. 96. *Sicilia.*

Flavescens. SCH. III. 74. 97. *Hungar.*

Pollinosus. GERM. SCH. III. 75. 98. *Eur. m.*

Filiformis. F. SCH. III. 76. 99. *Gallia.*
Hæmatocerus. GERM. *Dalmat.*
Bardanæ. PANZ. *German.*

Pardalis. SCH. III. 77. 100. *Lusitan.*

Constrictus. SCH. III. 78. 101. *Tauria.*

Rufitarsis. SCH. III. 78. 102. *Gal. mer.*

Acicularis. GERM. SCH. III. 79. 103. *Lusitan.*

Scolopax. SCH. III. 79. 104. *Dalmat.*

Elongatus. GERM. SCH. III. 81. 106. *Hungar.*
Fasciculatus. SCH. III. 80. 105. *Italia.*

Bardanæ. F. SCH. III. 81. 107. *Europa.*
Cylindricus. HERBST. *German.*

Tristis. SCH. III. 82. 108. *Tauria.*

Irresectus. SCH. VII. I. 474. 153. *Rus. mer.*

Angusticollis. SCH. III. 83. 109. *Gal. mer.*

Consenescens. SCH. III. 88. 115. *Tauria.*

Cinerascens. SCH. III. 89. 116. *Id.*

Conicollis. SCH. III. 90. 118. *Turcia.*

Angustus. HERBST. SCH. VII. I. 476. *German.*
Seniculus. SCH. III. 91. 119. *Austria.*

Tibialis. SCH. VII. I. 476. 166. *Italia.*

Rufulus. SCH. III. 92. 120. (1). *Græcia.*

Genre LARINUS. GERM. (Gen. 40. 78.)

Cynaræ. F. SCH. III. 105. 1. *Gal. mer.*

Costirostris. SCH. III. 105. 2. *Sicilia.*

Cardui. ROSSI. SCH. III. 106. 3. *Eur. m.*
Cynaræ. HERBST. *Hungar.*
Triangularis. PETAGN. *Italia.*

Cirsii. SCH. III. 107. 4. *Sicilia.*

Teretirostris. SCH. III. 108. 5. *Eur. m.*

Glabrirostris. SCH. III. 109. 6. *Sicilia.*

Buccinator. OLIV. SCH. VII. II. 5. 7. *Id.*

Tubicenus. SCH. VII. II. 6. 8. *Hispan.*
Buccinator. SCH. III. 110. 7. *Id.*

Maculatus. SCH. VII. II. 7. 13. *Lusitan.*
Onopordinis. SCH. III. 111. 11. *Id.*

Maculosus. SCH. III. 112. 13. *Gal. mer.*

Albarius. SCH. VII. II. 7. 15. *Sicilia.*

Scolymi. OLIV. SCH. III. 113. 15. *Gal. mer.*
Ochreatus. OLIV. SCH. III. 113. 14. *Id.*

Timidus. SCH. III. 115. 18. *Rus. mer.*

Flavescens. SCH. III. 116. 20. *Gal. mer.*
Planus. HERBST. *German.*

Virescens. SCH. VII. II. 9. 21. *Dalmat.*

Sturnus. SCHALL. SCH. III. 118. 23. *Gallia.*
Jaceæ. HERBST. *German.*
Fringilla. GYL. *Suecia.*

Conspersus. SCH. VII. II. 12. 27. *Gallia.*

Pollinis. LAICH. SCH. III. 119. 24. *Dalmat.*

Maurus. OLIV. SCH. III. 119. 25. *Gal. mer.*

Stellaris. SCH. III. 120. 27. *Rus. mer.*

Carinirostris. SCH. III. 121. 28. *Italia.*

Lineatocollis. SCH. III. 121. 29. *Rus. mer.*

Jaceæ. F. SCH. III. 122. 30. *Gallia.*
Cardui. FOURC. *German.*
Caurductus. GMEL. *Austria.*
Pollinis. Var. LAICH. *Tyrolia.*
Planus. HERBST. fig. *Italia.*

Guttiger. SCH. VII. II. 13. 35. *Sicilia.*

Rusticanus. SCH. III. 123. 31. *Sardin.*

Immitis. SCH. III. 124. 32. *Græcia.*

Longirostris. SCH. III. 124. 33. *Eur. m.*

Turbinatus. SCH. III. 125. 34. *Gal. Alp.*

Canescens. SCH. III. 126. 35. *Eur. m.*

Planus. F. SCH. III. 127. 36. *German.*
Teres. HERBST. *Lusitan.*

Lynx. KUST. Kaf. E. 11. 92. *Sardin.*

Obtusus. SCH. III. 128. 38. *Eur. m.*

Minutus. SCH. III. 129. 40. *Caucas.*
Brevis. SCH. III. 150 (Rhinocyllus). *Podolia.*

Ferrugatus. SCH. III. 131. 43. *Gal. mer.*

Morio. SCH. III. 132. 44. *Id.*

Carlinæ. OLIV. SCH. III. 133. 45. *Gallia.*
Planus. STEPH. *Anglia.*
Ebeneus. MARSH. *Lusitan.*

Carinifer. SCH. VII. II. 16. 52. *Sicilia.*

Acanthiæ. SCH. III. 135. 48. *Lusitan.*

(1) Ajoutez : *Linearis.* OLIV. SCH. III. 32. 40. *Græcia.* — *Ascanoides.* COMOL. De Col. nov. Prov. Novoc. 1837. *Lombardia*

Ursus. F. SCH. III. 136. 49.	*Gal. mer.*
Vittatus. FABR.	*Italia.*
Canaliculatus. OLIV.	*Hispan.*
Stolatus. GMEL.	*Id.*
Genei. SCH. VII. II. 17. 58.	*Sardin.*
Senilis. F. SCH. III. 136. 50.	*Eur. m.*
Brevis. HERBST.	*Austria.*
Reconditus. SCH. VII. II. 19. 61.	*Gal. mer.*
Idoneus. SCH. III. 137. 52.	*Iberia.*
Bicolor. SCH. VII. II. 20. 65.	*Rus. mer.*
Siculus. SCH. VII. II. 21. 66.	*Sicilia.*
Chevrolati. SCH. VII. II. 22. 67.	*Id.*
Confinis. J. DU V. (1).	*Gal. mer.*
Villosus. SCH. VII. II. 23. 71.	*Dardan.*

Genre RHYNOCYLLUS. GERM. (Gen. 41. 79.)

Antiodontalgicus. GERB. SCH. III. 148.	*Italia.*
Thaumaturgus. ROSSI.	*Id.*
Latirostris. LATR. SCH. III. 148. 2.	*Gallia.*
Morosus. OLIV.	*Dalmat.*
Thaumaturgus. STEPH.	*Anglia.*
Conicus. FRŒHL.	*Austria.*
Cardui. DONOV.	*Italia.*
Olivieri. SCH. III. 148. 3.	*Eur. m.*
Odontalgicus. OLIV.	*Austria.*
Planifrons. SCH. III. 149. 4.	*Dalmat.*
Inquilinus. GYL. SCH. III. 150. 5.	*Finland.*
Larcynii. J. DU V. An. S. ent. Fr. 1852. 714.	*Gal. mer.*

Genre PISSODES. GERM. (Gen. 41. 80.)

Piceæ. ILLIG. SCH. III. 256. 1.	*Austria.*
Pini. PANZ.	*Bohem.*
Pini. LIN. SCH. III. 257. 2.	*Europa.*
Abietis. RATZ.	*Austria.*
Notatus. F. SCH. III. 258. 3.	*Gallia.*
Pini. OLIV.	*German.*
Fabricii. STEPH. SCH. III. 262. 9.	*Anglia.*
Castaneus. DE GEER.	*Suecia.*
Palmes. HERBST.	*Austria.*
Brunneus. PANZ.	*Anglia.*
Validirostris. SCH. III. 259. 4.	*Gallia.*
Gyllenhalii. SCH. III. 260. 5.	*German.*
Hercyniæ. GYL.	*Suecia.*
Hercyniæ. HERBST. SCH. III. 261. 6.	*German.*
4-notatus. PANZ.	*Rus. mer.*
Interstitiosus. SAHLB.	*Finland.*
Strobili. REDT. Faun. Aust. 417.	*Austria.*
Piniphilus. HERBST. SCH. III. 262. 7.	*German.*

Genre MAGDALINUS. GERM. (Gen. 41. 81.)

Heros. KUST. Kaf. E. 23. 82.	*Turcia.*
Violaceus. LIN. SCH. III. 263. 1.	*Europa.*
Assimilis. HERBST.	*German.*
Affinis. GMEL.	*Suecia.*
Frontalis. GYL. SCH. III. 265. 2.	*Helvetia.*
Duplicatus. GERM. SCH. III. 265. 4.	*German.*
Punctipennis. KUST. Kaf. E. 23. 84.	*Transyl.*
Phlegmaticus. HERBST. SCH. III. 266.	*German.*
Nitidus. GYL. SCH. III. 266. 6.	*Id.*
Linearis. GYL. SCH. III. 266. 7.	*Suecia.*
Var. *Virescens.* GERM.	*German.*
Cerasi. LIN. SCH. VII. II. 137. 8.	*Gallia.*
Armeniacæ. FABR.	*Suecia.*
Nassata. GERM.	*German.*
♂ *Barbicornis.* STEPH.	*Anglia.*
♀ *Rhina.* GYL. SCH. III. 276. 25.	*Austria.*
Pruni. OLIV.	*Gallia.*
Memnonius. FALDERM.	*German.*
Carbonarius. F. SCH. VII. II. 137.	*Gal. mer.*
Asphaltinus. GERM. SCH. VII. II. 138.	*German.*
Aterrimus. FABR.	*Gallia.*
Stygius. GYL. SCH. VII. II. 139. 11.	*Suecia.*
♂ *Asphaltina.* STEPH.	*Anglia.*
Atramentarius. MARSH. STEPH.	*German.*
Cerasi. OLIV.	*Helvetia.*
Carbonarius. LIN. WALTON.	*Europa.*
Atramentarius. GERM. SCH. III. 269. 13.	*German.*
Atratus. GYL. ♂.	*Anglia.*
Cerasi. mas. PAYK.	*Suecia.*
Aterrimus. HERBST.	*Austria.*
Atrocyaneus. SCH. VII. II. 140. 15.	*Westrog.*
Rufus. GERM. SCH. VII. II. 141. 19.	*German.*
Barbicornis. LATR. SCH. III. 274. 23.	*Gallia.*
Rhina. var. GYL. ♂.	*Suecia.*
Trifoveolatus. GYL. ♀.	*Anglia.*
Languidus. SCH. VII. II. 143. 24.	*Saxonia.*
Pruni. LIN. SCH. VII. II. 144. 25.	*Gallia.*
Ruficornis. LIN.	*Anglia.*
Erythroceros. HERBST.	*German.*
Incognitus. HERBST.	*Austria.*
Flavicornis. SCH. III. 275. 24.	*Gallia.*
Nitidipennis. SCH. VII. II. 145. 29.	*Id.*
Claviger. KUST. Kaf. E. 23. 89.	*Sardin.*

Genre ERIRHINUS. SCH. (Gen. 42. 82.)

(DORYTOMUS. GERM. Gen. 42. 82. 1°.)

Vorax. F. SCH. III. 290. 10.	*Gallia.*
Cursor. PAYK.	*Suecia.*
Longipes. LAICH.	*Tyrolia.*
Longimanus. FORST.	*German.*
Forsteri. GMEL.	*Austria.*
Tremulæ. ♀. MARSH.	*Anglia.*
Var. *Ventralis.* STEPH.	*Id.*
Macropus. REDT. Faun. Aust. 412.	*Austria.*
Vorax. Var. γ. SCH. III. 290. 10.	*Gallia.*

(1) **Larinus confinis.** J. DU VAL. — Breviter ovatus, niger, flavescenti dense tomentosus; rostro tenuiori, capite thoraceque longitudine, leviter arcuato, crebre punctulato; fronte foveolata; thorace subtriangulari, intra apicem obsolete constricto, leviter minus dense punctato-rugoso, interstitiis crebre punctulatis, dorso linea media angusta lateribusque vitta latiore albo tomentosis; elytris punctato-striatis, interstitiis subtiliter coriaceis, linea dorsali prope suturam, alia laterali, maculisque nonnullis adfixis albo tomentosis; antennis extus infuscatis tarsisque ferrugineis. — Long. 6 1/2 mill. — Montpellier, sur la *Centaurea aspera*.

Tremulæ. PAYK. SCH. VII. II. 169. 23. *Gallia.*
Tæniatus. HERBST. *German.*
Fumosus. ROSSI. *Italia.*
♂ *Vecors.* SCH. III. 293. 14. *Anglia.*

Variegatus. SCH. VII. II. 170. 24. *Austria.*

Costirostris. SCH. VII. II. 170. 26. *Gallia.*
Tremulæ. STEPH. (Mus). *Anglia.*
Bituberculatus. ZETT. SCH. III. 295. 18. *Lapon.*
Suratus. SCH. III. 296. 19. *Austria.*

Maculatus. MARSH. WALTON. An. of. N. H. VII. 312. *Anglia.*
Fumosus. STEPH. *Id.*

Affinis. PAYK. SCH. VII. II. 171. 27. *Europa.*
Tremulæ. Var. *β.* PAYK. *Suecia.*

Validirostris. SCH. VII. II. 171. 28. *Gallia.*
Waltoni. SCH. VII. II. 171. 29. *Anglia.*

Tæniatus. F. SCH. VII. II. 172. 30. *Eur. bor.*

Salicis. WALTON. An. of. N. H. VII. 314. *Anglia.*

Occalescens. SCH. III. 298. 23. *Helvetia.*

Flavipes. PANZ. SCH. VII. II. 173. 33. *Austria.*
Majalis. Var. *β.* SCH. III. 301. 27. *Id.*
Ictor. HERBST. *German.*

Salicinus. GYL. SCH. III. 297. 21. *Eur. bor.*
Tæniatus. Var. *c.* GYL. *Suecia.*
Parvulus. ZETTERST. *Lapon.*
Affinis. Var. *Pygmæa.* PAYK. *Finland.*
Tremulæ. Var. *γ.* PAYK. *Norveg.*

Agnathus. SCH. VII. II. 174. 35. *Geneva.*

Tenuirostris. SCH. VII. II. 175. 36. *Gallia.*

Majalis. PAYK. SCH. VII. II. 176. 37. *Id.*

Pectoralis. PANZ. SCH. VII. II. 177. *Eur. int.*
Fructuum. MARSH. SCH. III. 298. *Anglia.*
Majalis. STEPH. *German.*
Arcuatus. F. LATR. *Gallia.*
Melanophthalmus. PAYK. *Suecia.*

Nebulosus. SCH. III. 304. 32. *Gallia.*

Clitellarius. SCH. VII. II. 177. 40. *Finland.*
Pectoralis. Var. *β.* SCH. III. 302. *Id.*

Minutus. SCH. III. 298. 14. *Austria.*

Villosulus. SCH. III. 303. 31. *Id.*

Puberulus. SCH. VII. II. 178. 44. *Dalmat.*

Tortrix. LIN. SCH. III. 305. 33. *Gallia.*
Fulvus. DE GEER. *German.*
Rubigineus. FOURC. *Austria.*
Arcuatus. STEPH. *Anglia.*

Filirostris. SCH. III. 306. 34. *Gallia.*

Dorsalis. F. SCH. III. 306 (1). *Europa.*

(ERIRHINUS. SCH. Gen. 42. 82. 2°.)

Sparganii. SCH. III. 310. 41. *Austria.*

Festucæ. HERBST. SCH. VII. II. 168. 17. *Eur. int.*
Caricis. THUNB. *Eur. bor.*
Carecti. HOPPE. *Gallia.*

Nereis. PAYK. SCH. III. 312. 44. *Id.*
Typhæ. AHRENS. *German.*
Inquisitor. HERBST. STEPH. *Austria.*
Arundineti. STEPH. *Anglia.*

Scirrhosus. SCH. III. 312. 45. *Europa.*
Nereis. ♂. GYL. *Gallia.*

(NOTARIS. GERM. Gen. 42. 82. 3°.)

Bimaculatus. F. SCH. VII. II. 163. 1. *Europa.*

Petax. STEV. SCH. VII. II. 163. 2. *Tauria.*

Scirpi. F. SCH. VII. II. 163. 3. *Gallia.*
Rhamni. HERBST. *Austria.*

Acridulus. LIN. SCH. VII. II. 164. 4. *Europa.*
Punctum. FABR. *Gallia.*
Rigidus. MARSH. *Anglia.*

Mærkelii. SCH. VII. II. 164. 5. *Saxonia.*

Æthiops. F. SCH. III. 287. 6. *Suecia.*
Var. *Holomelanus.* HERBST. *Anglia.*

Pilumnus. SCH. III. 288. 7. *German.*

Infirmus. HERBST. SCH. III. 300. 26. *Austria.*

Genre GRYPIDIUS. SCH. (Gen. 43. 83.)

Equiseti. F. SCH. III. 314. 1. *Gallia.*
Nigro-gibbosus. DE GEER. *Suecia.*
Gibbosus. OLIV. *Austria.*

Atrirostris. FABR. *Suecia.*
Equiseti. Var. *β.* SCH. III. 314. *German.*

Brunnirostris. F. SCH. III. 316. 2. *Europa.*
Obliteratus. HERBST. *German.*

Genre HYDRONOMUS. SCH. (Gen. 43. 84.)

Alismatis. MARSH. SCH. VII. II. 183. 1. *Europa.*
Glabrirostris. HERBST. *German.*

Genre BRACHONYX. SCH. (Gen. 44. 85.)

Indigena. HERBST. SCH. III. 330. 1. *Gallia.*
Malvæ. HERBST. *German.*
Pineti. PAYK. *Suecia.*

Genre BRADYBATUS. GERM. (Gen. 44. 86.)

Creutzeri. GERM. SCH. III. 332. 1. *Gallia.*

Genre ANTHONOMUS. GERM. (Gen. 44. 87.)

Ulmi. DE GEER. SCH. VII. II. 215. 6. *Gallia.*
Pedicularius. GERM. *German.*
Avarus. LATR. *Suecia.*
Druparum. STEPH. *Anglia.*

Pedicularius. LIN. WALTON. Extr. An. of. N. H. 105. 3. *Gallia.*
Ulmi. Var. *γ.* SCH. III. 339. *Suecia.*
Fasciatus. MARSH. *Anglia.*
Pomonæ. GERM. *German.*
Pomorum. STEPH. *Austria.*
Oxyacanthæ. BOHEM.? *Gothia.*

Pyri. SCH. VII. II. 215. 7. *Gallia.*

Undulatus. SCH. III. 340. 10. *N.*

Elongatulus. SCH. VII. II. 216. 9. *Geneva.*

Pomorum. LIN. SCH. VII. II. 217. 10. *Europa.*
Incurvus STEPH. *Anglia.*
Pyri. LYONET. *Gallia.*

(1) Ajoutez : *Punctator.* HERBST. SCH. III. 306. 35. *Germania.* — *Atomarius.* GÉNÉ. De Quib. Ins. Sard. fasc. II. 37. *Sardinia.*

Spilotus. REDT. Faun. Aust. 406. *Austria.*
Incurvus. STEPH. SCH. VII. II. 218. *Eur. int.*
Pomorum. Var. GYL. *Succia.*
Humeralis. PANZ. *German.*
Pubescens. PAYK. SCH. VII. II. 220. 16. *Eur. bor.*
Varians. PAYK. SCH. VII. II. 221. 17. *Id.*
Beccabungæ. FABR. *German.*
Melanocephalus. F. SCH. III. 344. *Id.*
Phyllocola. HERBST. *Succia.*
Nigrocapitatus. LATR. *Laponia.*
Sorbi. GERM. SCH. VII. II. 223. 21. *German.*
Rufus. SCH. III. 347. 21. *Rus. mer.*
Languidus. SCH. III. 348. 23. *Tauria.*
Rubripes. SCH. III. 351. 28. *Tauria.*
Rubi. HERBST. SCH. III. 349. 26. *Gallia.*
Perforatus. HERBST. *German.*
Melanopterus. MARSH. *Succia.*
Ater. MARSH. REDT. *Austria.*
Obscurus. STEPH. *Anglia.*
Brunnipennis. CURTIS. *Id.*
Druparum. HERBST. SCH. VII. II. 234. *Europa.*
Tesselatus. FOURC. *Gallia.*

Genre **BALANINUS**. GERM. (Gen. 45. 88.)

Elephas. SCH. III. 378. 5. *Austria.*
Nucum. Var. OLIV. *Gallia.*
Pellitus. SCH. VII. II. 278. 8. *Id.*
Glandium. MARSH. STEPH. *Id.*
Venosus. GERM. SCH. III. 381. 8. *German.*
Nubifer. STEVEN. *Anglia.*
Nucum. LIN. SCH. III. 381. 9. *Gallia.*
Gulosus. GERM. *German.*
Turbatus. SCH. III. 383. 10. *Gallia.*
Nucum. GERM. *German.*
Cerasorum. HERBST. SCH. VII. II. 279. *Id.*
Betulæ. STEPH. *Anglia.*
Villosus. HERBST. SCH. III. 385. 13. *Gallia.*
Esuriens. FABR. *Succia.*
Cerasorum. OLIV. *German.*
Tenuirostris. FABR. *Anglia.*
Cordifer. FOURC. *Austria.*
Rubidus. SCH. III. 384. 12. *Gallia.*
Undulatus. HERBST. *German.*
Crux. FABR. SCH. VII. II. 288. 28. *Id.*
Salicis. PANZ. *German.*
Iota. PANZ. *Austria.*
Ochreatus. SCH. VII. II. 288. 29. *Gal. mer.*
Rufosignatus. FAIRM. Rev. zool. 1855. II. *Id.*
Brassicæ. F. SCH. III. 389. 20. *Gallia.*
Salicivorus. GYL. *German.*
Macropus. OLIV. *Austria.*
Napo-brassicæ. BJERK. *Succia.*
Arcuatus. MARSH. *Anglia.*
Cinerascens. GMEL. *Helvetia.*
Scutellaris. STEPH. *Italia.*
Intermedius. STEPH. *Anglia.*
Brunneus. STEPH. *Id.*
Clavatus. MARSH. SCH. (Anthonomus). *Id.*
Pyrrhoceras. MARSH. SCH. III. 390. 21. *Gallia.*
Salicivorus. Var. GYL. *German.*
Curvatus. MARSH. *Anglia.*

Genre **CORYSSOMERUS**. SCH. (Gen. 45. 89.)

Capucinus. BECK. SCH. III. 400. 1. *Gallia.*
Var. *Ardea*. GERM. SCH. III. 400. 2. *German.*

Genre **AMALUS**. SCH. (Gen. 46. 90.)

Scortillum. HERBST. SCH. III. 396. 1. *Gallia.*
Hæmorrhous. HERBST. *Austria.*
Agricola. PAYK. *Succia.*
Rubicundus. PANZ. *German.*
Dumetorum. PANZ. *Id.*
Inflexus. MARSH. *Anglia.*
Castaneus. STEPH. *Id.*

Genre **LIGNYODES**. SCH. (Gen. 46. 91.)

Enucleator. PANZ. SCH. III. 324. 1. *Gallia.*
Bicolor. GERM. *Austria.*

Genre **ELLESCHUS**. SCH. (Gen. 47. 92.)

Scanicus. PAYK. SCH. VII. II. 186. 1. *Gallia.*
Rubicundus. HERBST. *Austria.*
Placidus. HERBST. *German.*
Pallidesignatus. SCH. III. 303. (Erirh.) *Succia.*
Bipunctatus. LIN. SCH. VII. II. 187. 2. *Gallia.*
Unipunctatus. OLIV. *Anglia.*

Genre **TYCHIUS**. GERM. (Gen. 47. 93.)

5-punctatus. LIN. SCH. III. 401. 1. *Gallia.*
5-maculatus. LIN. *German.*
5-notata. MANN. *Austria.*
4-maculatus. MULL. *Anglia.*
Venustus. F. SCH. III. 402. 2. *Gallia.*
Parallelus. OLIV. *Austria.*
Pegaso. HERBST. *German.*
Vernalis. REICH. *Id.*
Bivittatus. MARSH. *Anglia.*
Nervosus. MARSH. *Id.*
Vittatus. GERM. SCH. III. 436. (Sibynes). *Italia.*
Polylineatus. GERM. SCH. III. 403. 3. *Austria.*
Lautus. SCH. III. 403. 4. *Tauria.*
Squamulatus. SCH. III. 404. 5. *Gallia.*
Ciliatus. SCH. III. 405. 6. *Tauria.*
Siculus. SCH. VII. II. 299. 6. *Sicilia.*
Striatellus. SCH. III. 405. 7. *Gal. mer.*
Schneideri. HERBST. SCH. III. 406. 8. *Gallia.*
Genistæ. SCH. VII. II. 301. 12. *Geneva.*
Cretaceus. KSW. An. S. E. Fr. 1851. 638. *Catalon.*
Hæmatopus. SCH. III. 409. 11. *Tauria.*
Thoracicus. SCH. VII. II. 302. 16. *Sicilia.*
Amplicollis. AUBÉ. An. S. E. Fr. 1850. 342. *Sicilia.*
Aurichalceus. SCH. III. 410. 13. *Lusitan.*
Aureolus. KSW. An. S. E. Fr. 1851. 640. *Catalon.*
Sorex. SCH. III. 411. 14. *Russia.*
Tomentosus. HERBST. SCH. VII. II. 303. 19. *Europa.*
Picirostris. GYL. *Gallia.*
Stephensi. SCH. III. 412. *Anglia.*

Junceus. REICH. SCH. VII. II. 303. 20. *Gallia.*
Flavicollis. STEPH. SCH. VII. II. 304. 21. *Anglia.*
Meliloti. STEPH. SCH. VII. II. 304. 22. *German.*
Canescens. MARSH. SCH. III. 412. 18. *Anglia.*
Strumarius. SCH. III. 413. 22. *Lusitan.*
Hæmatocephalus. SCH. III. 415. 25. *Helvetia.*
Auricollis. SCH. III. 420. 32. *Tauria.*
Sparsutus. OLIV. SCH. III. 417. 27. *Gal. mer.*
Obesus. SCH. VII. II. 308. 33. *Helvetia.*
Pernix. SCH. III. 417. 28. *Hungar.*
Squamosus. SCH. III. 418. 30. *Gallia.*
Tibialis. SCH. VII. II. 310. 41. *Id.*
Lineatulus. SCH. VII. II. 311. 42. *Anglia.*
Cinnamomeus. KSW. An. S. E. Fr. 1851. 639. (1). *Catalon.*

Genre MICCOTROGUS. SCH. (Gen. 47. 94.)

Capucinus. SCH. VII. II. 312. 44. *Sicilia.*
Cuprifer. PANZ. SCH. III. 422. 34. *Gallia.*
Picirostris. F. SCH. VII. II. 313. 46. *Id.*
Cinerascens. GYL. *German.*
Fuscirostris. PAYK. *Austria.*
Posticinus. SCH. III. 423. 37. *Gallia.*
Procerulus. Ksw. An. S. E. Fr. 1851. 641. (2). *Catalon.*

Genre SMICRONYX. SCH. (Gen. 48. 95.)

Cyaneus. SCH. III. 424. 1. *Gal. mer.*
Jungermanniæ. REICH. SCH. III. 425. *German.*
Reichei. SCH. III. 426. 3. *Gal. bor.*
Politus. SCH. VII. II. 314. 4. *Saxonia.*
Variegatus. SCH. III. 428. 6. *Gallia.*
Cicus. SCH. III. 426. 4. (3). *German.*

Genre ACALYPTUS. SCH. (Gen. 48. 96.)

Carpini. HERBST. SCH. III. 447. 2. *Gallia.*
Var. *Sericeus.* SCH. III. 447. 1. *German.*
Rufipennis. SCH. III. 448. 3. *Gallia.*
Alpinus. COMOL. VIL. *Lombar.*

Genre SIBYNES. SCH. (Gen. 49. 97.)

Canus. HERBST. SCH. III. 431. 1. *Gallia.*
Pellucens. SCOP. *German.*
Viscariæ. LIN. SCH. III. 432. 2. *Eur. tem.*
Ajugœ. HERBST. *Gallia.*
Fugax. GERM. SCH. VII. II. 317. 3. *Berolini.*
Attalicus. SCH. III. 436. 8. *Gal. mer.*
Femoralis. GERM. SCH. VII. II. 321. 13. *Austria.*
Potentillæ. GERM. SCH. VII. II. 321. 16. *Gal. mer.*
Villosus. MARSH. *Anglia.*
Tibiellus. SCH. III. 440. 15. *Eur. mer.*
Arenariæ. SCH. VII. II. 323. 21. *Anglia.*
Phaleratus. SCH. III. 440. 16. *German.*
Centromaculatus. VILL. SCH. *Lombar.*
Primitus. HERBST. SCH. III. 441. 18. *Gallia.*
Signatus. GYL. *German.*
Unicolor. SCH. VII. II. 326. 26. *Hungar.*
Sodalis. GERM. SCH. VII. II. 327. 28. *Gallia.*
Parallelus. Ksw. An. S. E. F. 1851. 642. *Sicilia.*

Genre PHYTOBIUS. SCH. (Gen. 49. 98.)

Granatus. SCH. III. 460. 4. *Austria.*
Velaris. GYL. SCH. VII. II. 344. 4. *Succia.*
Waltoni. SCH. VII. II. 345. 5. *Anglia.*
Notula. SCH. III. 461. 6. *Gallia.*
Quadrinodosus. GYL. SCH. VII. II. 346. *Id.*
Mucronulatus. GERM. *German.*
Comari. HERBST. SCH. III. 462. 8. *Eur. int.*
Quadrituberculatus. F. SC. VII. II. 347. *German.*
Quadricornis. PAYK. *Succia.*
Ribis. STROEM. *German.*
Quadridentatus. STEPH. *Anglia.*
Canaliculatus. SCH. VII. II. 347. 11. *Id.*
Quadricornis. GYL. SCH. VII. II. 348. *Gallia.*
Quadrituberculatus. Var. HERB. *German.*

Genre LITODACTYLUS. REDT. (Gen. 50. 99.)

Velatus. BECK. SCH. III. 459. 1. *Gallia.*
Myriophylli. STEPH. *Anglia.*
Leucogaster. MARSH. SCH. VII. II. 344. *Gallia.*
Myriophylli. GYL. SCH. III. 459. 2. *Anglia.*

Genre ANOPLUS. SCHUP. (Gen. 50. 100.)

Plantaris. NÆZ. SCH. III. 465. 1. *Gallia.*
Brevis. MARSH. *Anglia.*
Nitidulus. STEPH. *German.*
Atratus. STEPH. *Austria.*
Armeniacœ. FABR. *Suecia.*
Roboris. SUF. KUST. Kaf E. 3. 72. *German.*

Genre ORCHESTES. ILLIG. (Gen. 51. 101.)

Quercus. LIN. SCH. III. 490. 1. *Gallia.*
Viminalis. FABR. *Succia.*
Saltatorulmi DE GEER. *German.*
Saltator. FOURC. *Parisii.*
Setosus. MULL. *Dania.*
Alni. HERBST. *Austria.*
Multidentatus. GMEL. *Succia.*
Rufus. DONOV. *Anglia.*
Var. *Depressus.* STEPH. *Id.*
Scutellaris. F. SCH. III. 491. 2. *Gallia.*
Rufus. SCHRANCK. *Austria.*
Viminalis. BECHST. *Anglia.*
Alni. Var. γ. PAYK. *Succia.*
Testaceus. MULL. *German.*
Carnifex. GERM. SCH. VII. II. 371. *Id.*
Viminalis. SCHRANK. *Id.*
Rufus. OLIV. SCH. III. 492. 5. *Gallia.*
Hæmaticus. GERM. SCH. III. 491. 4. *German.*
Semirufus. GYL. SCH. III. 492. 6. *Gallia.*

(1) Ajoutez : *Hordei.* BRUL. Exp. scient. de Morée. III. 246. 454. *Morea.* Cette espèce a été ajoutée dans le catalogue de Stettin, 1855, et, d'après lui, doit être inscrite après le *Sparsutus.* OLIV. D'après le catalogue Gaubil, au contraire, l'*Hordei.* CHEV. BRUL.? serait synonyme du *Squamosus.* SCH.

(2) Ajoutez : *Lineatulus* STEPH. ou *Lineatellus.* SCH. III. 422. *Anglia.*

(3) Ajoutez : *Cœcus.* REICH. SCH. III. 428. 7. *Germania* Ne serait-ce pas le *Cicus* décoloré?

Melanocephalus. OL. SCH. III. 492. 7. *Gallia.*
Ferrugineus. MARSH. *Anglia.*
Atricapillus. MARSH. *Id.*
Var. *Nigricollis.* STEPH. SCH. III. 492. 8. *Id.*

Alni. LIN. SCH. III. 493. 9. *Europa.*
Inquinatus. VOET. *Gallia.*

Ilicis. F. SCH. III. 494. 11. *Europa.*
Saltator segetis. DE GEER. *Gallia.*
Pilosus. HERBST. FABR. SCH. *German.*

Distinguendus. J. DU V. Gen. Curc. 51. *Gal. mer.*

Irroratus. KSW. A. E. S. F. 1851. 643. *Catalon.*

Pubescens. STEV. SCH. III. 495. 13. *German.*
Pilosus. GYL. *Suecia.*
Calcar. Var. PAYK. *Anglia.*
Var. *Calceatus.* GERM. SCH. III. 505. *German.*

Fagi. LIN. SCH. III. 495. 14. *Europa.*
Fragariæ. FABR. *German.*
Calcar. OLIV. LATR. *Gallia.*
Subater. MULL. *Suecia.*
Rhododactylus. MARSH. *Anglia.*

Pratensis. GERM. SCH. VII. II. 374. *German.*

Tomentosus. SCH. III. 497. 17. *Austria.*
Waltoni. CURTIS. *Anglia.*

Jota. FABR. SCH. III. 498. 18. *Gallia.*
Rosæ. HERBST. *German.*

Subfasciatus. SCH. III. 498. 19. *Tauria.*

Sparsus. SCH. VII. II. 375. 18. *Geneva.*

Ramphoides. J. DU V. Gen. C. 52. *Gal. mer.*

Loniceræ. F. SCH. III. 499. 21. *Eur. bor.*
Xylostei CLAIRV. *Eur. int.*

Populi. F. SCH. III. 499. 22. *Europa.*
Fagi. PAYK. *Gallia.*

Signifer. CREUTZ. SCH. VII. II. 376. *Id.*
Salicis. F. SCH. III. 500. 23. *German.*
Hortorum. OLIV. LATR. *Austria.*
Avellanæ. STEPH. *Suecia.*
X-album. STEPH. *Anglia.*
Scapularis. BECK. *Bavaria.*
Bifasciatus. Var. β. PAYK. *Suecia.*

Fœdatus. SCH. III. 501. 24. *Gallia.*

Rusci. HERBST. SCH. III. 501. 25. *Id.*
Bifasciatus GYL. *Suecia.*
Salicis. SCHRANK. *Austria.*
Decoratus. STEPH. *German.*
Affinis. STEPH. *Anglia.*

Erythropus. GERM. SCH. VII. II. 377. *Gallia.*

Tricolor. KSW. A. S. E. F. 1851. 644. *Gal. mer.*

Cinereus. SCH. VII. II. 377. 26. *Dalmat.*

Melanarius. KSW. A. S. E. Fr. 1851. 645. (1). *Catalon.*

Genre TACHYERGUS. SCH. (Gen. 52. 102.)

Salicis. LIN. SCH. VII. II. 379. 28. *Gallia.*
Bifasciatus. F. SCH. III. 502. 26. *German.*
Scrutator. HERBST. *Austria.*
Capreæ. FABR. LATR. *Anglia.*

Rufitarsis. GERM. SCH. III. 503. 27. *Gallia.*
Fulvitarsis. GERM. *German.*

Decoratus. GERM. SCH. III. 503. 29. *Gallia.*
Salicis. BECKST. *German.*

Stigma. GERM. SCH. III. 504. 30. *Gallia.*
Iota. GYL. *Suecia.*
Confundatus. SCH. III. 503. 28. *German.*
Rufitarsis. STEPH. *Anglia.*

Saliceti. F. SCH. III. 504. 31. *Suecia.*
Foliorum. MULL. *Anglia.*

Crinitus. SCH. VII. II. 380. 33. *Gallia.*

Genre STYPHLUS. SCH. (Gen. 52. 103.)

Penicillus. SCH. III. 510. 1. *Gal. mer.*

Unguicularis. AUBÉ. An. S. Ent. Fr. 1850. 340. *Gallia.*

Verrucosus. KSW. A. S. E. F. 1851. 646. *Pyr. or.*

Muscorum. FAIRM. A. S. E. F. 1848. 170. *Pyren.*

Genre ORTHOCHÆTES. GERM. (Gen. 52. 104.)

Setulosus. SCH. III. 511. 2. *Gallia.*

Erinaceus. J. DU VAL. Gen. C. 53. *Id.*

Setiger. GERM. SCH. VII. II. 407. *Id.*

Genre TRACHODES. GERM. (Gen. 53. 105.)

Costatus. SCH. VII. II. 409. 2. *Bavaria.*

Hystrix. SCH. III. 513. 2. *Tauria.*

Hispidus. LIN. SCH. III. 514. 3. *Gallia.*
Squamifer. GYL. *Suecia.*
Acanthion. BECK. *German.*

Exsculptus. SCH. VII. II. 410. 6. *Sicilia.*

Genre ALBEONYMUS. J. DU V. (Gen. 75. 105 *bis.*)

Pulchellus. J. DU VAL. Gen. C. 75. *Sicilia.*

Genre MYORHINUS. SCH. (Gen. 53. 106.)

Steveni. SCH. III. 530. 1. *Tauria.*
Lepidus. BRULLÉ. *Morea.*

Albolineatus. F. SCH. 531. 2. *Gallia.*
Complicata. GERM. *German.*

Groupe 2. CRYPTORHYNCHITES.

Genre DERELOMUS. SCH. (Gen. 54. 107.)

Chamæropis. F. SCH. III. 629. 1. *Hispan.*

Subcostatus. SCH. VIII. I. 92. 2. *Id.*

Genre BARIDIUS. (Gen. 54. 108.)

Sulcatus. SCH. VIII. I. 145. 65. *Tauria.*

Nitens. F. SCH. III. 674. 35. *Gal. mer.*
Timidus. OLIV. ROSSI. *Italia.*

Memnonius. SCH. III. 675. 37. *Tauria.*

(1) Ajoutez : *Rhodopus.* MARSH. SCH. III. 496. 15. *Anglia.* — *Suturalis.* ZETT. SCH. VII. II. 381. *Laponia.* — *Ruficornis.* ZETT. SCH. VII. II. 381. *Laponia.* — *Monedula.* HERBST. SCH. III. 505. *Germania.*

Carbonarius. SCH. III. 676. 38. *Tauria.*
Luczotii. SCH. VIII. I. 146. 70. *Gal. mer.*
Artemisiæ. HERBST. SCH. III. 688. 52. *Europa.*
Convexicollis. SCH. III. 690. 54. *Rus. mer.*
Spoliatus. SCH. III. 692. 57. *Gal. mer.*
Quadraticollis. SCH. III. 693. 58. *Id.*
Picinus. GERM. SCH. VIII. I. 157. *Europa.*
Artemisiæ. STEPH. OLIV. *Gallia.*
Nitens. HERBST. *German.*
Glaber. HERBST. *Austria.*
Laticollis. MARSH. *Anglia.*
Atramentarius. SCH. III. 696. 62. *Hungar.*
Analis. OLIV. SCH. III. 699. 65. *Gal. mer.*
Scolopaceus. GERM. SCH. III. 712. *Hungar.*
Coloratus. SCH. III. 700. 68. *Tauria.*
Parvulus. SCH. III. 701. 69. *Id.*
Opiparis. J. DU V. An. S. E. F. 1852. 715 *Gal. mer.*
Pallidicornis. SCH. III. 702. 70. *Tauria.*
Melas. SCH. III. 705. 74. *Id.*
Cuprirostris. F. SCH. III. 706. 75. *Eur. int.*
Viridis. FOURCR. *Eur. m.*
Virens. OLIV. *Gallia.*
Gramineus. GMEL. *German.*
Siculus. SCH. VIII. I. 161. 121. *Sicilia.*
Prasinus. SCH. III. 707. 76. *Eur. m.*
Violaceus. SCH. III. 708. 77. *Hungar.*
Janthinus. SCH. III. 708. 78. *Tauria.*
Chloris. F. SCH. III. 709. 79. *German.*
Parisinus. THUNB. *Gallia.*
Cœrulescens. SCOP. SCH. III. 709. 80. *Eur. int.*
Chlorodius. SCH. VIII. I. 162. 127. *Illyria.*
Chlorizans. MULL. SCH. III. 710. 81. *Gallia.*
Chloris. OLIV. *German.*
Lepidii. GERM. SCH. III. 710. 82. *Gallia.*
Punctatus. SCH. III. 711. 83. *Id.*
Abrotani. GERM. SCH. III. 712. 84. *German.*
Picirostris. MARSH. *Anglia.*
Concinnus. SCH. VIII. I. 164. 132. *Tauria.*
Villæ. SCH. VIII. I. 165. 133. *Italia.*
Rufus. SCH. VIII. I. 166. 134. *Sicilia.*
T.-album. LIN. SCH. III. 719. 96. *Europa.*
Atriplicis. OLIV. *Gallia.*
Pilistriatus. STEPH. *Anglia.*
Funereus. HERBST. *Austria.*
Nigrinus. HERBST. *German.*
Hypoleucus. MARSH. *Anglia.*
Dolorosus. GMEL. *Suecia.*
Pusio. SCH. VIII. I. 173. 153. *Sicilia.*
Morio. SCH. VIII. I. 174. 154. (1). *Gallia.*

Genre GASTEROCERCUS. LAP. (Gen. 55. 109.)

Depressirostris. F. SCH. IV. 251. 1. *Gallia.*
Plicatus. HERBST. *German.*

Genre CAMPTORHINUS. SCH. (Gen. 56. 110.)

Statua. F. SCH. IV. 177. 6. *Gallia.*

Genre CRYPTORHYNCHUS. ILLIG. (G. 56. 111.)

Lapathi. LIN. SCH. IV. 67. 20. *Europa.*
Albicaudis. DE GEER. *Gallia.*
Carbonarius. SCOP. *German.*
Trimaculatus. VOET. *Austria.*

Genre ACALLES. SCH. (Gen. 56. 112.)

Rolleti. GERM. SCH. VIII. I. 409. 1. *Sicilia.*
Dromedarius. SCH. VIII. I. 412. 11. *Lusitan.*
Fasciculatus. SCH. VIII. I. 412. 12. *Sicilia.*
Plagiato-fasciatus. COSTA ? *Neapol.*
Pyrenæus. SCH. VIII. I. 413. 13. *Pyren.*
Denticollis. GERM. SCH. IV. 343. 18. *Hungar.*
Diocletianus. GERM. SCH. VIII. I. 415. *Gal. mer.*
Teter. SCH. VIII. I. 416. 17. *Sicilia.*
Aubei. SCH. IV. 345. 20. *Gallia.*
Hypocrita. SCH. IV. 346. 21. *Id.*
Lemur. GERM. SCH. IV. 356. 31. *German.*
Quercus. SCH. VIII. I. 420. 23. *Styria.*
Camelus. F. SCH. IV. 347. 22. *Germ. alp.*
Rufirostris. SCH. VIII. I. 421. 25. *Berolin.*
Abstersus. SCH. IV. 350. 25. *Gallia.*
Roboris. CURT. STEPH. *Anglia.*
Navieresi. SCH. IV. 351. 26. *Gallia.*
Variegatus. SCH. IV. 353. 28. *Sicilia.*
Ptinoides. MARSH. SCH. VIII. I. 422. *Anglia.*
Nocturnus. SCH. IV. 352. 27. *Gallia.*
Turbatus. SCH. VIII. I. 423. 30. *Id.*
Ptinoides. SCH. IV. 348. 23. *Id.*
Echinatus. GERM. SCH. VIII. I. 423. *Carniol.*
Misellus. SCH. VIII. I. 424. 32. *Gallia.*
Ptinoides. GYL. *Anglia.*
Mediusculus. FORST. Verh. d. nat. V. d. Rheinl. VI. *Pr. Rhen.*
Parvulus. SCH. IV. 349. 24. *Gallia.*
Sulcatus. SCH. VIII. I. 425. 34. *Id.*
Fallax. SCH. VIII. I. 426. 35. *Id.*

Genre SCLEROPTERUS. SCH. (Gen. 57. 113.)

Serratus. GERM. SCH. IV. 359. 1. *Livonia.*
Offensus. SCH. IV. 359. 2. *Carinth.*

Genre MARMAROPUS. SCH. (Gen. 58. 114.)

Besseri. SCH. IV. 312. 1. *Polonia.*

Genre MONONYCHUS. GERM. (Gen. 58. 115.)

Pseudacori. F. SCH. IV. 309. 3. *Gallia.*
Punctum-album. HERBST. *German.*
Superciliaris. SCH. VIII. I. 401. 4. *Lusitan.*
Salviæ. GERM. SCH. IV. 310. 4. *Eur. m.*

Genre COELIODES. SCH. (Gen. 59. 116.)

Zonatus. GERM. F. I. E. 23. 9. *Styria.*

(1) Ajoutez : *Armeniacæ.* OLIV. SCH. III. 712. 85. *Gallia* — *Angustus.* BRUL. Exp. Sc. de Morée. III. 218. 460. *Morea.*

Quercus. F. SCH. IV. 283. 1. *Gallia.*
Rana. FABR. *German.*
Pallens. MARSH. *Austria.*
Var. *Melanorhynchus.* MARSH. *Anglia.*

Ruber. MARSH. SCH. IV. 284. 2. *Gallia.*
Quercus. OLIV. *German.*
Var. *Rufirostris.* STEPH. SCH. IV. 285. 3. *Anglia.*

Rubicundus. PAYK. SCH. IV. 286. 5. *Gallia.*
Quercus. Var. *β.* PAYK. *Suecia.*
Melanocephalus. MARSH. *Anglia.*

Epilobii. PAYK. SCH. IV. 288. 8. *German.*

Guttula. F. SCH. IV. 290. 11. *Eur. int.*

Fuliginosus. MARSH. SCH. IV. 291. 12. *Id.*
Guttula. Var. GYL. *Gallia.*
Cardui. HERBST. *German.*
Ruficornis. STEPH. *Anglia.*

Umbrinus. SCH. IV. 292. 13 *Tauria.*

Canaliculatus. SCH. IV. 293. 14. *Volhyn.*

Mannerheimii. SCH. IV. 298. 19. *Suecia.*

Schüppeli. SCH. VIII. I. 396. 22. *Ragusa.*

Subrufus. HERBST. SCH. IV. 299. 20. *Europa.*
Cinctus. ROSSI. *Italia.*
Tricinctus. WALCK. *Gallia.*
Erythroleucos. GMEL. *German.*

Didymus. LIN. SCH. IV. 300. 21. *Europa.*
Urticarius. CLAIRV. *Helvetia.*
Urticæ. SCHRANK. *Austria.*
Viduus. PANZ. *German.*
Albopunctatus. GMEL. *Suecia.*
Bipunctatus. GMEL. *Id.*
Tripunctatus. FOURCR. *Gallia.*
Oleraceus. SCOP. *Carniol.*
Var. *Gibbipennis.* GERM. *German.*

Lamii. HERBST. SCH. IV. 302. 22. *Id.*

Punctulum. GERM. SCH. IV. 303. 23. *Id.*

Geranii. PAYK. SCH. IV. 303. 24. *Europa.*
Affinis. PAYK. *German.*

Exiguus. OLIV. SCH. IV. 304. 25. *Gallia.*

Asperatus. SCH. IV. 305. 26. *Tauria.*

Congener. FORST. Verh. d. nat. Ver. d. Rheinl. VI. *Pr. Rh.*

Genre **OROBITIS.** GERM. (Gen. 59. 117.)

Cyaneus. LIN. SCH. IV. 695. 1. *Eur. int.*
Globosus. FABR. *Eur. sep.*
Hypoleucus. QUENS. *Gallia.*
Craccæ. FABR. *German.*

Genre **RHYTIDOSOMUS.** SCH. (Gen. 60. 118.)

Globulus. HERBST. SCH. IV. 596. 1. *Gallia.*

Genre **CEUTORHYNCHIDIUS.** J. DU VAL (1). (Gen. 60. 119.)

Floralis. PAYK. SCH. IV. 493. 27. *Europa.*
Typhæ. HERBST. *Gallia.*
Sulculus. STEPH. *German.*
Monostigma. STEPH. *Anglia.*

Depressicollis. SCH. IV. 484. 12. *Suecia.*
Nigrinus. MARSH. *Anglia.*

Melanarius. STEPH. SCH. VIII. II. 134. *Id.*

Genre **CEUTHORHYNCHUS.** SCH. (Gen. 61. 120.)

Topiarius. GERM. SCH. IV. 476. 1. *Austria.*

Albovittatus. GERM. SCH. IV. 477. 2. *Hungar.*

Macula-alba. HERBST. SCH. IV. 477. *German.*
Cardui. OLIV. *Gallia.*

Suturalis. F. SCH. IV. 478. 4. *Id.*

Alboscutellatus. SCH. IV. 478. 5. *Id.*

Seriatus. SCH. VIII. II. 132. 7. *Id.*

Steveni. SCH. VIII. II. 133. 8. *Tauria.*

Arator. SCH. IV 479. 6. *German.*

Syrites. GERM. SCH. IV. 480. 7. *Europa.*
Obstrictus. STEPH. *Anglia.*
Affinis. PANZ. *Gallia.*

Assimilis. PAYK. SCH. IV. 480. 8. *Eur. int.*
Obstrictus. MARSH. *Eur. bor.*
Alauda. HERBST. *German.*
Brassicæ. FOCILLON (Grypidius). *Gallia.*

Austerus. SCH. IV. 481. 9. *Id.*

Hepaticus. SCH. IV. 482. 10. *Id.*

Consputus. GERM. SCH. IV. 502. 43. *German.*
Ægrotus SCH. IV. 483. 11. *Gallia.*

Rubescens. SCH. VIII. II. 136. 17. *Austria.*

Erysimi. F. SCH. IV. 486. 15. *Europa.*
Chloropterus. STEPH. *Anglia.*

Cœrulescens. SCH. IV. 487. 16. *Gallia.*
Erysimi. OLIV. *Id.*

Contractus. MARSH. SCH. IV. 488. 17. *Europa.*

Atomus. SCH. VIII. II. 138. 24. *Illyria.*

Atratulus. SCH. IV. 488. 18. *Gallia.*

Setosus. SCH. VIII. II. 139. 26. *Anglia.*

Cochleariæ. GYL. SCH. IV. 489. 19. *Gallia.*

Querceti. GYL. SCH. IV. 489. 20. *Suecia.*

Apicalis. GYL. SCH. IV. 489. 21. *Europa.*
Analis. PANZ. GERM. *Suecia.*
Hæmorrhoïdalis. PANZ. *German.*
Terminatus. HERBST. SCH. VIII. II. 140. *Gallia.*
Sii. SCH. IV. 490. 22. *Parisii.*

Pumilio. GYL. SCH. IV. 491. 23. *Scania.*

Asperulus. SCH. VIII. II. 140. 32. *Gallia.*

Posthumus. GERM. SCH. IV. 493. 26. *German.*

Pulvinatus. GYL. SCH. IV. 494. 28. *Gallia.*

Constrictus. MARSH. SCH. VIII. II. 141. *Id.*

Fallax. SCH. VIII. II. 142. 39. *Tauria.*

Convexicollis. SCH. IV. 495. 29. *German.*

Pyrrhorhynchus. MARSH. SCH. IV. 501. *Tauria.*
Erythrorhynchus. SCH. IV. 496. *Gallia.*
Phæorhynchus. MARSH. SCH. IV. 502. *Anglia.*
Var. *Ruficrus.* MARSH. SCH. IV. 502. *Id.*

Achilleæ. SCH. IV. 497. 31. *German.*

(1) Ce genre, que j'ai démembré du suivant, d'après le nombre des articles du funicule, ne renferme encore, à ma connaissance, que 3 espèces, mais il est probable que quelques-unes de celles inscrites dans le genre *Ceuthorhynchus* devront être plus tard reportées dans celui-ci.

Nanus. SCH. IV. 497. 32. *Gallia.*
Glaucus. SCH. VIII. II. 144. 45. *Id.*
Ericæ. GYL. SCH. IV. 499. 34. *Europa.*
Albosetosus. SCH. IV. 500. 35. *Gallia.*
Sphærion. SCH. VIII. II. 145. 49. *Saxonia.*
Echii. F. SCH. IV. 504. 50. *Eur. int.*
Glyphicus. SCHAL. *Eur. m.*
Geographicus. VILLERS. *Gallia.*
Glaucinus. SCH. VIII. II. 146. 57. *Bavaria.*
Radula. GERM. SCH. IV. 505. 51. *German.*
Horridus. PANZ. SCH. IV. 505. 52. *Id.*
Spinosus. GMEL. *Gallia.*
Viduatus. GYL. SCH. IV. 507. 54. *Eur. int.*
Raphani. F. SCH. IV. 507. 55. *German.*
Borraginis. F. SCH. IV. 508. 56. *Gallia.*
Lineatus. SCH. IV. 509. 57. *Tauria.*
Abbreviatulus. F. SCH. IV. 510. 58. *German.*
Invasor. HERBST. *Id.*
Variegatus. GRAV. *Id.*
Crucifer. OLIV. SCH. IV. 511. 60. *Eur. sept.*
Trimaculatus. GYL. *Succia.*
Cruciger. HERBST. *German.*
4-maculatus. GERM. *Gallia.*
Aubei. SCH. VIII. II. 148. 68. *Id.*
T.-album. SCH. IV. 512. 61. *Hungar.*
Andreæ. GERM. SCH. VIII. II. 149. *German.*
Ornatus. SCH. IV. 513. 62. *Volhyn.*
Peregrinus. SCH. IV. 514. 63. *Sicilia.*
Uroleucus. SCH. VIII. 10. 149. 72. *Sardin.*
Litura. F. SCH. IV. 515. 64. *Eur. int.*
Cruciger. Var. HERBST. *Gallia.*
Ovalis. MARSH. SCH. IV. 566. *Anglia.*
Trimaculatus. F. SCH. IV. 516. 65. *Gallia.*
Litura. STEPH. *Anglia.*
Trisignatus. SCH. IV. 516. 66. *Tauria.*
Albosignatus. SCH. IV. 517. 67. *Gallia.*
Melancholicus. SCH. IV. 518. 68. *Tauria.*
Asperifoliarum. GYL. SCH. IV. 519. 69. *Gallia.*
Congener. GERM. SCH. IV. 567. *Anglia.*
Lepidus. SCH. IV. 520. 70. *Alsatia.*
Uliginosus. SCH. VIII. II. 150. 80. *Anglia.*
Urticæ. SCH. VIII. II. 151. 81. *Id.*
Abruptestriatus. SCH. IV. 521. 71. *Tauria.*
Signatus. SCH. IV. 522. 72. *German.*
Sahlbergi. SCH. VIII. II. 152. 82. *Finland.*
Lamii. SAHLB. *Id.*
Campestris. SCH. IV. 523. 73. *Austria.*
Decoratus. SCH. IV. 524. 74. *Tauria.*
Molitor. SCH. IV. 525. 75. *Sicilia?*
Chrysanthemi. GYL. SCH. IV. 526. 76. *Gallia.*
Rugulosus. Var. GYL. *German.*
Figuratus. SCH. IV. 526. 77. *Suecia.*
Rugulosus. HERBST. SCH. IV. 527. 78. *Gallia.*
Quercicola. Var. β. PAYK. *German.*
Melanostigma. STEPH. *Anglia.*
Cinereus. STEPH. *Id.*
Scutellatus. STEPH. *Id.*
Gallicus. SCH. IV. 528. 79. *Gallia.*

Mendosus. SCH. IV. 529. 80. *Gallia.*
Occultus. SCH. IV. 530. 81. *Id.*
Concinnus. SCH. IV. 531. 82. *Id.*
Arquatus. HERBST. SCH. IV. 532. 83. *German.*
Melanostictus. MARS. SCH. IV. 532. 84. *Id.*
Rugulosus. STEPH. *Anglia.*
Triangulum. SCH. VIII. II. 154. 97. *Saxonia.*
Lycopi. SCH. IV 533. 85. *Gallia.*
Perturbatus. SCH. IV. 534. 86. *Id.*
Quadridens. PANZ. SCH. IV. 534. 87. *Europa.*
Boraginis. GYL. *Suecia.*
Quercicola. MARSH. *Anglia.*
Pallididactylus. MARSH. SCH. IV. 536. *Gallia.*
Resedæ. MARSH. SCH. IV. 535. 88. *Id.*
Murinus. SCH. IV. 537. 90. *Tauria.*
Marginatus. SCH. IV. 538. 91. *Gallia.*
Punctiger. SCH. IV. 538. 92. *Eur. int.*
Marginatus. Var. GYL. *Eur. bor.*
Rufitarsis. SCH. IV. 539. 93. *Tauria.*
Pilosellus. SCH. IV, 540. 94 *Gallia.*
Grypus. HERBST. *Eur. int.*
Quercicola. GYL. SCH. IV. 540. 95. *Eur. bor.*
Denticulatus. SCHRANK. SCH. IV. 541. *Gallia.*
Biguttatus. REDT. *Austria.*
Armus. GMEL. *German.*
Verrucatus. SCH. IV. 541. 97. *Tauria.*
Nigrirostris. SCH. VIII. II. 157. 110. *German.*
Biguttatus. SCH. VIII. II. 158. 112. *Anglia.*
Pruni. SCH. VIII. II. 159. 113. *German.*
Rusticus. SCH. IV. 542. 98. *Eur. m.*
Pollinarius. FORST. SCH. IV. 543. 99. *Gallia.*
Dentatus. MARSH. *Suecia.*
Caliginosus. STEPH. SCH. IV. 566. *Anglia.*
Angulosus. GERM. SCH. VIII. II. 161. *Saxonia.*
Obsoletus. GERM. SCH. IV. 544. 101. *German.*
Fæculentus. SCH. IV. 545. 102. *Gallia.*
Picitarsis. SCH. IV. 546. 103. *Helvetia.*
Tibialis. SCH. VIII. II. 162. 22. *German.*
Sulcicollis. GYL. SCH. IV. 546. 104. *Eur. sep.*
Alauda. GERM. *Eur. int.*
Pleurostigma. MARSH. *Anglia.*
Affinis. STEPH. SCH. IV. 307. *Id.*
Rapæ. SCH. IV. 547. 105. *Gallia.*
Sulcicollis. Var. GYL. *German.*
Waltoni. SCH. VIII. II. 164. 126. *Anglia.*
Roberti. SCH. IV. 548. 106. *Belgia.*
Napi. GERM. SCH. IV. 549. 107. *German.*
Assimilis. OLIV. *Id.*
Inaffectus. SCH. IV. 550. 108. *Parisii.*
Glabrirostris. SCH. IV. 550. 109. *Gallia.*
Sophiæ. STEV. SCH. IV. 551. 110. *Tauria.*
Neutralis. SCH. IV. 552. 111. *German.*
Obtusicollis. SCH. IV. 554. 113. *Tauria.*
Æneicollis. GERM. SCH. IV. 555. 114. *Austria.*
Metallinus. FAIRM.? *Hispan.*
Scapularis SCH. IV. 555. 115. *Parisii.*
Obscurecyaneus. SCH. IV. 556. 116. *Gallia.*

Melanocyaneus. SCH. VIII. II. 166.	*Gal. mer.*
Ignitus. GERM. SCH. IV. 568. 138.	*German.*
Viridanus. SCH. IV. 557. 117.	*Sibiria.*
Cyanopterus. REDT.?	*Austria.*
Cyanipennis. GERM. SCH. IV. 558. 118.	*Gallia.*
Sulcicollis. PAYK.	*Suecia.*
Barbareæ. SCFFR. Ent. Zeit. Stett. 1847. 89.	*German.*
Tarsalis. SCH. VIII. II. 167. 142.	*Saxonia.*
Suturellus. SCH. IV. 558. 119.	*Tauria.*
Carinatus. SCH. IV. 559. 120.	*Id.*
Chalybeus. SCH. IV. 560. 121.	*Gallia.*
Hirtulus. GERM. SCH. IV. 560. 122.	*Eur. int.*
Troglodytes. F. SCH.	*Id.*
Pusio. PANZ.	*Eur. bor.*
Spiniger. HERBST.	*Austria.*
Ferrugatus. PERRIS. Mém. Acad. Lyon. II. 477.	*Gal. mer.*
Urens. SCH. IV. 564. 128.	*Lusitan.*
Validirostris. SCH. IV. 565. 129.	*Tauria.*
Virgatus. SCH. IV. 568. 140.	*Id.*
Nubilosus. SCH. IV. 569. 141.	*Id.*
Interstinctus. SCH. IV. 570. 142.	*Austria.*
Vilis. SCH. IV. 572. 144.	*Tauria.*
Coarctatus. SCH. IV. 573. 145.	*Id.*
Camelinæ. SCH. VIII. II. 170. 163.	*Parisii.*
Pubicollis. SCH. IV. 574. 146.	*Austria.*
Signatellus. SCH. IV. 575. 147.	*Tauria.*
Dubitatilis. SCH. VIII. II. 171. 168.	*Id.*
Bertrandi. PERRIS. An. S. Lin. Lyon. 1852. 181.	*Gal. mer.*
Hystrix. PERRIS. An. S. Lin. Lyon. 1852. 181 (1).	*Id.*

Genre RHINONCUS. SCH. (Gen. 61. 121.)

Coarctatus. J. DU V. Gen. Curc. 62.	*Gal. mer.*
Castor. F. SCH. IV. 578. 1.	*Eur. bor.*
Pericarpius. LIN.	*Eur. int.*
Fruticulosus. HERBST.	*Austria.*
Seniculus. GRAV.	*Gallia*
Var. *Flavipes.* STEPH.	*German.*
Leucostigma. MARSH.	*Anglia.*
Scabratus. FABR.	*Suecia.*
Rufipes. STEPH.	*Anglia.*
Interstitialis. STEPH.	*Id.*
Granulipennis. SCH. IV. 580. 2.	*Gallia.*
Bruchoides. HERBST. SCH. IV. 581. 3.	*Id.*
Rufescens. STEPH. SCH.	*Anglia.*
Var. *Leucogaster.* GYL.	*Suecia.*
Inconspectus. HERBST. SCH. IV. 581. 4.	*Gallia.*
Suturalis. OLIV.	*German.*
Occipitrinus. REICH.	*Succia.*
Crassus MARSH.	*Austria.*
Canaliculatus. STEPH.	*Anglia.*
Pericarpius. F. SCH. IV. 582. 5.	*Europa.*
Spartii. STEPH. SCH.	*Anglia.*
Gramineus. F. SCH. IV. 583. 6.	*German.*
Subfasciatus. GYL. SCH. IV. 583. 7.	*Gallia.*
Tibialis. STEPH.	*Anglia.*
Guttalis. GRAV. SCH. IV. 583. 8.	*German.*
Erythrocneme. BECK.	*Suecia.*
Denticollis. SCH. IV. 584. 9.	*Italia.*
Albicinctus. SCH. IV. 586. 11.	*Gallia.*

Genre POOPHAGUS. SCH. (Gen. 62. 122.)

Sisymbrii. F. SCH. IV. 591. 1.	*Europa.*
Olivaceus. SCH. IV. 592. 2.	*Gallia.*
Nasturtii. GERM. SCH. IV. 592. 3.	*Id.*

Genre TAPINOTUS. SCH. (Gen. 63. 123.)

Sellatus. F. SCH. IV. 594. 1.	*Gallia.*
Lysimachiæ. OLIV.	*German.*
Ephippiger. SCH. C. D. M.	*Finland.*

Genre ACENTRUS. SCH. (Gen. 63. 124.)

Histrio. SCH. VIII. II. 58. 1.	*Gal. mer.*

Genre BAGOUS. GERM. (Gen. 64. 125.)

Elegans. F. SCH. VIII. II. 74. 1.	*German.*
Binodulus. HERBST. SCH. VIII. II. 75	*Id.*
Atrirostris. OLIV.	*Gallia.*
Nodulosus. SCH. III. 538. 3.	*Id.*
Argillaceus. SCH. III. 542. 8.	*Tauria.*
Rotundicollis. SCH. VIII. II. 75. 7.	*German.*
Inceratus. SCH. III. 544. 11.	*Berolini.*
Encaustus. SCH. VIII. II. 76. 11.	*Pyr. or.*
Limosus. GYL. SCH. VIII. II. 77. 12.	*Gallia.*
Subcarinatus. SCH. III. 543. 9.	*Id.*
Petro. HERBST.	*German.*
Petrosus. SCH. VIII. II. 77.	*Id.*
Laticollis. SCH. III. 548. 19.	*Gallia.*
Aubei. CUSSAC. An. S. E. Fr. 1851. 206. (Elmidomorphus.)	*Gal. bor.*
Frater. J. DU V. Gen. Curc. 64.	*Gal. mer.*
Exilis. J. DU V. Gen. Curc. 64.	*Id.*
Biimpressus. SCH. VIII. II. 78. 15.	*Etruria.*
Chorinaceus. SCH. VIII. II. 78. 16.	*Gallia.*
Frit. HERBST. SCH. VIII. II. 79. 17.	*German.*
Halophilus. REDT. Faun. Austr. 393.	*Austria.*
Mundanus. SCH. VIII. II. 79. 18.	*Helvetia.*
Claudicans. SCH. VIII. II. 80. 19.	*German.*
Brevis. SCH. III. 550. 22.	*Scania.*
Curtus. SCH. VIII. II. 81. 21.	*Succia.*
Diglyptus. SCH. VIII. II. 82. 22.	*Saxonia.*
Lutulosus. GYL. SCH. III. 546. 15.	*Gallia.*

(1) Ajoutez comme douteuses les espèces suivantes : *Variegatus.* OLIV. SCH. IV. 503. 45. *Europa.* — *Tuber.* REICH. SCH. VIII. II. 148. 52. *Germania.* — *Fossarum.* REICH. SCH. IV. 503. 47. *Germania* — *Minutus.* REICH. SCH. IV. 503. 48. *Germania.* — *Pultiarius.* FOURCR. (*Pygmæus.* OLIV. *Aculeatus.* CHEL.) SCH. IV. 503. 49. *Gallia.* — *Scutellaris.* BRUL. Exp. Sc. de Morée. III. 249. 463. *Morea.* — *Rimulosus.* GERM. SCH. IV. 508. *Germania.* — *Mœstus.* FABR. SCH. VIII. II. 169. 156. *Europa.*

Tempestivus. HERBST. SCH. III. 546. *Berolini.*
Cnemerythrus. MARSH. SCH. VIII. II. 83. 25. *Gallia.*
Convexicollis. SCH. VIII. II. 84. 26. *Saxonia.*
Formicetorum. J. DU V. Gen. Col. (1). *Parisii.*
Lutosus. GYL. SCH. VIII. II. 85. 28. *Gallia.*
Lutulentus. GYL. SCH. VIII. II. 85. 29. *German.*
Binotatus. STEPH. SCH. *Anglia.*
Collignensis. HERBST. *Suecia.*
Atrirostris. Var Pygmæa. PAYK. *Finland.*
Puncticollis. SCH. VIII. II. 86. 31. *Lipsiæ.*
Validitarsis. SCH. VIII. II. 87. 32. *Parisii.*
Validus. ROSENH. Beitr. I. F. E. 54. *Hungar.*
Tibialis. SCH. VIII. II. 87. 34. *German.*
Tessellatus. FORST. Verh. d. nat. V. d. Rheinl. VI. *Pr. Rh.*
Aspersus. FORST. Verh. d. nat. V. d. Rheinl. VI. *Id.*

Genre LYPRUS. SCH. (Gen. 64. 126.)

Cylindrus. PAYK. SCH. III. 536. 1. *Europa.*

Groupe 3. CIONITES (2).

Genre CIONUS. CLAIRV. (Gen. 65. 127.)

Scrophulariæ. LIN. SCH. IV. 723. 1. *Europa.*
Blattariæ. VOET. *Gallia.*
Var. *Verbasci.* VOET. *Anglia.*
Verbasci. F. SCH. IV. 724. 2. *Europa.*
Scrophulariæ. Var. LATR. *Gallia.*
Tuberculosus. SCOP. *German.*
Olivieri. SCH. IV. 725. 3. *German.*
Thapsus. OLIV. *Gallia.*
Thapsus. F. SCH. IV. 726. 4. *Europa.*
Scrophulariæ. LATR. *Gallia.*
Hortulanus. FOURCR. *German.*
Affinis. HARRER. *Anglia.*
Ungulatus. GERM. SCH. IV. 728. 5. *Gallia.*
Hortulanus. MARSH. SCH. IV. 729. 6. *Id.*
Clairvillei. SCH. IV. 730. 8. *Id.*
Simplex. SCH. IV. 731. 9. *Podolia.*
Olens. F. SCH. IV. 732. 10. *Gallia.*
Blattariæ. F. SCH. IV. 732. 11. *Id.*
Bipustulatus. MARSH. *Anglia.*
Pulvereus. SCH. IV. 733. 12. *Dalmat.*
Pulchellus. HERBST. SCH. IV. 740. 22. *Eur. sep.*
Solani. GYL. *Eur. int.*
Immunis. MARSH. *Anglia.*
Solani. FABR. SCH. IV. 741. 23. *Gallia.*
Setiger. GERM. *German.*
Perpensus. ROSSI. *Austria.*
Setosus. ROSSI. *Italia.*
Fraxini. DE GEER. SCH. IV. 740. 21. *Eur. sep.*
Fœtidus. FABR. *Eur. int.*
Geeri. GMEL. *Gallia.*
Rectangulus. HERBST. *German.*
Gibbifrons. Ksw. An. S. E. Fr. 1851. 647 (3). *Catalon.*

Genre NANOPHYES. SCH. (Gen. 66. 128.)

Siculus. SCH. VIII. II. 191. 1. *Sicilia.*
Ericetorum. L. DUF. *Gal. mer.*
Hemisphæricus. OLIV. SCH. VIII. II. 192. 4. *Gallia.*
Annulatus. SCH. IV. 782. 2. *Italia.*
Lythri. F. SCH. IV. 782. 3. *Europa.*
Salicariæ. OLIV. *Gallia.*
Pygmæus. HERBST. *German.*
Fasciatus. VILL. *Austria.*
Leucozonius. GMEL. *Anglia.*
Vittatus. FOURCR. *Suecia.*
Gracilis. REDT. Faun. Aust. 370. *Austria.*
Spretus. J. DU V. Gen. Curc. 66. *Gal. mer.*
Chevrieri. SCH. VIII. II. 193. 6. *Geneva.*

(1) **Bagous formicetorum.** J. DU VAL. — Oblongus, niger, dense fusco squamulatus, rostro, capite, thoracis lateribus lineaque longitudinali media, elytrorumque vitta longitudinali intus sinuata atque lateribus extensa, dense cinereis; antennis nigro-piceis; tibiis rufo-ferrugineis, tarsis brunneis; fronte obsolete sulcata; thorace latitudinis longitudine, crebre punctulato-ruguloso, intra apicem constricto, antice elevato, dorso obsolete canaliculato; elytris sat fortiter punctato-striatis, interstitiis alternis convexioribus, ante apicem valde callosis. Tarsorum articulo penul timo angusto. — Long. 2 1/2 mill. absque rostro. — Deux exemplaires de cette belle espèce ont été trouvés par MM. Picart frères, aux environs de Paris, dans une fourmilière, habitat des plus remarquables pour ce genre. Ce *Bagous* rappelle un peu la *Cicindela scalaris* par la disposition de la bande cendrée des élytres; cette dernière est remplacée par une bande ferrugineuse analogue lorsque l'insecte est défloré.

(2) M. Suffrian (Ent. Zeit. Stettin. 1854. p. 94.), dans une note sur le groupe des Clonites, propose deux nouvelles coupes génériques. La première, qu'il nomme *Stereonychus*, est démembrée des *Cionus*, parce que le sillon pectoral est étroit et obsolète et les ongles des tarses uniques (*C. Fraxini, gibbifrons*); la seconde, à laquelle il donne le nom de *Cleopus*, est séparée des *Gymnetron* à cause des ongles des tarses écartés et simples, au lieu d'être rapprochés et soudés à leur base comme d'habitude. Ces deux genres nouveaux ne me paraissent point pouvoir être adoptés, en effet : 1° dans les *Cionus*, les ongles sont souvent très inégaux chez les mâles, dans les *fraxini* et *gibbifrons* le petit lobe a fini par disparaître, voilà tout; 2° nous avons vu que les ongles des tarses varient assez souvent dans le même genre (*Ceuthorhynchus, Tychius*, etc.) et si l'on adopte le genre *Cleopus*. SUFF., l'on sera forcé, pour être conséquent, de diviser de même les *Nanophyes*, ce que M. Suffrian a ignoré. Remarquons enfin que le nom de *Cleopus* devrait plutôt s'appliquer à la première coupe qu'à la seconde, car Stephens s'est déjà servi de ce nom pour caractériser un genre également établi aux dépens des *Cionus*.

(3) Ajoutez : *Villæ*. COMOL. De Col. nov. Prov. Novoc. 1837. *Lombardia*

Flavidus. AUBÉ. An. S. E. Fr. 1850. 345. — *Parisii.*
Cuneatus. Ksw. An. S. E. Fr. 1851. 650. — *Catalon.*
Globulus. GERM. SCH. IV. 784. 4. — *German.*
Lateralis. ROSENH. Beitr. I. F. E. 57. — *Tyrolia.*
Brevis. SCH. VIII. II. 195. 9. — *Geneva.*
Ulmi. GERM. SCH. IV. 784. 5. — *Austria.*
Languidus. SCH. VIII. II. 195. 11. — *Gal. mer.*
Nitidulus. SCH. IV. 785. 6. — *Id.*
Tamarisci. SCH. IV. 786. 7. — *Id.*
Transversus. AUBÉ. An. S. E. Fr. 1850. 346. — *Id.*
Pallidus. OLIV. SCH. VIII. II. 196. 14. — *Lusitan.*
Stigmaticus. Ksw. An. S. E. Fr. 1851. 649. — *Gal. mer.*
Pallidulus. GRAV. SCH. IV. 787. 9. — *Id.*
Posticus. SCH. IV. 787. 10. — *Id.*
Sahlbergi. SCH. IV. 788. 11. — *Finland.*

Genre GYMNETRON. SCH. (Gen. 67. 129.)

Pascuorum. GYL. SCH. IV. 744. 1. — *Gallia.*
Bicolor. SCH. IV. 745. 2. — *Gal. sept.*
Melas. SCH. IV. 746. 3. — *Gallia.*
Villosulus. SCH. IV. 747. 4. — *Id.*
Veronicæ. GERM. SCH. IV. 748. 5. — *E. med.*
Beccabungæ. FABR. — *Eur. m.*
Var. *Niger.* HARDY. BOLD. Cat. Northumb. 199. — *Anglia.*
Beccabungæ. LIN. SCH. IV. 749. 6. — *E. med.*
Concinnus. SCH. IV. 749. 7. — *Volhyn.*
Ictericus. SCH. IV. 750. 8. — *Berolini.*
Labilis. HERBST. SCH. IV. 751. 9. — *Gallia.*
Tricolor. GYL. — *Suecia.*
Marmoratus. FOURC. SCH. IV. 789? — *Parisii.*
Rostellum. HERBST. SCH. IV. 752. 11. — *German.*
Melanarius. GERM. SCH. VIII. II. 183. — *Id.*
Intaminatus. STEPH. SCH. — *Anglia.*
Perparvulus. SCH. VIII. II. 183. 13. — *Saxonia.*
Stimulosus. GERM. SCH. IV. 753. 13. — *German.*
Rotundicollis. SCH. IV. 753. 14. — *Tauria.*
Teter. FABR. SCH. IV. 755. 17. — *Europa.*
Amictus. GERM. SCH. IV. 764. 31. — *Lusitan.*
Vestitus. GERM. SCH. IV. 765. 32. — *Id.*
Plagiatus. SCH. IV. 758. 22. — *Volhyn.*
Plagiellus. SCH. IV. 759. 23. — *Tauria.*
Fuscescens. SCH. IV. 760. 24. — *Id.*
Latiusculus. J. DU VAL. Gen. Curc. 67. — *Gal. mer.*
Anthirrini. GERM. SCH. IV. 760. 25. — *Gallia.*
Noctis. HERBST. SCH. IV. 761. 26. — *Eur. int.*
Anthirrini. GYL. — *Eur. sept.*
Fuliginosus. ROSEN. Beitr. I. F. E. 56. — *Hungar.*
Collinus. GYL. SCH. IV. 761. 27. — *Gallia.*
Netus. GERM. SCH. IV. 762. 28. — *Boruss.*
Pelliceus. FALD. — *Persia.*
Pilosus. SCH. IV. 763. 30. — *German.*
Asellus. GRAV. SCH. IV. 765. 33. — *Id.*
♂. *Polonicus.* SCH. IV. 755. 20. — *Polonia.*
♀. *Nasutus.* SCH. IV. 757. 21. — *Smyrna.*
♀. *Cylindrirostris.* SCH. IV. 766. 35. (1). — *Gallia.*
Thapsicola. GERM. SCH. VIII. II. 186. — *Bavaria.*
Trigonalis. SCH. IV. 767. 36. — *Odessa.*
Spilotus. GERM. SCH. IV. 768. 37. — *Gal. mer.*
Hæmorrhous. ROSEN. Beitr. I. F. E. 55. — *Hungar.*
Linariæ. PANZ. SCH. IV. 769. 39. — *German.*
Teter. PANZ. — *Anglia.*
Longirostris. SCH. IV. 770. 42. — *Gal. mer.*
Graminis. SCH. IV. 772. 44. — *German.*
Campanulæ. femina. PAYK. — *Suecia.*
Plantarum. SCH. IV. 773. 46. — *Gal. mer.*
Campanulæ LIN. SCH. IV. 773. 47. — *Europa.*
Distinctus. SCH. VIII. II. 187. 47. — *Geneva.*
Micros. GERM. SCH. IV. 776. 50. — *German.*

Genre MECINUS. GERM. (Gen. 68. 130.)

Pyraster. HERBST. SCH. IV. 777. 1. — *Europa.*
Semi-cylindricus. GYL. — *Suecia.*
Cerasi. ♂. PAYK. — *German.*
Var. *Hæmorroidalis.* HERBST. — *Austria.*
Denigratum. GMEL. — *Gallia.*
Longiusculus. SCH. VIII. II. 188. 3. — *Corcica.*
Teretiusculus. SCH. VIII. II. 189. 4. — *Lusitan.*
Collaris. GERM. SCH. IV. 779. 3. — *Austria.*
Cinctus. ROSSI. — *Italia.*
Janthinus. GERM. SCH. IV. 779. 4. — *Gallia.*
Circulatus. MARSH. SCH. IV. 779. 5. — *Id.*
Fimbriatus. GERM. — *German.*
Marginatus. GERM. — *Hispan.*
Hæmorroidalis. STEPH. — *Anglia.*
Comosus. SCH. VIII. II. 190. 8. — *Lusitan.*
Dorsalis. AUBÉ. A. S. E. F. 1850. 343. — *Gallia.*
Filiformis. AUBÉ. A. S. E. F. 1850. 344. — *Id.*

Groupe 4. CALANDRITES.

Genre SPHENOPHORUS. SCH. (Gen. 68. 131.)

Piceus. PALL. SCH. IV. 928. 56. — *Gallia.*
Abbreviatus. F. SCH. IV. 929. 57. — *Eur. int.*
Decurtatus. GMEL. — *Eur. m.*
Brachypterus. OLIV. — *Gallia.*
♂. *Scotina.* GERM. — *German.*
Parumpunctatus. SCH. IV. 931. 58. — *Eur. m.*
Opacus. SCH. IV. 932. 59. — *Italia.*
Mutilatus. LAICH. SCH. IV. 933. 60. — *Eur. int.*
Abbreviatus. HERBST. OLIV. — *Eur. m.*
Fimbriatus. GMEL. — *Id.*
Meridionalis. SCH. IV. 934. 61. (2). — *Gal. mer.*

(1) Je dois à mon excellent ami, M. Philippe Lareynie, les deux sexes de cette espèce pris par lui dans la Dordogne sur les *Verbascum*, ce qui m'a permis de rectifier un point de synonymie très intéressant.

(2) Ajoutez : *Ardesius.* OLIV. SCH. IV. 966. 102. *Gallia.* — *Species valde dubia.*

Genre CALANDRA. CLAIRV. (Gen. 69. 132.)

Granaria. LIN. SCH. IV. 977. 10. *Europa.*
Segetis. LIN. LATR. *Gallia.*

Oryzæ. LIN. SCH. IV. 981. 13. *T. orbis.*
Frugilegus. DE GEER. *Gallia.*
Granarius. STROEM. *German.*
Var. *Unicolor.* MARSH. *Anglia.*

Groupe 5. COSSONITES.

Genre COSSONUS. CLAIRV. (Gen. 70. 133.)

Linearis. LIN. SCH. IV. 995. 1. *Gallia.*

Ferrugineus. CLAIRV. SCH. IV. 996. 2. *Helvetia.*
Linearis. CLAIRV. *Belgia.*
Parallelepipedus. HERBST. *Suecia.*

Cylindricus. SAHLB. SCH. IV. 999. 4. *Gallia.*
Linearis. PAYK. *Suecia.*
Parallelepipedus. Var. HERBST. *Styria.*

Genre MESITES. SCH. (Gen. 71. 134.)

Tardii. SCH. VIII. II. 276. 1. *Anglia.*

Pallidipennis. SCH. IV. 1045. 1. *Gal. mer.*

Cunipes. SCH. IV. 1046. 2. *Id.*

Genre PHLOEOPHAGUS. SCH. (Gen. 71. 135.)

Æneo-piceus. SCH. VIII. II. 278. 5. *Anglia.*
Truncorum STEPH. *Id.*

Turbatus. SCH. VIII. II. 279. 6. *Suecia.*
Ligniarius. SCH. IV. 1052. 5. *Finland.*

Spadix. HERBST. SCH. IV. 1054. 8. *Gal. mer.*

Sculptus. SCH. IV. 1055. 9. *Suecia.*

Aterrimus. HAMPE. Ent. Zeit. Stet. 1850. 356. *Croatia.*

(COTASTER. MOTSCH. Rev. Zool. 1851. 425.) (1)

Uncipes. SCH. IV. 1045. 10. *Italia.*

Cuneipennis. AUBÉ. An. S. E. Fr. 1850. 55 (Styphlus). *Pedem.*

Littoralis. MOTSCH. Rev. Zool. 1851. 425. *Massilia.*

Genre RHYNCOLUS. CREUTZ. (Gen. 72. 136.)

Cylindrus. SCH. IV. 1060. 4. *Dalmat.*

Chloropus. F. SCH. IV. 1064. 8. *Eur. sep.*
Ater. STEPH. *Anglia.*
Exaratus. GMEL. *German.*

Elongatus. GYL. SCH. IV. 1065. 9. *Eur. sep.*

Porcatus. GERM. SCH. IV. 1065. 10. *Gallia.*

Culinaris. GERM. SCH. IV. 1066. 11. *Id.*
Piceus. STEPH. *Anglia.*

Pilosus. BACH. Ent. Zeit. Stet. 1854. 361. *Belgia.*

Exiguus. SCH. IV. 1066. 12. *Bavaria.*

Submuricatus. SCH. IV. 1067. 13. *Gallia.*

Truncorum. GERM. SCH. IV. 1068. 14. *Id.*

Cylindrirostris. OLIV. SCH. IV. 1071. *Id.*
Lignarius. MARSH. *Anglia.*

Reflexus. SCH. IV. 1072. 19. *Parisii.*

Punctatulus. SCH. IV. 1073. 20. *Gallia.*

Strangulatus. PERRIS. An. S. Lin. Lyon. 1852. 181. *Gal. mer.*

Groupe 6. DRYOPHTHORITES.

Genre DRYOPHTHORUS. SCH. (Gen. 73. 137.)

Lymexylon. F. SCH. IV. 1089. 1. *Gallia.*
Corticalis. PAYK. *Suecia.*

(1) M. Motschoulsky distingue son genre *Cotaster* des *Phlœophagus* principalement par l'absence de l'écusson et la forme du corps qui, comme nous l'avons déjà dit, rappelle celle des *Styphlus*, mais ces caractères ne nous paraissent pas suffisants pour valider le genre, les *Phlœophagus* offrant des formes très diverses, mais des caractères constants. (Voir page 72 du GENERA.)

Additions et Corrections au Catalogue des Curculionides.

Genre BRUCHUS. LIN. (Gen. 2. 1.)

Après Longicornis. GERM. et ses variétés, ajoutez :

Quinqueguttatus. OL. Kust. Kaf. E. XXV. 78. *Dalmat.*

Le Catalogue de Stettin, 1855, n'en fait pas mention. Olivier l'indique de Barbarie. Ne serait-ce qu'une des nombreuses variétés du *Longicornis?*

Genre URODON. SCH. (Gen. 3. 3.)

Effacez la variété *Rufipes* du Suturalis et reportez-la au Conformis. SUFF.

Genre APION. HERBST. (Gen. 9. 17.)

Ajoutez les espèces suivantes :

Après Pomonæ. FABR. SCH. :

Cerdo. GERST. Ent. Zeit. Stet. 1854. 234. *Austria.*

Après Carduorum. KIRBY :

Dentirostre. GERST. Ent. Zeit. Stet. 1854. 236. *Andalus.*

Armatum. GERST. Ent. Zeit. Stet. 1854. 237. *Germ. b.*

Ces deux dernières espèces ne sont pas mentionnées dans le Catalogue de Stettin, 1855. Seraient-elles considérées comme des variétés du *Carduorum?*

Après Genistæ. KIRB. SCH. :

Bivittatum. GERST. E. Zeit. Stet. 1854. 259. *Lusitan.*

Argentatum. GERST. E. Zeit. Stet. 1854. 258. *Sicilia.*

Après Fulvirostre. SCH. :

Croceifemoratum. SCH. V. I. 396. 74. *Græcia.*

Schœnherr indique cette espèce *Anadolia* (Asie mineure).

Genre CATAPHORTICUS. J. DU V. (Gen. 64 *bis.*)

Ce genre a été publié par M. Bach sous le nom de Cænopsis, peu de temps avant nous, dans un ouvrage intitulé : Kafer fauna fur Nord-Mittel Deutschlands, 4e livraison, p. 268. — Je dois à l'obligeance de M. Emile Vom Bruck, et à son zèle pour la science, la communication de ce genre et l'envoi de deux exemplaires du *Cænopsis Bachii* qui le constituent ; qu'il reçoive ici l'expression de ma reconnaissance ; malheureusement j'ai reçu quelques jours trop tard ces utiles matériaux. Le nom de CATAPHORTICUS devra donc être changé en celui de CÆNOPSIS. BACH. (de καινος, inusité ; ὀψις, yeux). Mais, d'une autre part, le *Cænopsis Bachii* FORST, originaire de Saxe, ne constitue point une espèce nouvelle, mais doit être ajouté, je crois, comme synonyme, au *C. fissirostris.* WALTON.

Genre OTIORHYNCHUS. GERM. (Gen. 37. 73.)

Après Policoccus. SCH., ajoutez :

Anadolicus. SCH. VII. I. 287. 66. A.

Ovalipennis. SCH. VII. I. 288. 67. A.

Ces deux espèces, indiquées par Schœnherr, de l'Asie mineure, sont ajoutées comme d'Europe, dans le nouveau Catalogue de Stettin, 1855. Je les indique en en laissant la responsabilité aux auteurs du Catalogue.

Réunissez à l'Alutaceus. GERM. SCH. les *Punctatissimus.* SCH. et *Vittatus.* GERM., comme espèces indistinctes.

Après Surquadratus. ROSENH. l'on a inscrit : Zebra. F. SCH. en italique par une grave faute d'impression, il est évident que cette espèce doit être inscrite en caractères ordinaires.

Genre LIXUS. FABR. (Gen. 39. 77.)

Ajoutez à la synonymie du Turbatus. GYL. SCH. *Iridis.* OLIV. et *Recurvatus.* STEV. et réunissez-lui, d'après le catalogue de Stettin, 1855, le *Gemellatus.* SCH. comme espèce indistincte.

—

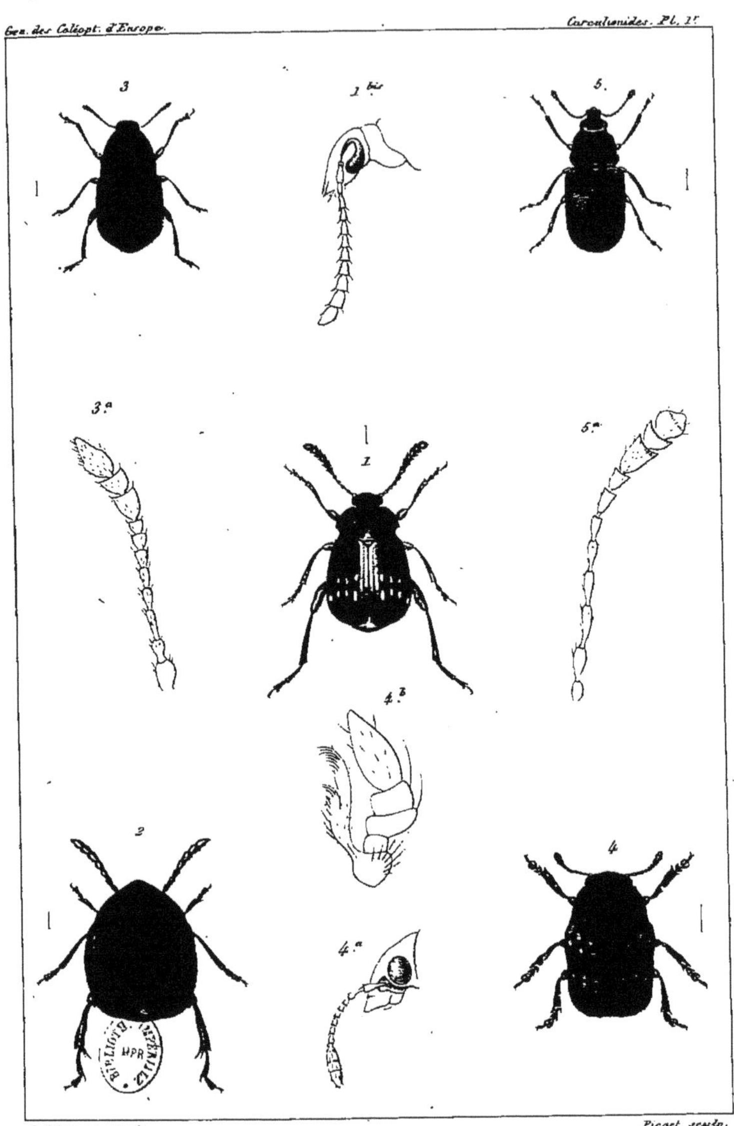

J. Migneaux pinx. Picart sculp.

1. Bruchus nubilus. Schh.
2. Spermophagus cardui. Schh.
3. Urodon rufipes. Fabr.
4. Brachytarsus Scabrosus. Fabr.
5. Tropideres undulatus. Panz.

Gérard col. Geny-Gros & Dupuis, Imp. rue de la Calandre, 49, Paris

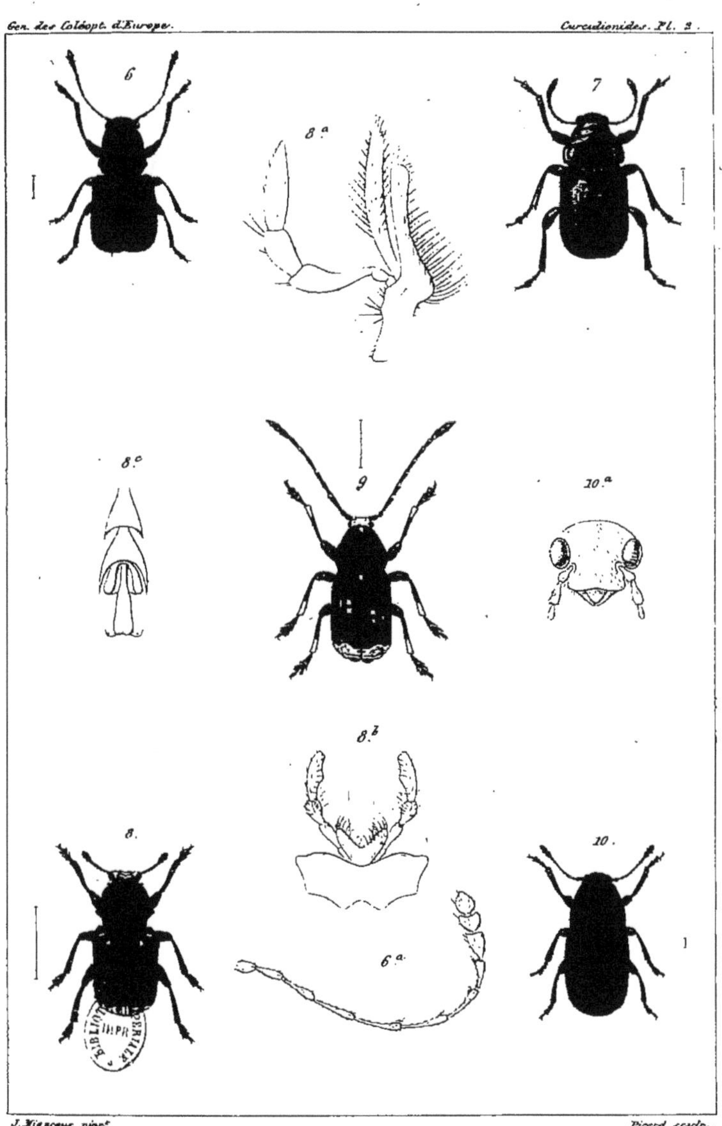

J. Migneaux pinx.t Picard sculp.

6. Enedreutes hilaris. Schh. 8. Platyrhinus latirostris. Fabr.
7. Cratöparis centromaculatus. Schh. 9. Anthribus albidus. Lin.
10. Choragus Sheppardi. Kirby.

Gérard col. Galpun & Dupain, Imp. r. de la Calandre, 19, Paris.

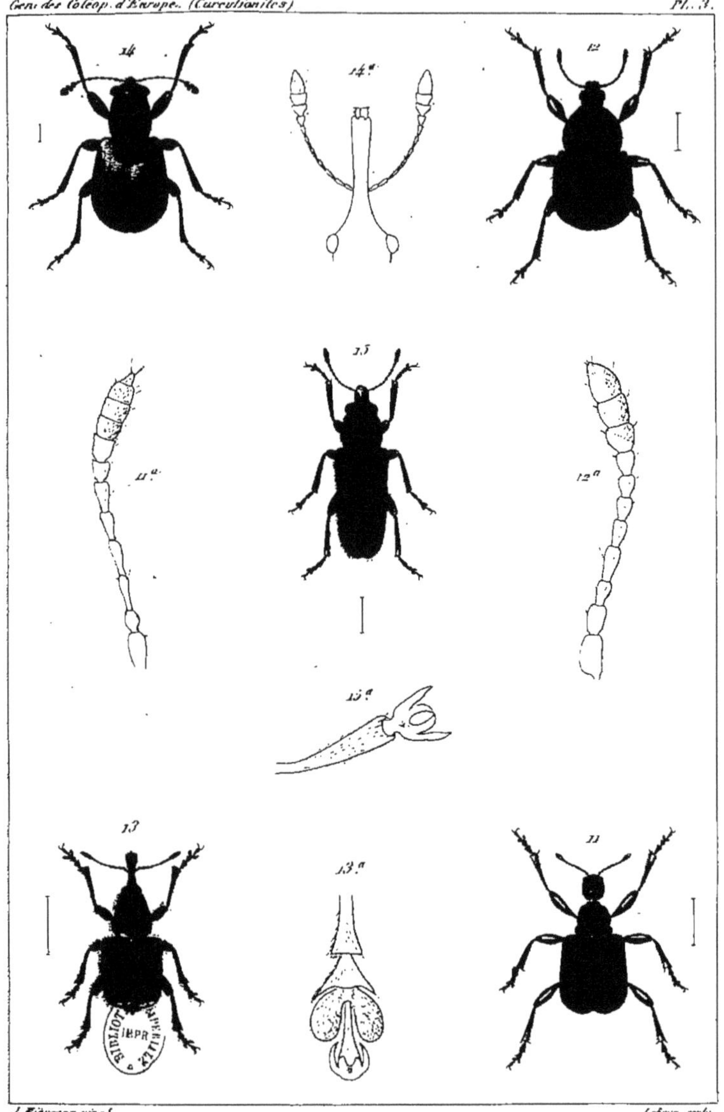

J. Migneaux pinx.t Lebrun sculp.

11. Apoderus Coryli. Lin. 13. Rhynchites auratus. Scopol.
12. Attelabus curculionoides. Lin. 14. Auletes maculipennis. Jacq. du Val.
15. Rhinomacer lepturoides. Fabr.

Geraud col. Remiste Imp. r. de la Harpe 128 Paris

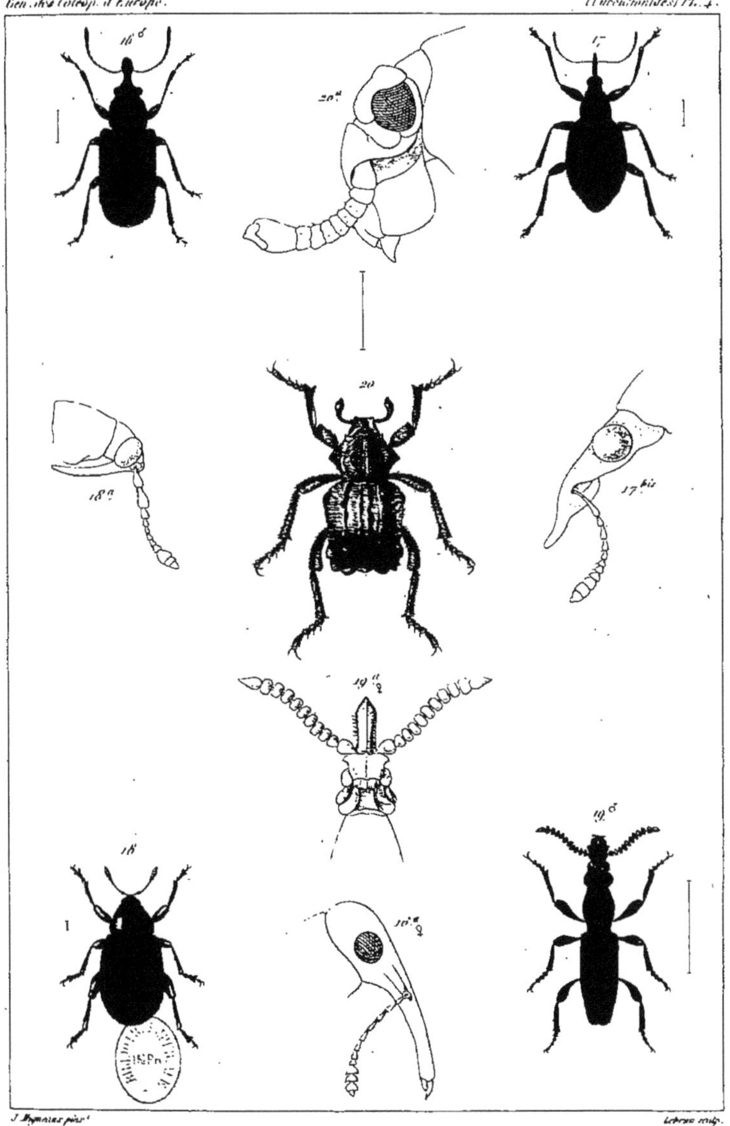

J. Migneaux pinx.t Lebrun sculp.

16. *Diodyrhynchus attelaboides*, F. 18. *Rhamphus flavicornis*, Clairv.
17. *Apion vorax*, Herbst. 19. *Amorphocephalus coronatus*, Germ.
20. *Brachycerus undatus*, F.

Giraud col. Gilquin et Dupain Imp. r. de la Calandre 19 Paris

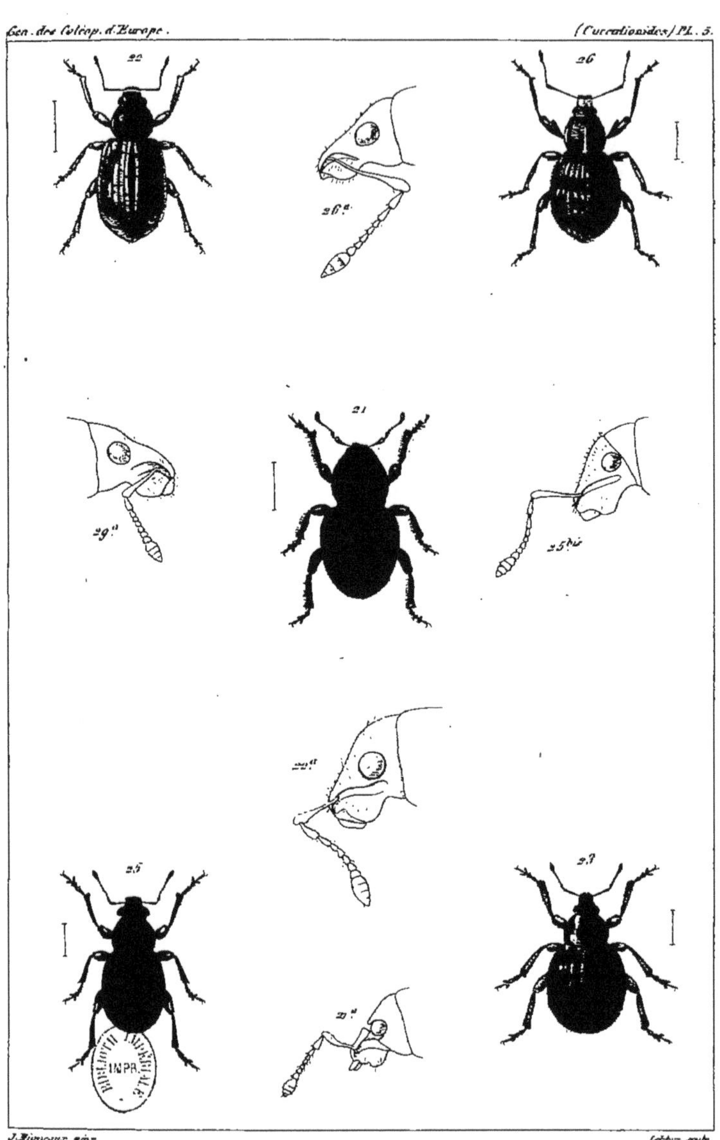

J. Migneaux pinx. Lebrun sculp.

21. *Psalidium maxillosum*, Fabr. 23. *Cneorhinus geminatus*. Fabr.
22. *Thylacites fritillum*, Panz. 25. *Strophosomus limbatus*. Fabr.
26. *Sciaphilus muricatus*. Fabr.

Gérard del. Imp. [illegible] r. de la Harpe [illegible] Paris

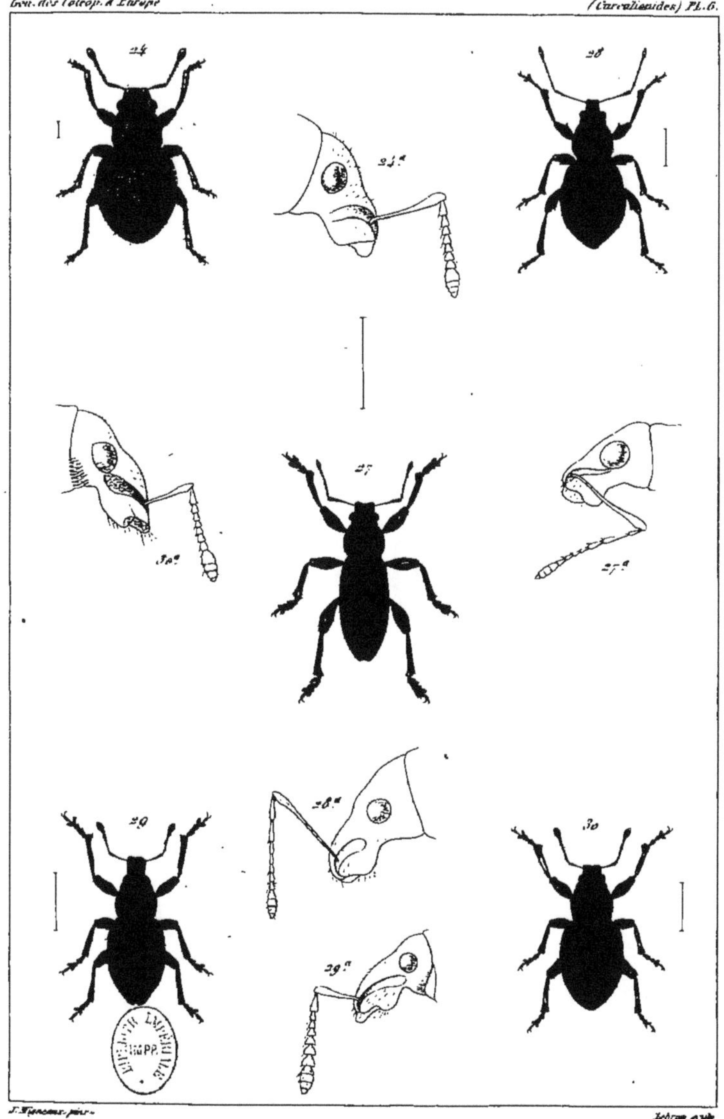

J. Migneaux pinx. Lebrun sculp.

24. *Foucartia Cremieri*, Jacq. du Val. 28. *Eusomus ovulum*, Illig.
27. *Brachyderes lusitanicus*, Fab. 29. *Phaenognathus thalassinus*, Schh.
30. *Amomphus Westringii*, Küst.

Gérard col. Imp. Hénaire de la Harpe, 10, Paris.

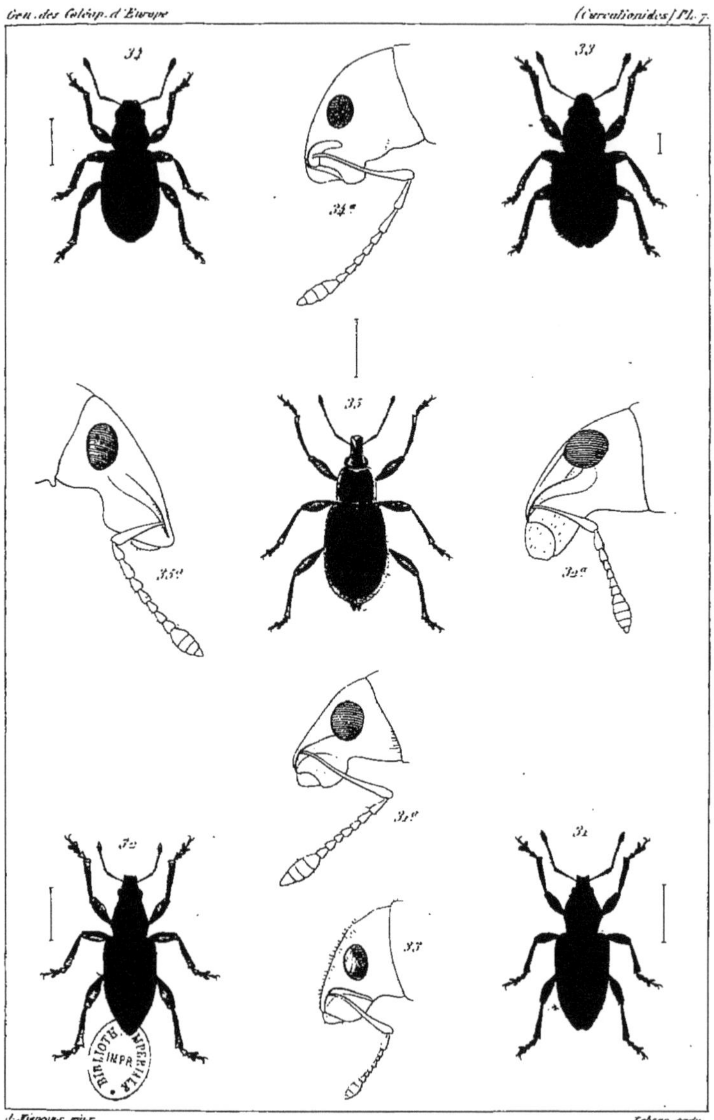

J. Migneaux pinx. Lebrun sculp.

31. Tanymechus palliatus. F. 33. Chaerodrys setifrons. Jacq. du Val
32. Sitones griseus. Fabr. 34. Scytropus mustela. Herbst.
35. Chlorophanus pollinosus. F.

Gérard col. Imp. Heniete r. de la Harpe, 123. Paris

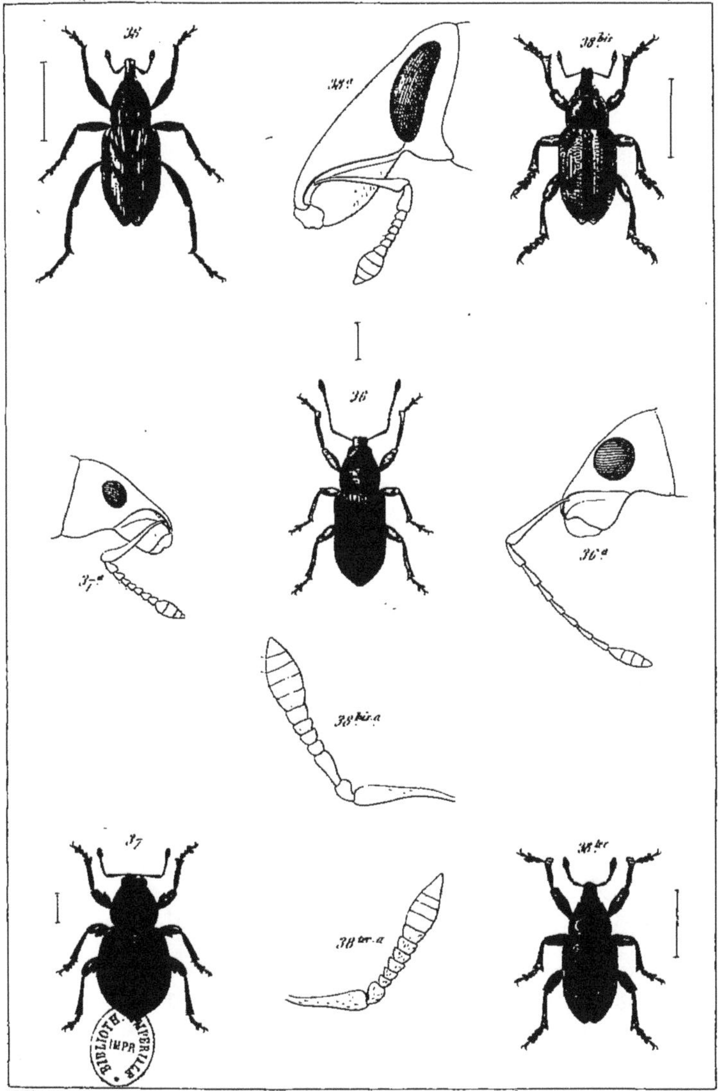

38 38.a 38.bis

36 37.a 36.a

38.bis a

37 38.ter a 38.ter

J. Migneaux pinx. Lebrun sculp.

36. Polydrosus sericeus. Schall. 38. Cleonus obliquus. Fabr.
37. Metallites marginatus. Steph. 38.bis Cleonus albidus. Fabr.
38.ter Cleonus (Pachycerus) albarius. Schh.

Gérard col. Imp. Beniste r. de la Harpe. 12.3. Paris

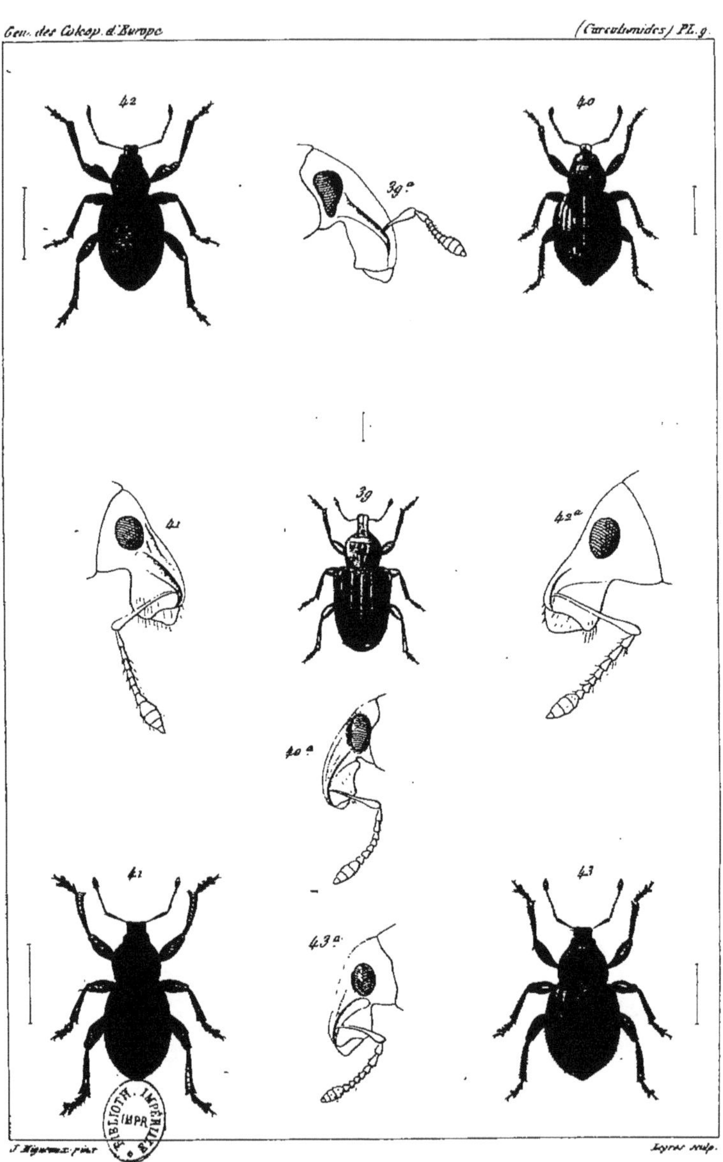

39. Gronops lunatus. Fabr. 41. Geonemus flabellipes. Ol.
40. Alophus singularis. Jacq. du Val. 42. Liophloeus nubilus. Fabr.
43. Barynotus obscurus

Girard col. Imp. Hesirle. r. de la Harpe. 123. Paris

J. Migneaux pinx! Legros sculp.

21 bis Barypeithes rufipes Jacq. du Val. 45. Myniops variolosus. Fabr.
44. Tropiphorus mercurialis. Fabr. 46. Lepyrus binotatus. Fabr.
47. Tanysphyrus lemnae. Fabr.

Grivel col. Hennias Imp.r de la Harpe. 123. Paris

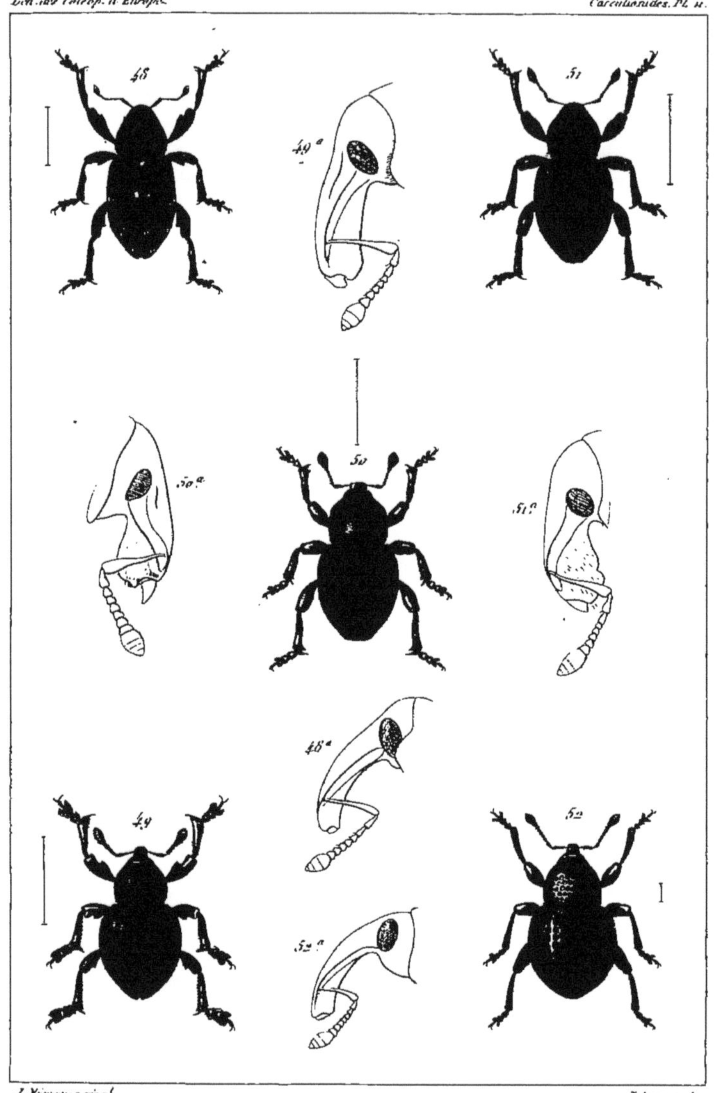

J. Migneaux pinx.   Lebrun sculp.

48. Hylobius fatuus. Rossi.   50. Trysibius punctipennis. Brullé

49. Molytes germanus. L.   51. Anisorhynchus bajulus. Oliv.

52. Leiosomus ovatulus. Clairv.

Gérard col.   Bineteau Imp. r. de la Harpe 123. Paris

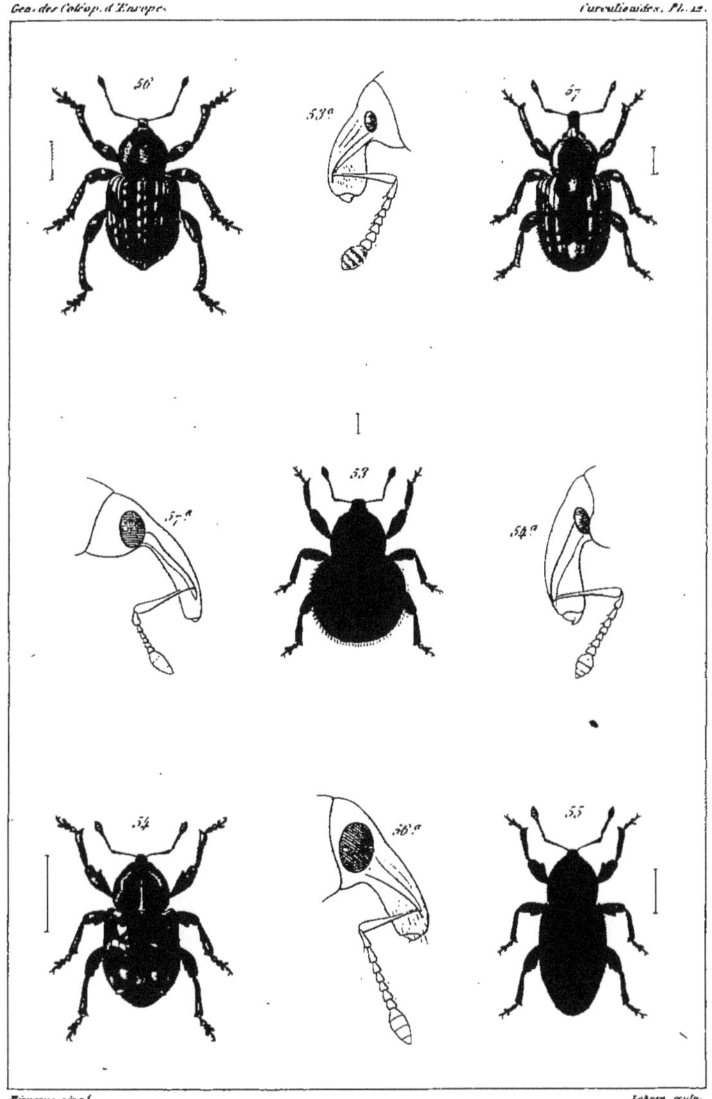

Migneaux pinx. Lebrun sculp.

53. Adexius scrobipennis. Schh. 55. Plinthus nivalis. Larcyn. ined.
54. Plinthus Megerlei. Panz. 56. Phytonomus fasciculatus. Herbst.
57. Limobius mixtus. Schh.

Girard col. Remond Imp. r. de la Harpe. 123. Paris

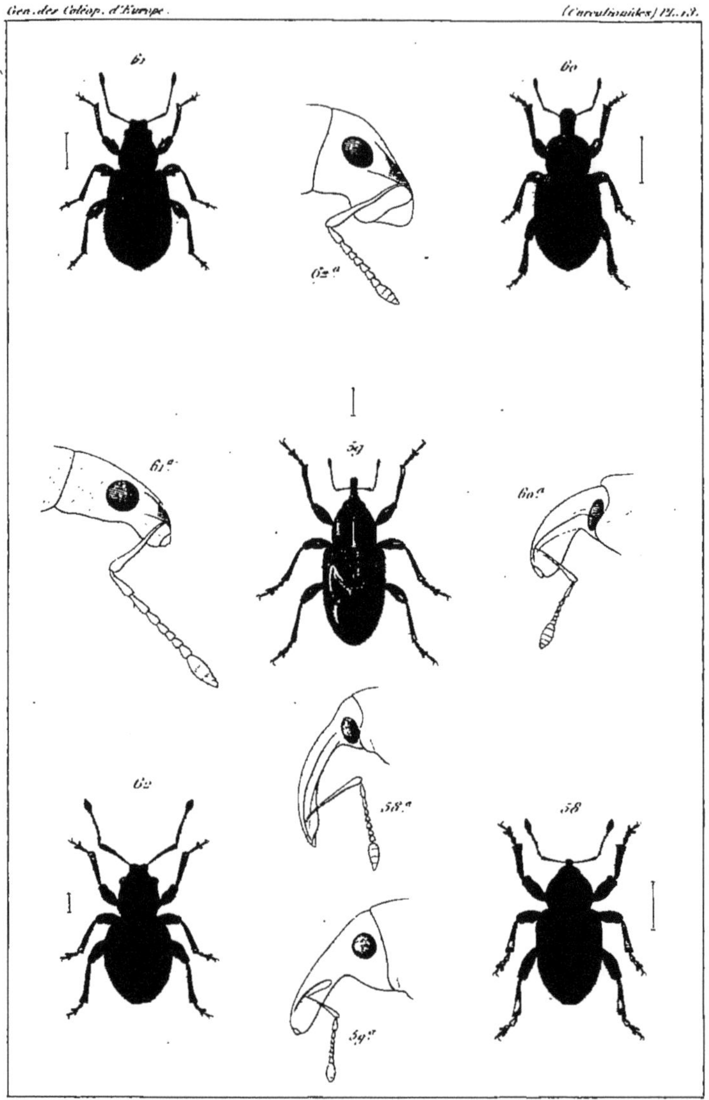

J. Migneaux pinx.t Lebrun sculp.

58. Procas Steveni. Schh. 60. Rhytirhinus impressicollis. Schh.
59. Coniatus chrysochlora. Lucas. 61. Phyllobius oblongus. Lin.
62. Plœnus bisignatus. Schh.

Gérard col. Remond Imp. r. de la Harpe 42. Paris

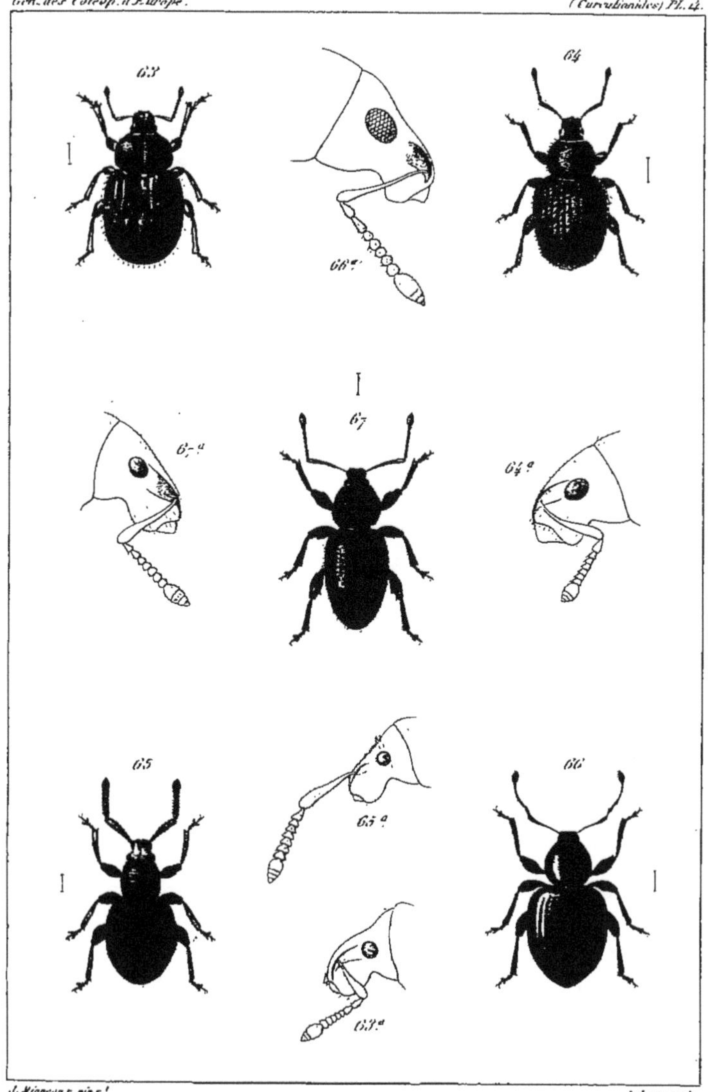

J. Migneaux pinx! Lebrun sculp

63. Trachyphlœus scaber. Lin. 65. Meira crassicornis. Jacq. du Val.
64. Mitomermus hystrix. Jacq. du Val. 66. Omias brunnipes. Oliv.
67. Stomodes gyrosicollis. Schh.

Gérard col. Bouquet Imp. r. de la Harpe 103. Paris

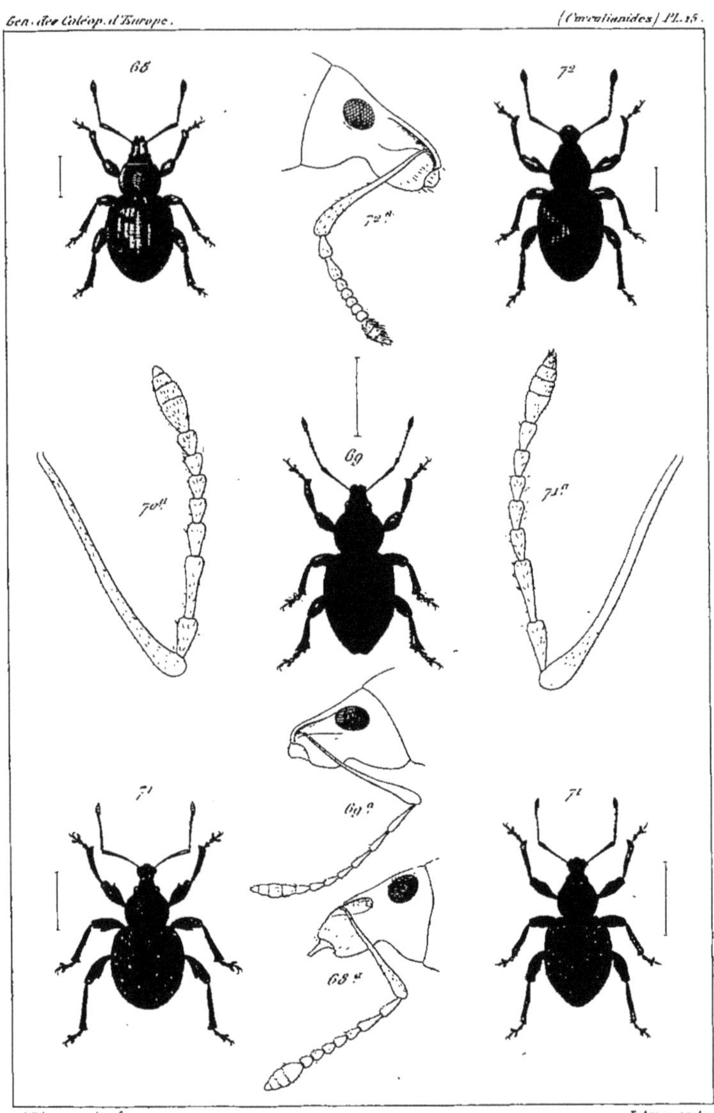

A. Migneaux pinx.t Lebrun sculp.

68. Peritelus griseus. Oliv. 70. Otiorhynchus auropunctatus. Schh.
69. Laparocerus morio. Schh. 71. Otiorhynchus gemmatus. Fabr.
72. Otiorhynchus picipes. Fabr.

Girard col. Houiste Imp. r. de la Harpe. 128. Paris.

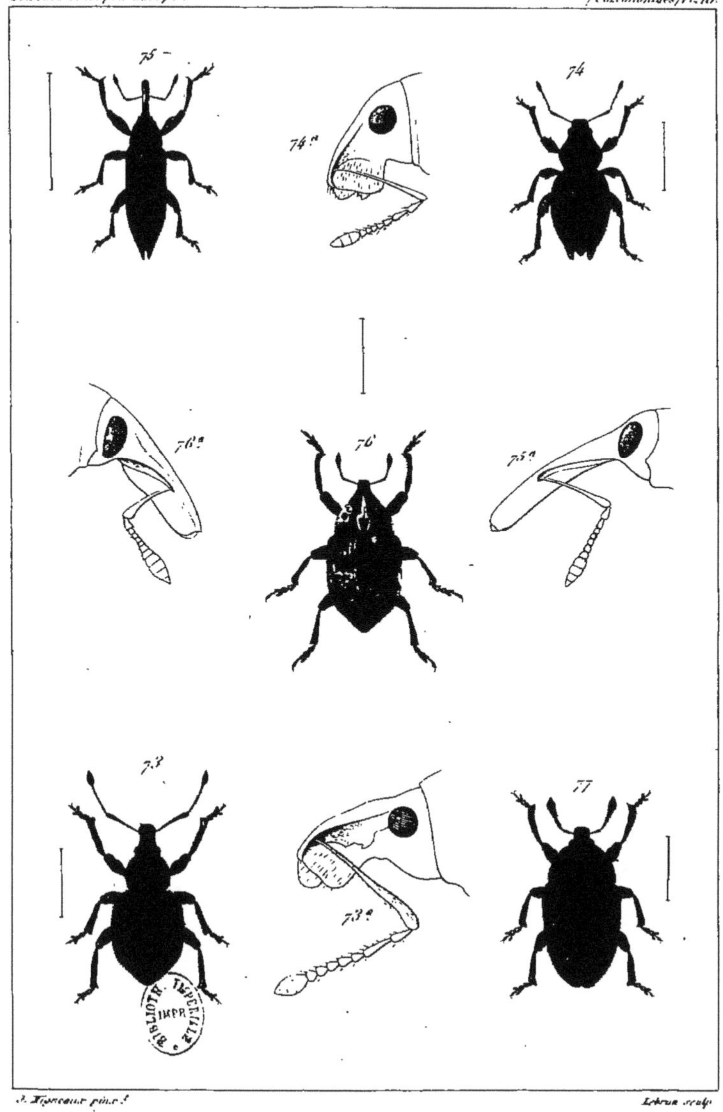

J. Migneaux pinx.t Lebrun sculp.

73. Cylóderes chrysops. Herbst. 75. Lixus turbatus. Schh.
74. Elytrodon bidentatus. Stev. 76. Larinus maculosus. Schh.
77. Larinus flavescens. Schh.

Gérard col. Houiste Imp. r. de la Harpe. 125. Paris

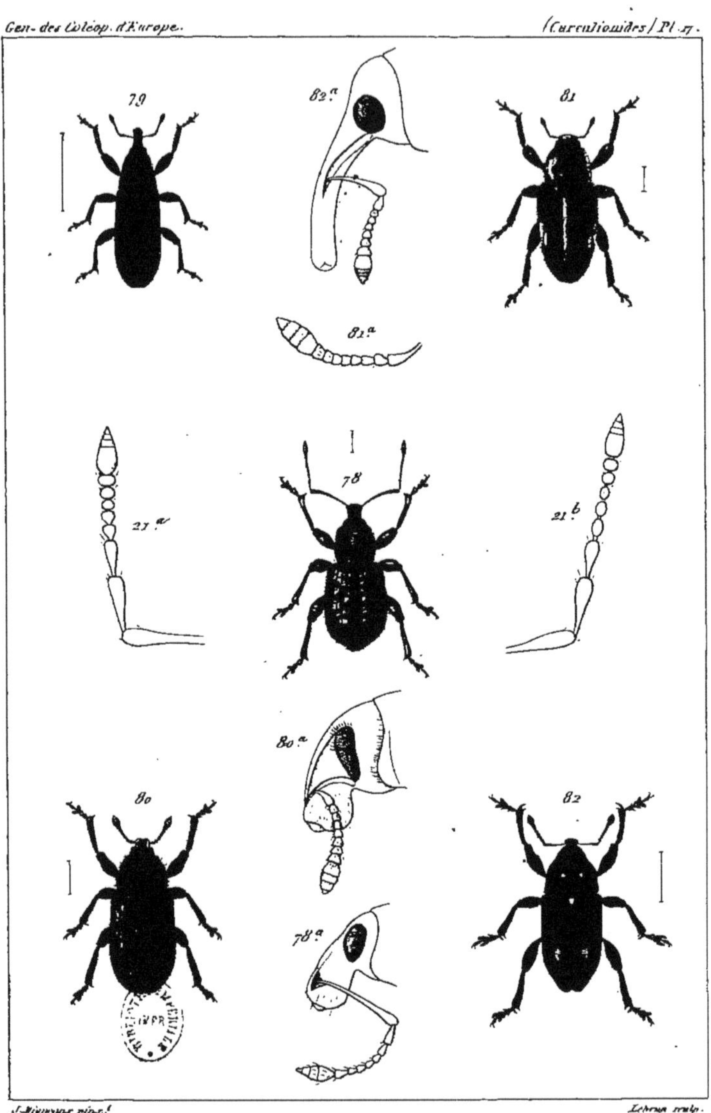

J. Migneaux pinx.t Lebrun sculp.

78. Chlœbius Steveni. Schh. 80. Rhinocyllus latirostris. Latr.
79. Lixus bicolor. Oliv. 81. Rhinocyllus Larcynii. Jacq. du Val.
82. Pissodes notatus. Fabr.

Gérard col. Houssé Imp. r. de la Harpe. 123. Paris

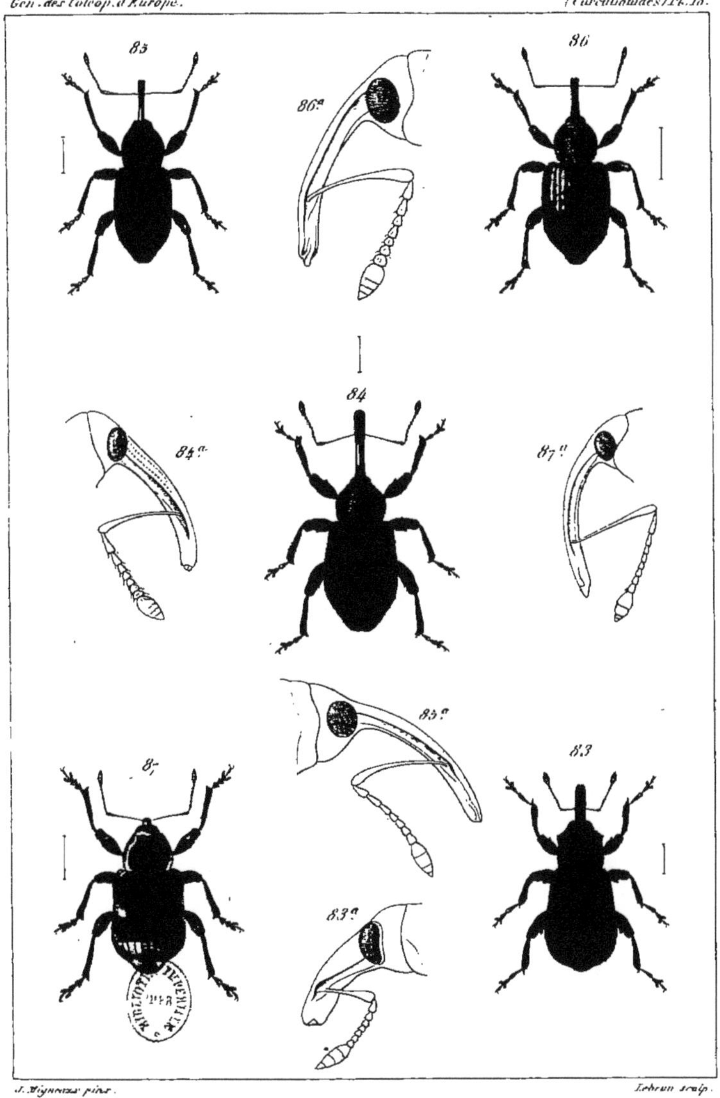

J. Migneaux pinx. Lebrun sculp.

83. Magdalinus aterrimus. Fabr. 85. Erirhinus festucae. Herbst.
84. Erirhinus dorsalis. Fabr. 86. Erirhinus scirpi. Fabr.
87. Grypidius equiseti. Fabr.

Gérard col. Remond Imp. r. de la Harpe. 123 Paris.

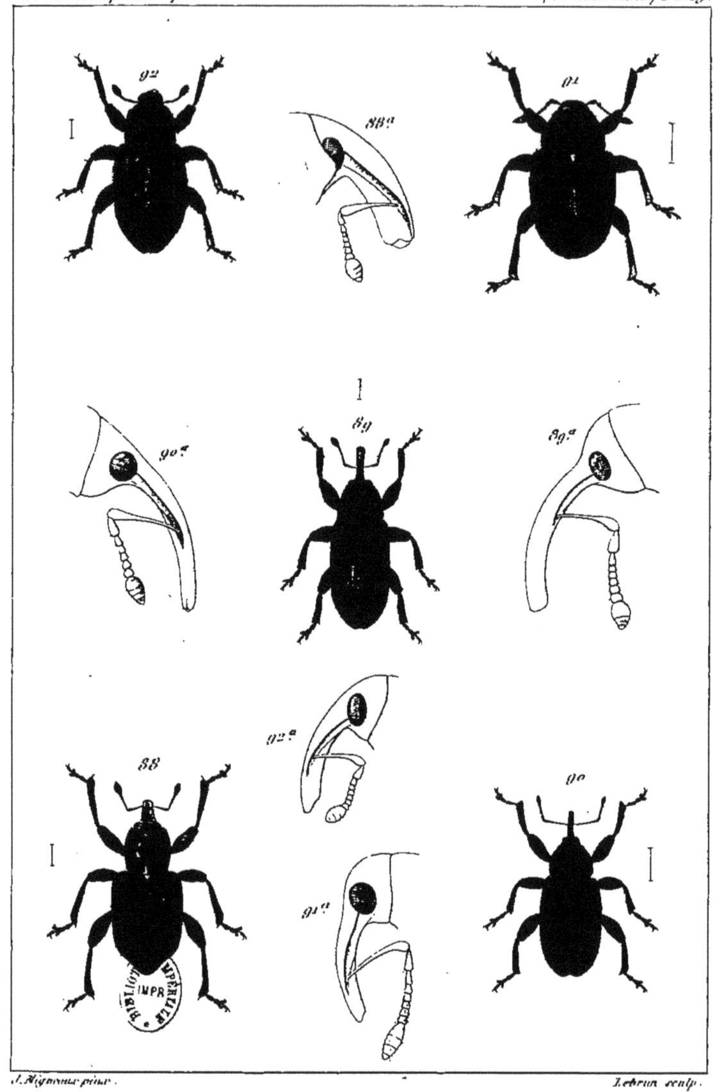

J. Migneaux pinx. Lebrun sculp.

88. *Hydronomus alismatis* Marsh. 90. *Bradybatus Creutzeri* Germ.
89. *Brachonyx indigena* Hbst. 91. *Lignyodes enucleator*. Panz.
92. *Ellescus bipunctatus*. Lin.

Gérard col. Houiste Imp. r. de la Harpe 123. Paris.

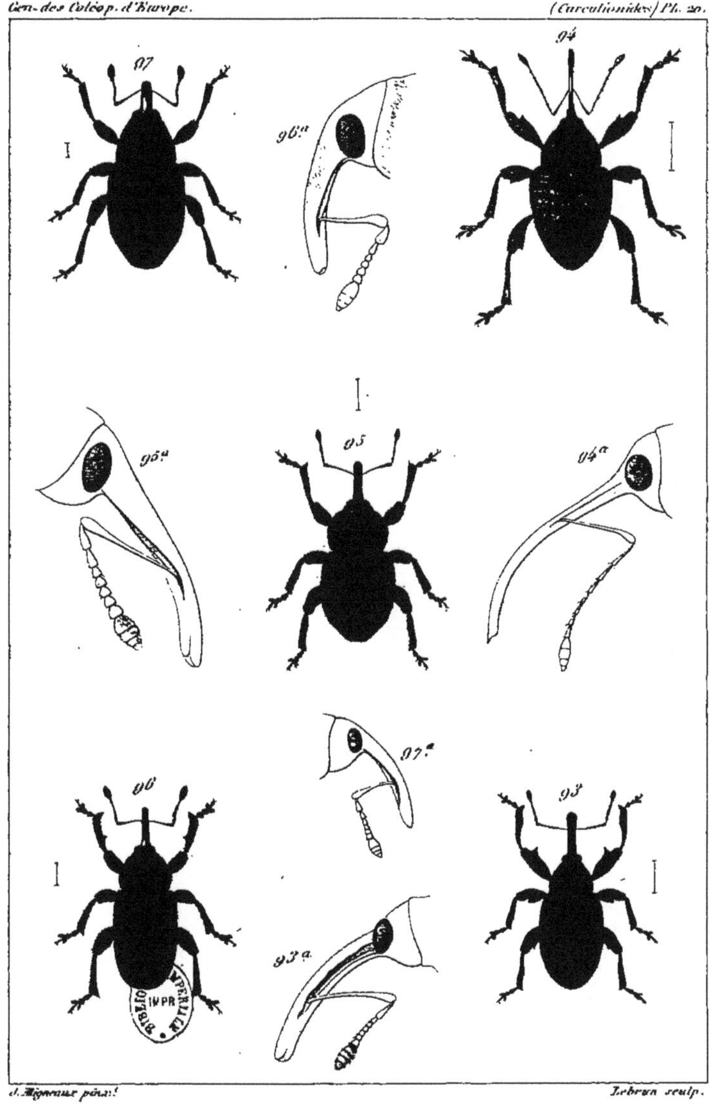

J. Migneaux pinx.t Lebrun sculp.

93. Anthonomus pomorum. Lin. 95. Tychius sparsutus. Oliv.
94. Balaninus glandium. Marsh. 96. Miccotrogus cuprifer. Panz.
97. Sybines primitus. Herbst.

Gérard col. Houiste Imp. r. de la Harpe. 128. Paris.

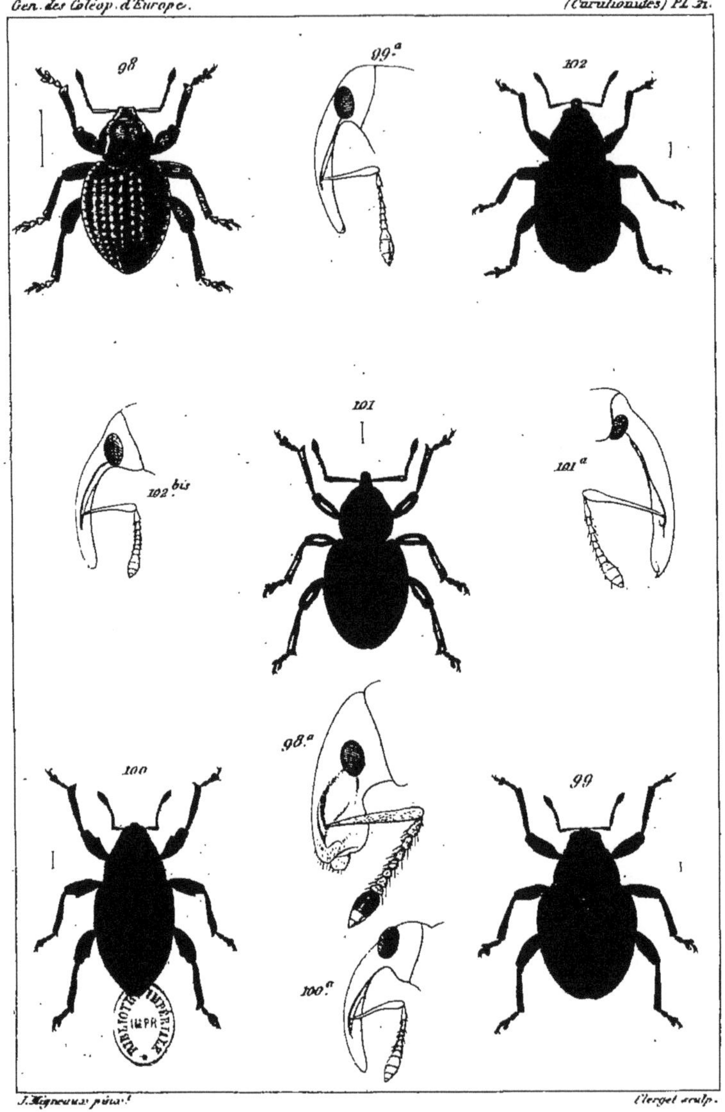

J. Migneaux pinx.t Clerget sculp.

98. Nastus Goryi. Schh. 100. Coryssomerus capucinus. Beck.
99. Amalus scortillum. Herbst. 101. Smicronyx cyaneus. Schh.
102. Acalyptus rufipennis. Schh.

Gérard col. Imp. Houiste, r. de la Harpe, 113. Paris.

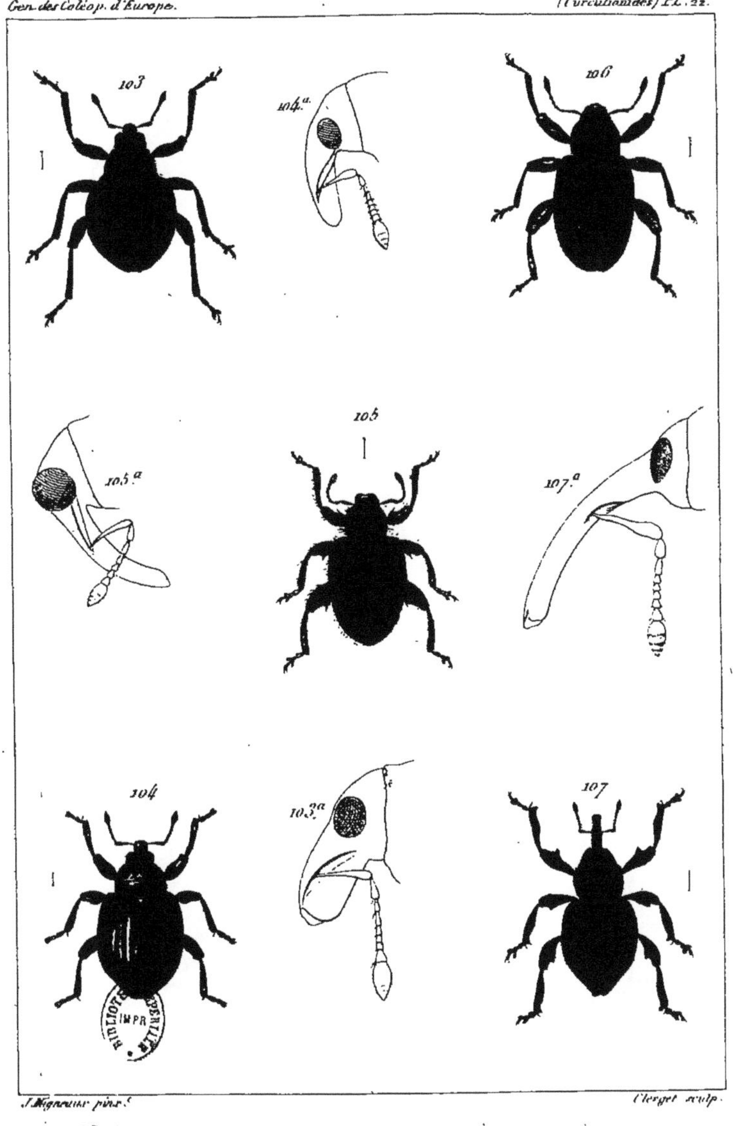

J. Migneaux pinx.t Clerget sculp.

103. Phytobius comari. Herbst. 105. Orchestes alni. Lin.
104. Anoplus plantaris. Naez. 106. Orchestes populi. Fabr.
107. Trachodes hispidus. Lin.

Gérard col. Imp. Houiste r. de la Harpe, 123. Paris.

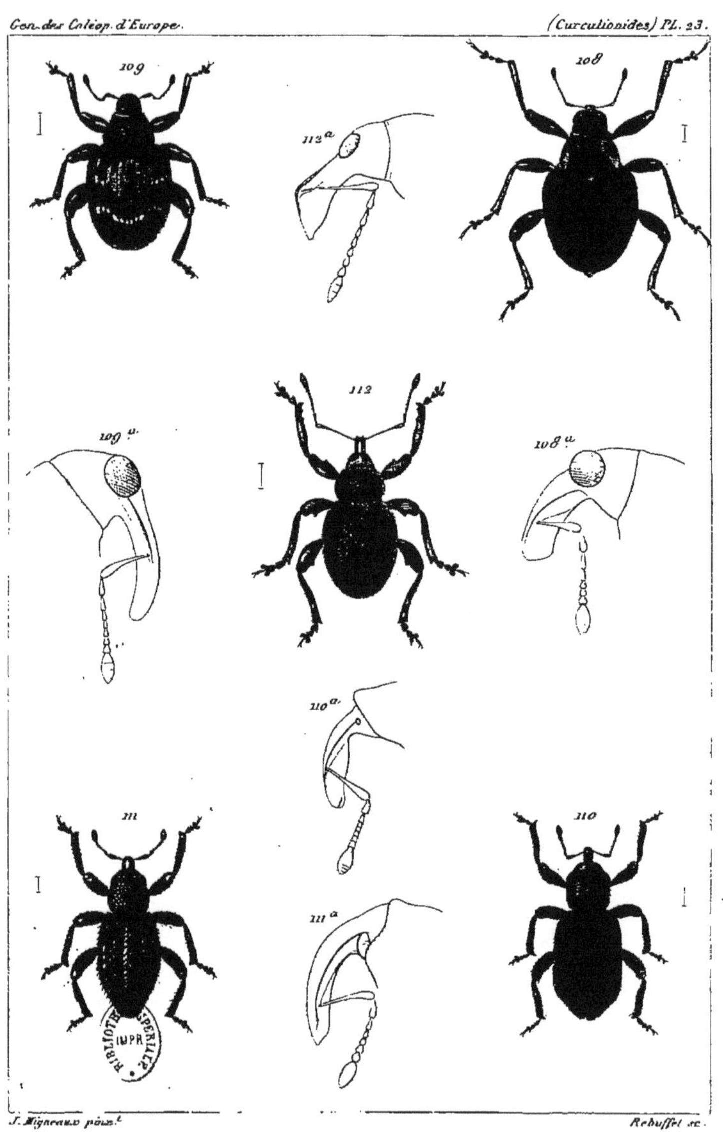

J. Migneaux pinx.t Rebuffet sc.

108. Phytobius Leucogaster. Marsh. 110. Styphlus Unguicularis. Aubé.

109. Tachyerges rufitarsis. Germ. 111. Orthochaetes setulosus. Sch.

112. Myorhinus Steveni. Sch.

Gérard col. Houiste. Imp. r. de la Harpe. 123. Paris

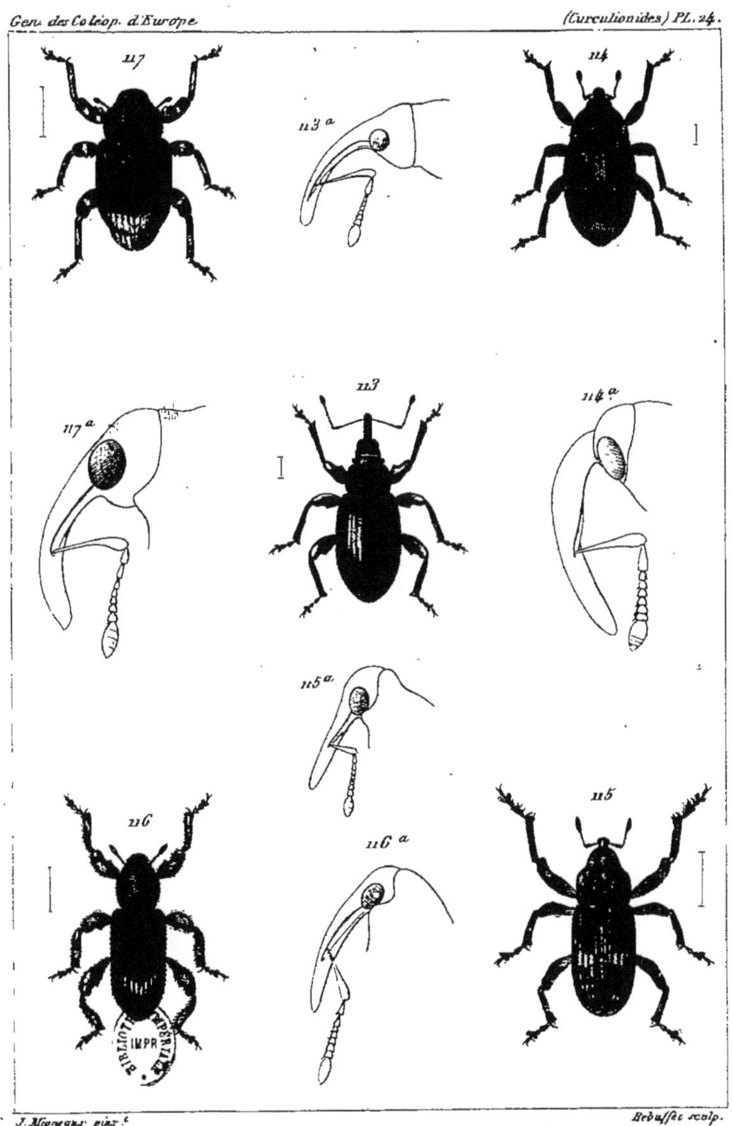

J. Migneaux pinx.t Debuffet sculp.

113. Dérclomus Chamaeropis. Fab. 115. Gastérocercus Depressirostris. Fabr.
114. Barilius Opiparis. J. du Val. 116. Camptörhinus Statua. Fabr.
117. Cryptörhynchus Lapathi. Lin.

Gérard col. Houiste Imp. r. de la Harpe. 123. Paris.

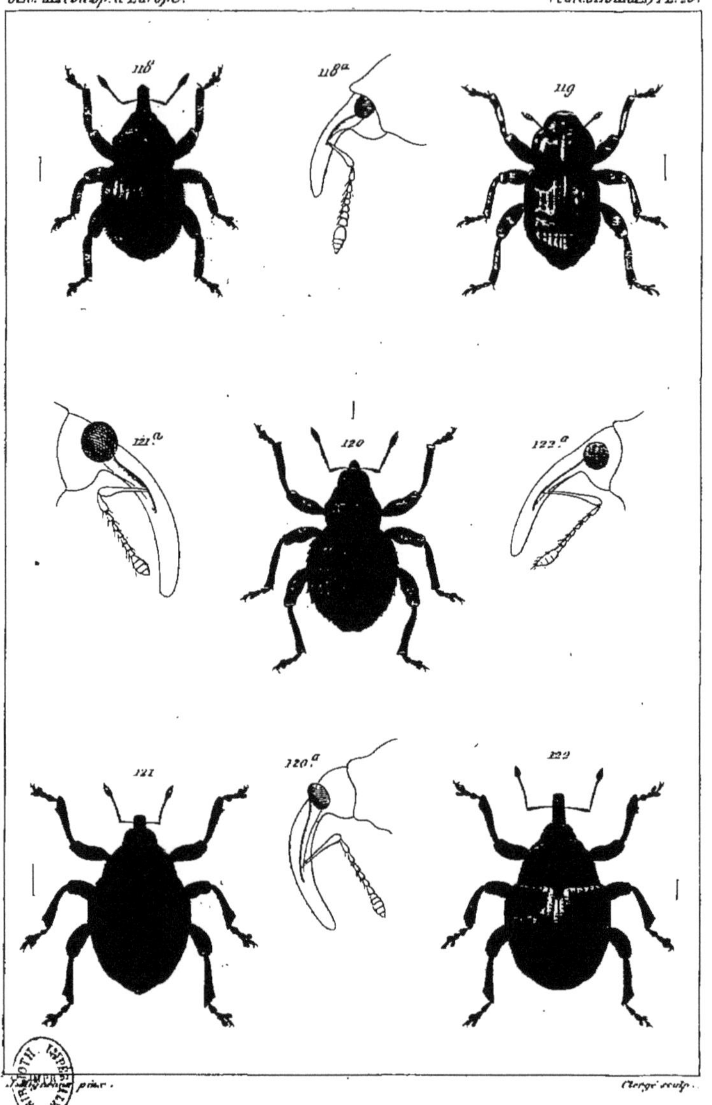

J. Migneaux pinx. Clergé sculp.

118. Acalles abstersus. Sch. 120. Scleropterus serratus. Germ.
119. Acalles Diocletianus. Germ. 121. Mononychus salviae. Germ.
122. Coeliodes ruber. Marsh.

Gérard col. Houiste Imp. r. de la Harpe. 223. Paris.

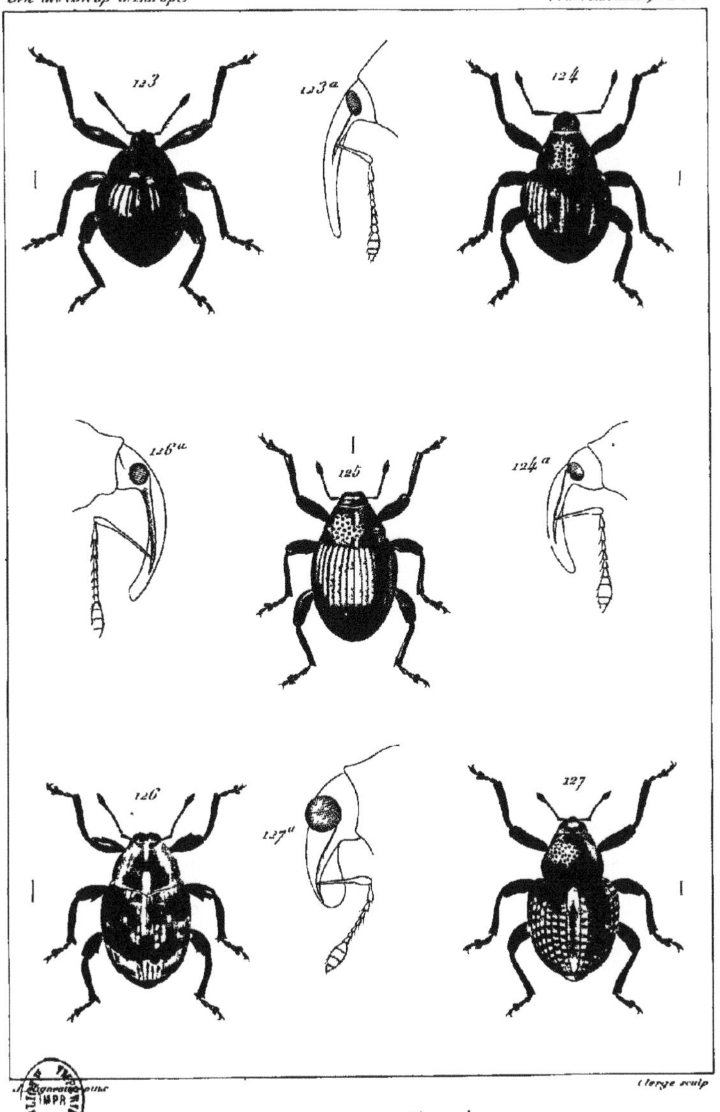

J. Migneaux pinx. Clerge sculp.

123 Orobitis cyaneus Lin. 125 Ceuthorhynchus erysimi Fab.
124 Rhytidosomus globulus Herbst. 126 Ceuthorhynchus litura Fab.
127 Rhinoncus Castor Fab.

Gerard col. Hou de Imp. r. de la Harpe. 123 Paris

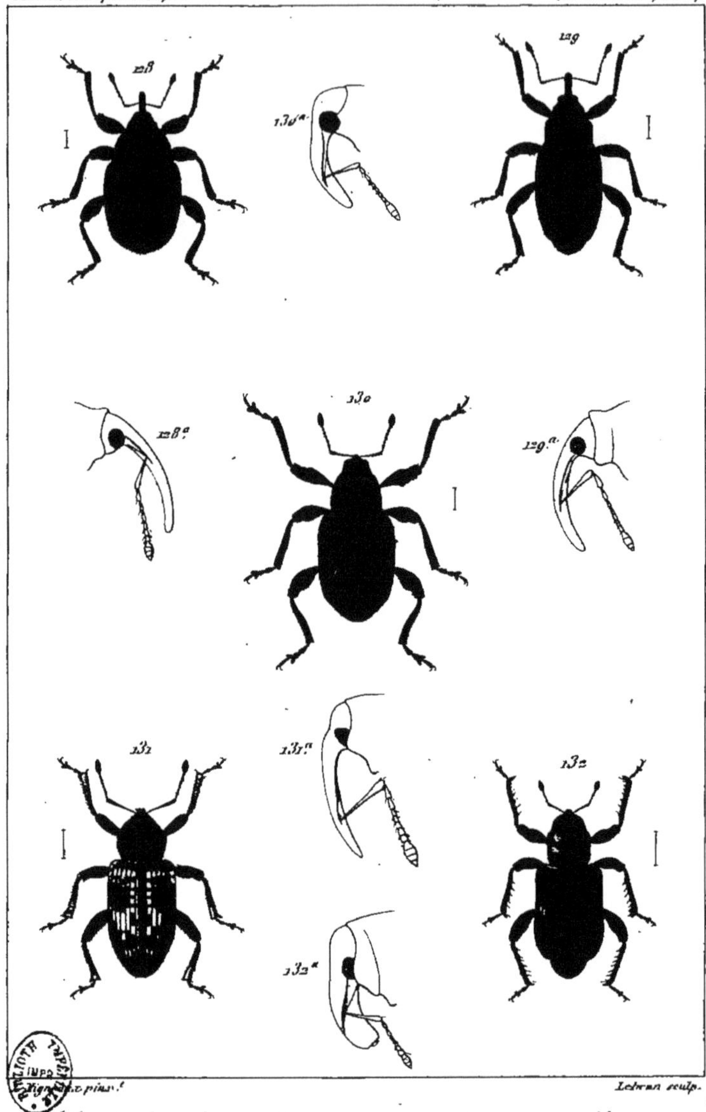

Vignaux pinx. Lebrun sculp.

128. Centhorhynchidius floralis. J. du Val. 130. Tapinotus sellatus. Fabr.

129. Poophagus sisymbrii. Fabr. 131. Acentrus histrio. Sch.

132. Bagous nodulosus. Sch.

Gérard col. Mouisse Imp. r. de la Harpe 107. Paris.

J. Migneaux pinx. Lebrun sculp.

133. Lyprus cylindrus. Payk. 135. Nanophyes pallidulus. Grav.
134. Cionus Olivieri. Sch. 136. Gymnetron spilotus. Germ.
137. Gymnetron asellus. Grav.

Guérard col. Imp. Hamize r. de la Harpe. 103 Paris.

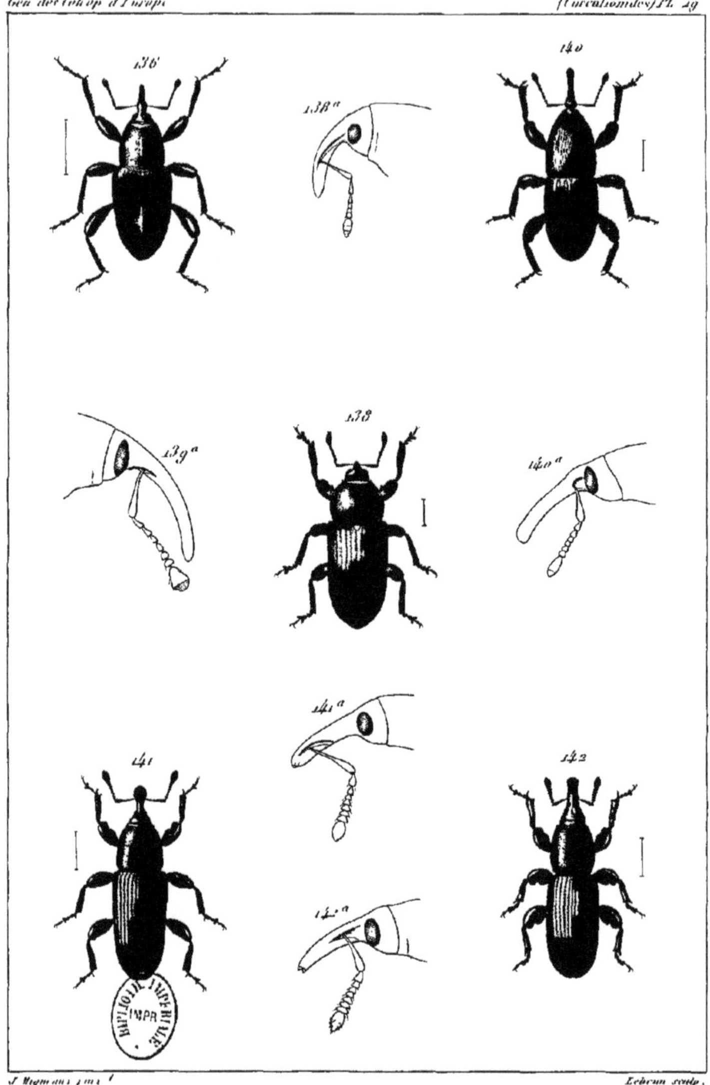

J. Migneaux pinx Lebrun sculp.

138 Mecinus pyraster Herbst 140 Calandra granaria Lin
139 Sphenophorus meridionalis Schh 141 Cossonus linearis Lin
142 Mesites cunipes, Schh.

Gerard col. Houzé Imp. r. de la Harpe 90 à Paris

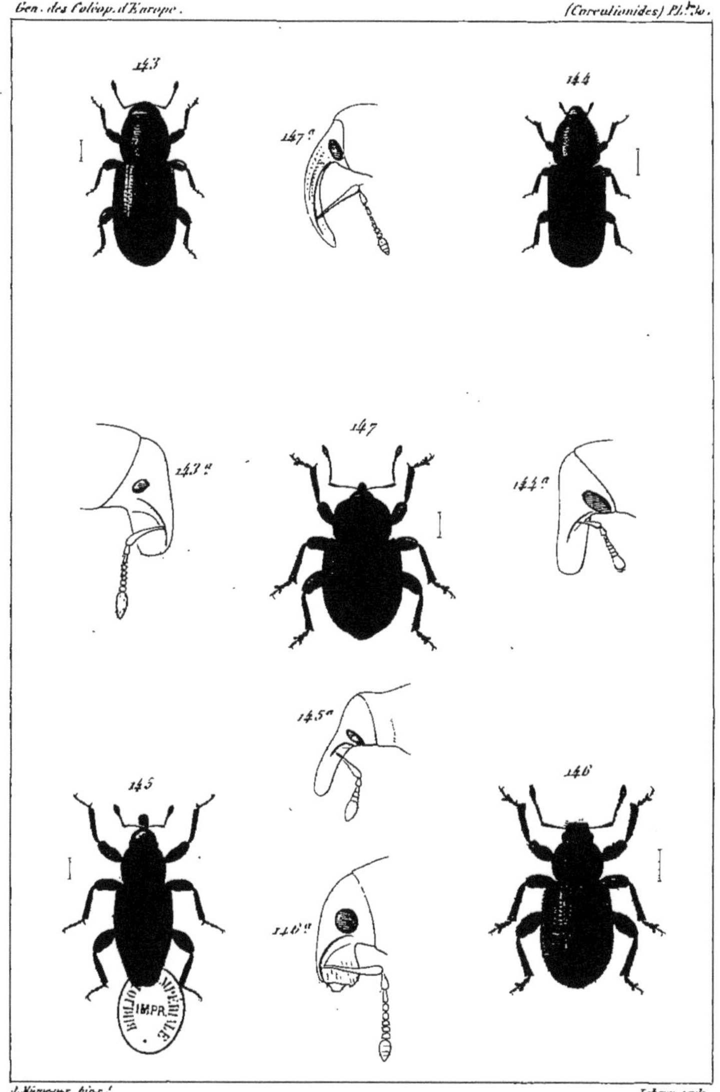

J. Migneaux pinx. Lebrun sculp.

143. Phloeophagus aeneopiceus. Schh. 145. Dryophthorus lymexylon. Fabr.
144. Rhyncolus truncorum. Germ. 146. Mesagroicus obscurus. Schh.
147. Aubeonymus pulchellus. J. du Val.

Gérard col. Lemercier Imp. r. de la Harpe 78. Paris

www.ingramcontent.com/pod-product-compliance
Ingram Content Group UK Ltd.
Pitfield, Milton Keynes, MK11 3LW, UK
UKHW012038240726
13965UKWH00003B/871

9 782013 447126